新编高等职业教育电子信息、机电类规划教材·机电一体化技术专业

变频调速技术与应用

（第 3 版）

李良仁　主　编

倪志莲　　　
龚素文　副主编

汪临伟　主　审

电子工业出版社
Publishing House of Electronics Industry
北京·BEIJING

内 容 简 介

本书主要内容包括：变频技术的基础知识，常用电力电子器件介绍和选用，变频调速原理，变频调速的应用。书中以三菱 FR-A700 系列变频器为例，介绍了变频器的参数设定及典型应用实例，同时简要介绍了变频器的安装与维护及成套变频调速控制柜的设计。内容系统简洁，突出适用性及岗位技能培养。为方便教学，书中配有实训项目。

本书可作为高职高专院校工业自动化、电气工程及自动化、机电一体化、应用电子技术及其他相关专业的教材，同时也可供相关专业工程技术人员参考。

未经许可，不得以任何方式复制或抄袭本书之部分或全部内容。
版权所有，侵权必究。

图书在版编目（CIP）数据

变频调速技术与应用/李良仁主编．—3 版．—北京：电子工业出版社，2015.7
ISBN 978-7-121-26589-1

Ⅰ．①变… Ⅱ．①李… Ⅲ．①变频调速–高等职业教育–教材 Ⅳ．①TM921.51

中国版本图书馆 CIP 数据核字（2015）第 155841 号

策　　划：陈晓明
责任编辑：郭乃明　　特约编辑：范　丽
印　　刷：北京捷迅佳彩印刷有限公司
装　　订：北京捷迅佳彩印刷有限公司
出版发行：电子工业出版社
　　　　　北京市海淀区万寿路 173 信箱　邮编 100036
开　　本：787×1092　1/16　印张：16　字数：410 千字
版　　次：2005 年 1 月第 1 版
　　　　　2015 年 7 月第 3 版
印　　次：2024 年 1 月第 15 次印刷
定　　价：49.00 元

凡所购买电子工业出版社的图书，如有缺损问题，请向购买书店调换。若书店售缺，请与本社发行部联系，联系及邮购电话：(010) 88254888。
质量投诉请发邮件至 zlts@phei.com.cn，盗版侵权举报请发邮件至 dbqq@phei.com.cn。
服务热线：(010) 88258888。

前　言

随着电力电子技术、计算机技术、自动控制技术的迅速发展，电气传动技术日新月异，交流调速取代直流调速和计算机数字控制技术取代模拟控制技术已成为发展趋势。电机交流变频调速技术是当今节电、改善工艺流程以提高产品质量和改善环境、推动技术进步的一种主要手段。变频调速以其优异的调速和启动、制动性能，高效率、高功率因数和节电效果，广泛应用于钢铁、机械制造、冶金化工、纺织印染、医药、造纸、卷烟、供水等各行各业。

《变频调速技术与应用》是高职"电气自动化技术专业"的一门专业核心课程，也是一门实践性较强的综合性课程。通过本课程的"教、学、做"一体化教学，能够使学生掌握电力电子器件、变频调速技术、触摸屏应用等基础知识与基本技能，具备变频调速系统的设计、安装、调试、维护及设备改造的综合应用技能。本课程教学内容包括：变频技术概述、常用电力电子器件介绍、变频调速原理、变频器的参数设置和功能选择、变频器的选择、安装与调试、触摸屏与变频器、成套低压变频调速控制柜的设计、变频调速技术的应用等。

本教材在第2版的基础上，结合当前高职教育的新理念，力求做到以岗位技能培养为主线，即变频调速系统的设计、安装、调试、维护及设备改造等岗位技能的培养，体现实用性、先进性、适用性、浅显性。针对高职电气自动化技术专业岗位所需知识和技能要求，对教学内容进行了增减与调整，突出了教材的工程实用性，教材内容反映当前生产实际情况，并力求体现"教、学、做"一体化的教学形式。

根据当前高职教育的人才培养要求，力求突出岗位技能培养，教材内容做到通俗易懂，图文并茂，简洁明了，使教材既适合高职学生选用，也可供相关专业工程技术人员参考。教学时可根据实际情况适当调整。

本书由九江职业技术学院李良仁、倪志莲、龚素文、严春平编写，李良仁任主编，负责全书的组织、修改和定稿工作，倪志莲、龚素文任副主编。汪临伟为本书的主审。本书编写过程中，三菱电机（中国）有限公司杨弟平审阅了部分书稿，并提出了宝贵的修改意见，倪志莲校对了本书的部分书稿。编写过程中参考了大量相关文献，对参考文献的作者，在此一并表示感谢。

限于编者水平，书中缺点在所难免，恳请广大读者提出宝贵意见，以便修改。

编　者
2015 年 1 月

目 录

第1章 概述 (1)
1.1 调速传动概况 (1)
1.2 变频调速技术的发展过程 (2)
1.3 我国变频调速技术的发展状况 (3)
1.3.1 我国变频调速技术的发展概况 (4)
1.3.2 目前国内主要的产品状况 (5)
1.4 变频技术的发展方向 (5)
习题1 (8)

第2章 常用电力电子器件介绍及选择 (9)
2.1 晶闸管的结构原理及测试 (9)
2.2 门极可关断晶闸管（GTO） (13)
2.3 功率晶体管（GTR） (15)
2.4 功率场效应晶体管（MOSFET） (18)
2.5 绝缘栅双极晶体管（IGBT） (20)
2.6 集成门极换流晶闸管（IGCT） (22)
2.7 MOS控制晶闸管（MCT） (24)
2.8 电力半导体器件的应用特点 (25)
2.9 智能电力模块（IPM） (25)
习题2 (28)

第3章 变频调速原理与变频器 (29)
3.1 变频调速原理 (29)
3.1.1 交流异步电动机的调速原理 (29)
3.1.2 变频调速的工作原理 (30)
3.2 交流变频系统的基本形式 (31)
3.2.1 交-交变频系统 (31)
3.2.2 交-直-交变频系统 (33)
3.3 变频器的PWM逆变电路 (34)
3.4 通用变频器简介 (37)
3.4.1 变频器的基本结构 (37)
3.4.2 通用变频器的主电路 (39)
3.4.3 通用变频器的制动 (41)
3.4.4 变频器的额定值和频率指标 (43)
3.5 变频器的分类 (44)

习题 3 ……………………………………………………………………………………… (46)

第 4 章 变频器的参数设置和功能选择 …………………………………………… (47)

4.1 三菱 FR – A700 系列变频器的功能及参数 …………………………………… (47)

4.1.1 变频器的接线 ……………………………………………………………… (47)
4.1.2 功能及参数 ……………………………………………………………… (50)
4.1.3 变频器参数设定及现场常见问题 ………………………………………… (72)

4.2 应用实例 …………………………………………………………………………… (80)

4.2.1 输出频率跳变 ……………………………………………………………… (80)
4.2.2 多段速度运行 ……………………………………………………………… (81)
4.2.3 工频电源切换 ……………………………………………………………… (82)
4.2.4 PID 控制 …………………………………………………………………… (86)
4.2.5 PLG 反馈控制 ……………………………………………………………… (95)
4.2.6 多电动机同步调速系统 …………………………………………………… (97)

习题 4 ……………………………………………………………………………………… (101)

第 5 章 变频器的选择、安装与调试 ………………………………………………… (102)

5.1 变频器的选择 …………………………………………………………………… (102)

5.1.1 对恒转矩负载变频器的选择 ……………………………………………… (102)
5.1.2 对恒功率负载变频器的选择 ……………………………………………… (103)
5.1.3 对二次方律负载变频器的选择 …………………………………………… (104)
5.1.4 对直线律负载变频器的选择 ……………………………………………… (105)
5.1.5 对混合特殊性负载变频器的选择 ………………………………………… (106)

5.2 变频器容量计算 …………………………………………………………………… (107)

5.2.1 根据电动机电流选择变频器容量 ………………………………………… (107)
5.2.2 选择容量时注意事项 ……………………………………………………… (108)

5.3 变频器的外围设备及其选择 …………………………………………………… (110)

5.3.1 常规配件的选择原则 ……………………………………………………… (110)
5.3.2 专用配件的选择 …………………………………………………………… (112)

5.4 变频器的安装 …………………………………………………………………… (112)

5.4.1 设置场所 …………………………………………………………………… (112)
5.4.2 使用环境 …………………………………………………………………… (113)
5.4.3 安装环境 …………………………………………………………………… (113)
5.4.4 安装方法 …………………………………………………………………… (115)

5.5 变频器的接线 …………………………………………………………………… (115)

5.5.1 主电路的接线 ……………………………………………………………… (115)
5.5.2 控制电路的接线 …………………………………………………………… (116)

5.6 变频调速系统的调试 …………………………………………………………… (117)

    5.6.1 通电前的检查 …………………………………………………………………… (117)
    5.6.2 变频器的功能预置 ………………………………………………………………… (117)
    5.6.3 电动机的空载试验 ………………………………………………………………… (118)
    5.6.4 拖动系统的启动和停机 …………………………………………………………… (118)
    5.6.5 拖动系统的负载试验 ……………………………………………………………… (118)
  5.7 变频器的抗干扰技术 …………………………………………………………………… (118)
    5.7.1 变频器的干扰 ……………………………………………………………………… (118)
    5.7.2 干扰信号的传播方式 ……………………………………………………………… (119)
    5.7.3 变频器的抗干扰措施 ……………………………………………………………… (119)
  5.8 变频器的常见故障检修 ………………………………………………………………… (120)
  习题5 ………………………………………………………………………………………… (121)

第6章 触摸屏与变频器 …………………………………………………………………… (124)

  6.1 触摸屏的分类与工作原理 ……………………………………………………………… (124)
    6.1.1 电阻式触摸屏 ……………………………………………………………………… (124)
    6.1.2 电容式触摸屏 ……………………………………………………………………… (125)
    6.1.3 红外线式触摸屏 …………………………………………………………………… (126)
    6.1.4 表面声波式触摸屏 ………………………………………………………………… (127)
    6.1.5 近场成像（NFI）式触摸屏 ……………………………………………………… (129)
  6.2 三菱 GOT – F940 ………………………………………………………………………… (130)
    6.2.1 GT1055 的外形 …………………………………………………………………… (131)
    6.2.2 GT1055 的特点 …………………………………………………………………… (133)
    6.2.3 GT1055 的画面设计过程 ………………………………………………………… (134)
    6.2.4 GT1055 的基本操作 ……………………………………………………………… (136)
  6.3 三菱 GT – Designer3 画面制作软件的使用简介 ……………………………………… (143)
    6.3.1 软件界面构成 ……………………………………………………………………… (143)
    6.3.2 画面编辑界面介绍 ………………………………………………………………… (145)
    6.3.3 画面的编辑 ………………………………………………………………………… (146)
    6.3.4 画面的切换 ………………………………………………………………………… (150)
  6.4 触摸屏与变频器的连接 ………………………………………………………………… (151)
    6.4.1 GT1055 的通信端口 ……………………………………………………………… (151)
    6.4.2 FR – A700 的通信端口 …………………………………………………………… (152)
    6.4.3 FR – A700 的通信设置 …………………………………………………………… (153)
    6.4.4 画面创建时的相关参数设置 ……………………………………………………… (154)
  习题6 ………………………………………………………………………………………… (157)

第7章 成套低压变频调速控制柜的设计 ……………………………………………… (158)

  7.1 概述 ……………………………………………………………………………………… (158)

7.2　变频调速控制柜设计规范 …………………………………………………………… (159)
　　7.3　变频恒压供水控制柜设计 …………………………………………………………… (166)
　　　　7.3.1　变频恒压供水原理 ……………………………………………………………… (166)
　　　　7.3.2　变频恒压供水控制柜的系统设计 ……………………………………………… (168)
　　　　7.3.3　变频恒压供水控制柜的安装、接线 …………………………………………… (172)
　　　　7.3.4　系统调试及使用 ………………………………………………………………… (174)
　习题7 ……………………………………………………………………………………………… (175)

第8章　变频调速技术的综合应用 (176)

　　8.1　变频技术应用概述 …………………………………………………………………… (176)
　　8.2　水泵的变频调速 ………………………………………………………………………… (178)
　　　　8.2.1　水泵供水的基本模型与主要参数 ……………………………………………… (178)
　　　　8.2.2　供水系统的节能原理 …………………………………………………………… (180)
　　　　8.2.3　恒压供水系统的构成与工作过程 ……………………………………………… (181)
　　　　8.2.4　恒压供水系统的应用实例 ……………………………………………………… (183)
　　8.3　中央空调的变频调速 …………………………………………………………………… (186)
　　　　8.3.1　冷冻主机与冷却水塔 …………………………………………………………… (186)
　　　　8.3.2　外部热交换系统 ………………………………………………………………… (186)
　　　　8.3.2　中央空调系统的节能原理 ……………………………………………………… (187)
　　　　8.3.3　冷却水系统的变频调速 ………………………………………………………… (188)
　　　　8.3.4　冷冻水系统的变频调速 ………………………………………………………… (190)
　　　　8.3.5　中央空调系统的节能改造实例 ………………………………………………… (191)
　　8.4　风机的变频调速 ………………………………………………………………………… (194)
　　　　8.4.1　风机的机械特性 ………………………………………………………………… (194)
　　　　8.4.2　风机的主要参数和特性 ………………………………………………………… (195)
　　　　8.4.3　风量的调节方法与比较 ………………………………………………………… (196)
　　　　8.4.4　风机变频调速实例 ……………………………………………………………… (196)
　　8.5　工厂运输机械的变频调速 …………………………………………………………… (198)
　　　　8.5.1　工厂运输机械的任务和类别 …………………………………………………… (198)
　　　　8.5.2　工厂运输机械的拖动系统 ……………………………………………………… (198)
　　　　8.5.3　起升机构的变频调速 …………………………………………………………… (199)
　　　　8.5.4　电梯设备的变频调速 …………………………………………………………… (204)
　　8.6　机床的变频调速 ………………………………………………………………………… (210)
　　　　8.6.1　普通车床的变频调速改造 ……………………………………………………… (210)
　　　　8.6.2　刨台运动的变频调速改造 ……………………………………………………… (213)
　　　　8.6.3　数控机床的变频调速 …………………………………………………………… (217)
　　8.7　生产线的变频调速 ……………………………………………………………………… (219)

8.7.1　胶片生产线 ··· (219)
　　8.7.2　喷涂生产线的吸排气装置 ··· (220)
　8.8　通用变频器在浆染联合机上的应用 ··· (221)
　习题 8 ··· (224)
第 9 章　变频调速技术实训 ··· (226)
　实训 1　变频器的结构和功能预置 ·· (226)
　实训 2　变频器外部控制模式 ·· (229)
　实训 3　变频器的组合控制模式 ··· (230)
　实训 4　变频器常用参数的功能验证 ·· (232)
　实训 5　多段转速的 PLC 控制 ··· (234)
　实训 6　变频控制电动机带负载运行 ·· (237)
　实训 7　变频器与触摸屏综合应用 ··· (238)
　实训 8　变频恒压供水系统运行 ·· (240)
附录 A　塑料绝缘铜线安全载流量（见附表 A）······································ (244)
附录 B　根据电动机容量选配电器与导线（见附表 B）···························· (245)
参考文献 ·· (246)

·IX·

第1章 概　　述

内容提要与学习要求

了解异步电动机调速概况。了解变频调速技术的发展过程。了解我国变频调速技术的发展状态。

1.1 调速传动概况

1. 调速传动的意义

众所周知，所有的生产机械、运输机械在传动时都需要调速。首先，机械在启动时，根据不同的要求需要不同的启动时间，这样就要求有不同的启动速度相配合；其次，机械在停止时，由于转动惯量的不等，自由停车时间也各不相同，为了达到人们所需求的停车时间，就必须在停车时采取一些调速措施，以满足对停车时间的要求；第三，机械在运行当中，根据不同的情况也要求进行调速，例如，风机、泵类机械为了节能，要根据负载轻重进行调速；机床加工，要根据工件精度的不同要求进行调速；运输机械为了提高生产率需要进行调速；电梯为了提高舒适度也需要进行调速；生产过程为了提高控制要求，必须进行闭环速度控制等。总之，所有机械传动都需要进行调速。

2. 调速传动的发展

调速传动在以蒸汽源为主时，只能采用蒸汽式机械调速传动。但因其效率低、单位输出功率的重量大，所以自内燃机(柴油机或汽油机)出现后，蒸汽式机械调速传动便被其代替。然而内燃机调速传动效率仍然较低，不过由于单位输出功率的重量小，机械体积小，所以在不便使用电源的地方(如汽车、船舶等)，仍采用内燃机调速传动。

自从电出现以后，因其输送容易、使用方便、维修简单、效率高，所以电动调速传动得到迅速发展。一开始采用的是直流电动机调速传动，但由于直流电动机维修较难，且容量受限，所以交流电动机调速传动又得到了飞速的发展。然而在很长一段时间内交流电动机调速性能远不如直流电动机调速性能好，故直流电动机调速传动在调速性能要求很高的地方仍被采用。

最近十多年来，由于电力电子器件与微电子、单片机及 PWM 控制技术的迅猛发展，出现了交流电动机变频调速传动，其效率较高、操作方便，而且调速性能可以与直流电动机调速传动相媲美，所以交流变频调速传动是目前最好的调速传动方式。

3. 异步电动机调速概况

各行各业的生产都离不开电动机，而结构简单、价格便宜的异步电动机被广泛采用。对异步电动机调速控制技术又是交流电动机控制技术中的核心。回顾历史，异步电动机调速经历了以下 3 个阶段。

(1) 继电器开环控制阶段。这个阶段经历了 50 年左右。自从有了交流电，用接触器控制电动机，并逐步采用了各种中间继电器、时间继电器实现了开环的自动控制，也就是运动控制的初级阶段。这种控制很难满足现代化生产高效低耗的要求。对应用最广的鼠笼式异步电动机，其启动电流大、启动转矩小，既冲击电网，又不能调速。当电动机容量较大时，启动设备体积大、噪声高、维修困难。绕线式异步电动机转子串电阻的方法，虽说解决了启动问题，也可实现简单调速，但缺点很多，不但调速性能差，而且容量及使用环境也受到了很大的限制。

(2) SCR 闭环控制阶段。该阶段经历了 20 年左右，自从晶闸管（SCR）出现后，使异步电动机调速控制向前迈进了一大步，对鼠笼式异步电动机来说，采用对晶闸管的移相控制，可以实现调压调速，但必须要闭环控制，才能得到较理想的调速性能。对绕线式异步电动机来说，可用晶闸管制成逆变器实现串级调速，加上闭环控制，不但提高调速性能，还能回收转差能量，曾经称为当时最好的调速方法。但由于绕线式异步电动机存在集电环电刷问题，所以也满足不了现代化生产的需要。

(3) 变频器控制的发展过程。该阶段只有 15 年左右的时间，并且在短短的十几年时间就经历了以下几个过程：第一个过程是交－交变频，它采用晶闸管直接变工频电流为可调的低于 1/2 工频频率电流的电源。这种电源调速范围受到很大限制，这个过程很短，很快就进入了第二个过程，即交－直－交变频。这种变频方式主要采用了逆变器，逆变器的功率元件最初采用的是 SCR，控制技术为脉宽调制（PWM）；而后逆变器的功率元件采用 BJT，控制技术也由模拟量控制发展为数字量控制；现在逆变器的功率元件已采用 IGBT，控制技术也发展为 32 位微机矢量控制，可以在 $150\mu s$ 内对巨大电流进行闭环控制，进入了真正的运动控制阶段。

4. 调速传动的主要指标

(1) 调速范围：最高转速与最低转速之比。

(2) 调速的平滑性：在调速范围内，以相邻两挡转速的差值为标志，差值越小调速越平滑。

(3) 调速的工作特性：调速的工作特性有两个方面，静态特性和动态特性。静态特性主要反应的是调速后机械特性的硬度。对于绝大多数负载来说，机械特性越硬，则负载变化时，速度变化越小，工作越稳定。所以希望机械特性越硬越好。动态特性即暂态过程中的特性，主要指标有两个方面：升速（包括启动）和降速（包括制动）过程是否快捷而平稳；当负载突然增、减或电压突然变化时，系统的转速能否迅速地恢复。

(4) 调速的经济性：主要从设备投资、调速后的运行效率和调速系统的故障率 3 个方面进行考虑。

1.2　变频调速技术的发展过程

变频技术是应交流电机无级调速的需要而诞生的。自 20 世纪 60 年代以来，电力电子器件从 SCR（晶闸管）、GTO（门极可关断晶闸管）、BJT（双极型功率晶体管）、MOSFET（金属氧化物场效应管）、SIT（静电感应晶体管）、SITH（静电感应晶闸管）、MGT（MOS 控制晶体管）、

MCT(MOS 控制晶闸管)发展到今天的 IGBT(绝缘栅双极型晶体管)、HVIGBT(耐高压绝缘栅双极型晶闸管)等,器件的更新促使电力变换技术不断发展。自 20 世纪 70 年代开始,脉宽调制变压变频(PWM – VVVF)调速研究引起了人们的高度重视。20 世纪 80 年代,作为变频技术核心的 PWM 模式优化问题吸引着人们的浓厚兴趣,并得出诸多优化模式。20 世纪 80 年代后半期,美、日、德、英等发达国家的 VVVF 变频器已投入市场并广泛应用。

VVVF 变频器的控制相对简单,机械特性硬度也较好,能够满足一般传动的平滑调速要求,已在生产的各个领域得到广泛应用。但是,在低频时这种控制方式,由于输出电压较小,受定子电阻压降的影响比较显著,故造成输出最大转矩减小。另外,其机械特性终究没有直流电动机硬,动态转矩能力和静态调速性能都还不尽如人意,因此人们又研究出矢量控制变频调速技术。

矢量控制变频调速的做法是:将异步电动机在三相坐标系下的定子交流电流 i_a、i_b、i_c,通过三相 – 二相变换,等效成两相静止坐标系下的交流电流 i_{a1}、i_{b1},再通过按转子磁场定向旋转变换,等效成同步旋转坐标系下的直流电流 I_{m1}、I_{t1}(I_{m1} 相当于直流电动机的励磁电流;I_{t1} 相当于与转矩成正比的电枢电流),然后模仿直流电动机的控制方法,求得直流电动机的控制量,经过相应的坐标反变换,实现对异步电动机的控制。

矢量控制方法的提出具有划时代的意义,然而在实际应用中,由于转子磁链难以准确观测,系统特性受电动机参数的影响较大,且在等效直流电动机控制过程中所用矢量旋转变换较复杂,使得实际的控制效果难以达到理想分析的结果。

1985 年,德国鲁尔大学的 DePenbrock 教授首次提出了直接转矩控制变频技术。该技术在很大程度上解决了上述矢量控制的不足,并以新颖的控制思想、简洁明了的系统结构、优良的动静态性能得到了迅速发展。目前,该技术已成功地应用在电力机车牵引的大功率交流传动上。

直接转矩控制的优点是它直接在定子坐标系下分析交流电动机的数学模型、控制电动机的磁链和转矩。它不需要将交流电动机转化成等效直流电动机,因而省去了矢量旋转变换中的许多复杂计算;它不需要模仿直流电动机的控制,也不需要为解耦而简化交流电动机的数学模型。

VVVF 变频、矢量控制变频、直接转矩控制变频都是交–直–交变频中的一种。其共同缺点是输入功率因数低,谐波电流大,直流回路需要大的储能电容器,再生能量又不能反馈回电网,即不能进行四象限运行。为此,矩阵式交–交变频应运而生。由于矩阵式交–交变频省去了中间直流环节,从而省去了体积大、价格贵的电解电容器。它能实现功率因数为 1,具有输入电流为正弦、能四象限运行、系统的功率密度大等优点。该技术目前虽尚未成熟,但仍吸引着众多的学者深入研究。

1.3 我国变频调速技术的发展状况

近 10 年来,随着电力电子技术、计算机技术、自动控制技术的迅速发展,电气传动技术面临着一场历史革命,即交流调速技术取代直流调速技术、计算机数字控制技术取代模拟控制技术已成为发展趋势。电机交流变频调速技术是当今节电、改善工艺流程以提高产品质量和改善环境、推动技术进步的一种主要手段。变频调速以其优异的调速启动、制动性能,高效率、高功率因数和节电效果,广泛地适用范围及其他许多优点而被国内外公认为最有发展前途的调速方式。

1.3.1 我国变频调速技术的发展概况

电气传动控制系统通常由电动机、控制装置和信息装置3部分组成。电气传动关系到合理地使用电动机以节约电能和控制机械的运转状态(位置、速度、加速度等),实现电能-机械能的转换,达到优质、高产、低耗的目的。电气传动分成不调速和调速两大类,调速又分交流调速和直流调速两种方式。不调速电动机直接由电网供电,但随着电力电子技术的发展这类原本不调速的机械越来越多地改用调速传动以节约电能(可节约15%~20%或更多)、改善产品质量、提高产量。在我国60%的发电量是通过电动机消耗的,因此调速传动是一个重要行业,一直得到国家重视,目前已形成一定规模。

交流调速中最活跃、发展最快的就是变频调速技术。变频调速是交流调速的基础和主干内容。上个世纪变压器的出现使改变电压变得很容易,从而造就了一个庞大的电力行业。长期以来,交流电的频率一直是固定的,变频调速技术的出现使频率变为可以充分利用的资源。

我国电气传动与变频调速技术的发展应用见表1-1所示。我国是一个发展中国家,许多产品的科研开发能力仍落后于发达国家。随着改革开放,经济高速发展,变频调速产品形成了一个巨大的市场,它既对国内企业,也对外国公司敞开。很多最先进的产品从发达国家进口,在我国运行良好,满足了国内生产和生活需要。国内许多合资公司生产当今国际上最先进的变频调速产品并进行应用软件的开发,为国内外重大工程项目提供一流的电气传动控制系统。在变频调速领域,我国虽然取得了很大成绩,但应看到由于国内自行开发、生产产品的能力弱,对国外公司的依赖性仍较强。近几年,我国市场上变频器安装容量的年增长率在20%左右,潜在市场空间大约为1200亿~1800亿元。其中,低压变频器约占市场份额的六成左右,其余四成由中、高压变频器占据。目前国外品牌约占据我国变频器市场70%份额。不过,本土品牌市场份额在扩大,已从2005年的15%提升至2012年的30%左右。

表1-1 我国电气传动与变频调速技术的发展简史

技 术 特 征	应 用 年 代
带电机扩大机的发电机-电动机机组传动	20世纪50年代初期~70年代中期
汞弧整流器供电的直流调速传动	20世纪50年代后期~60年代后期
磁放大器励磁的发电机-电动机机组传动	20世纪60年代初期~70年代中期
晶闸管变流器励磁的发电机-电动机机组	20世纪60年代后期~70年代后期
晶闸管变流器供电的直流调速传动	20世纪70年代初期~现在
饱和磁放大器供电的交流调速传动	20世纪60年代初期~60年代后期
静止串级调速交流调速传动	20世纪70年代中期~现在
循环变流器供电的交流变频调速传动	20世纪80年代后期~现在
电压或电流型6脉冲逆变器供电的交流变频调速传动	20世纪80年代初期~现在
BJT(IGBT)PWM逆变器供电的交流变频调速传动	20世纪90年代初期~现在

1.3.2 目前国内主要的产品状况

1. 晶闸管交流器件和开关器件(BJT、IGBT、VDMOS)斩波器供电的直流调速设备

这类设备的市场很大,随着交流调速的发展,该设备虽在缩减,但由于我国旧设备改造任务多,以及它在几百至一千多千瓦范围内价格比交流调速低得多,所以在短期内市场不会缩减很多。自行开发的控制器多为模拟控制,近年来主要采用进口数字控制器配国产功率装置。

2. IGBT 或 BJT PWM 逆变器供电的交流变频调速设备

这类设备的市场很大,总容量占的比例不大,但台数多,增长快,应用范围从单机扩展到全生产线,从简单的 V/f 控制到高性能的矢量控制。目前,国内约有 50 家工厂和公司生产该类设备,其中合资企业占很大比重。

3. 负载换流式电流型晶闸管逆变器供电的交流变频调速设备

这类产品在抽水蓄能电站的机组启动,大容量风机、泵、压缩机和轧机传动方面有很大需求。国内只有少数科研单位有能力制造,目前容量最大做到 12MW。功率装置国内配套,自行开发的控制装置只有模拟的,数字装置需进口,能自行开发应用软件。

4. 交-交变频器供电的交流变频调速设备

这类产品在轧机和矿井卷扬传动方面有很大需求,台数不多,功率大,主要靠进口,国内只有少数科研单位有能力制造。目前最大容量做到 7000~8000kW。功率部分可国产,数字控制装置依赖进口,包括开发应用软件。

1.4 变频技术的发展方向

交流变频调速技术是强弱电混合、机电一体的综合性技术,既要处理巨大电能的转换(整流、逆变),又要处理信息的收集、变换和传输,因此它的共性技术必定分成功率和控制两大部分。前者要解决与高电压大电流有关的技术问题,后者要解决控制模块的硬、软件开发问题。其主要发展方向有如下几项。

1. 主电路逐步向集成化、高频化和高效率发展

(1) 集成化主要措施是把功率元件、保护元件、驱动元件、检测元件进行大规模的集成,变为一个 IPM 的智能电力模块,其体积小、可靠性高、价格低。

(2) 高频化主要是开发高性能的 IGBT 产品,提高其开关频率。目前开关频率已提高到 10~15kHz,基本上消除了电动机运行时的噪声。

(3) 提高效率的主要办法是减少开关元件的发热损耗,通过降低 IGBT 的集电极-射极间的饱和电压来实现,其次,用不可控二极管整流采取各种措施设法使功率因数增加到 1。现在又开发了一种新型的采用 PWM 控制方式的自换相变流器,已成功地用做变频器中的网侧变流器,电路结构与逆变器完全相同,每个桥臂均由一个自关断器件和一个二极管并联组成。其特点是:直流输出电压连续可调,输入电流(网侧电流)波形基本为正弦,功率因数可保持为1，并且能量可以双向流动，其结构如图1.1所示。

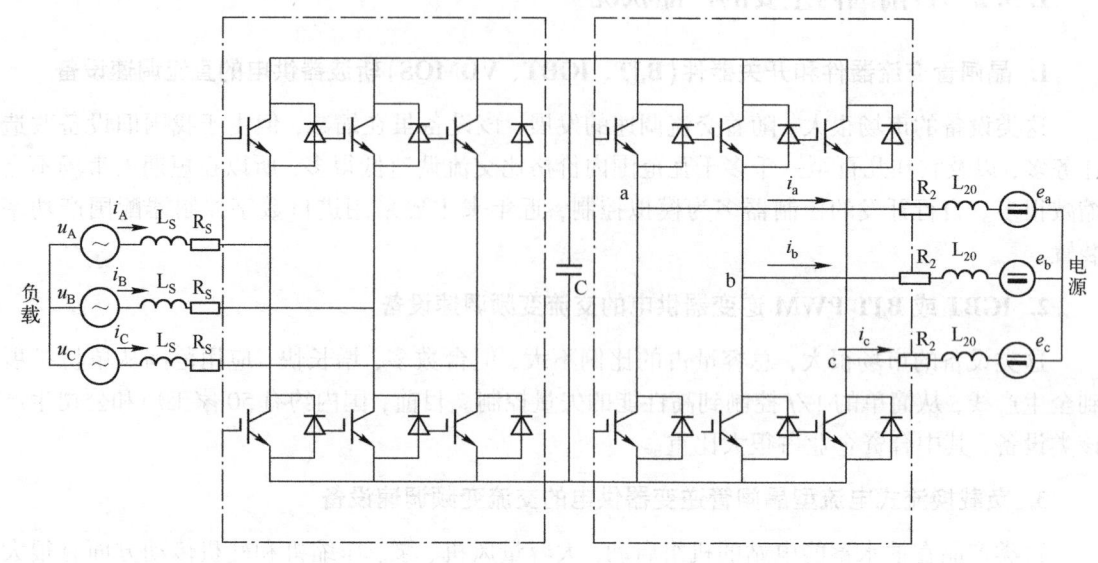

图1.1 双PWM交-直-交变频器

2. 控制量由模拟量向数字量发展

由变频器供电的调速系统是一个快速系统，在使用数字控制时要求的采样频率较高，通常高于1kHz，常需要完成复杂的操作控制、数学运算和逻辑判断，所以要求控制变频器的单片机具有较大的存储容量和较强的实时处理能力。前段时间，较为流行的方案是采用数片单片机来构成一个功能较强的全数字控制器。在实际使用时单片机的数量常根据具体任务而定。

全数字控制方式，使信息处理能力大幅度地增强。采用模拟控制方式无法实现的复杂控制在今天都已成为现实，使可靠性、可操作性、可维修性，即所谓的 RAS(Reliability, Availability, Serviceability) 功能得以充实。微机和大规模集成电路的引入，对于变频器的通用化起到了决定性的作用。全数字控制具有如下特点：

(1) 精度高。数字计算机的精度与字长有关，变频器中常使用16位乃至32位微机作为控制机，精度在不断提高。

(2) 稳定性好。由于控制信息为数字量，不会随时间发生漂移。与模拟控制不同，它一般不会随温度和环境条件发生变化。

(3) 可靠性高。微机采用大规模集成电路，系统中的硬件电路数量大为减少，相应的故障率也大大降低了。

(4) 灵活性好。系统中硬件向标准化、集成化方向发展，可以在尽可能少的硬件支持下，由软件去完成复杂的控制功能。适当地修改软件，就可以改变系统的功能或提高其性能。

(5) 存储容量大。存储容量大，存放时间几乎不受限制，这是模拟系统不能比拟的。利用这一特点可在存储器中存放大量的数据或表格，利用查表法可简化计算，提高运算速度。

(6) 逻辑运算能力强。容易实现自诊断、故障记录、故障寻找等功能,使变频装置可靠性、可使用性、可维修性大大提高。

3. 向多功能化和高性能化发展

多功能化和高性能化电力电子器件与控制技术的不断进步,使变频器向多功能化和高性能化发展。特别是随着微机的应用,以其简单的硬件结构和丰富的软件功能,为变频器多功能化和高性能化提供了可靠的保证。

人们总结了交流调速电气传动的大量实践经验,并不断融入软件功能,日益丰富的软件功能使通用变频器的适应性不断增强,仅举几例说明如下:转矩提升功能使低速下的转矩过载能力提高到150%,使启动和低速运行性能得到很大的提高;转差补偿功能使异步电动机的机械特性 $n = f(T)$ 的硬度甚至大于工频电网供电时的硬度,额定转矩下的转速降比无补偿时减小 1/3~2/3,提高了稳态下的转速稳定度(应该指出,这是用简单的开环控制达到的指标,并不需要闭环控制);瞬时停电、短时过载情况下的平衡恢复功能防止了不必要的跳闸,保证了运行的连续性,这对某些不允许停车的生产工艺十分有意义;控制指令和控制参数的设定,可由触摸式面板实现,不但灵活方便,而且实现了模拟控制方式所无法实现的功能,比如多步转速设定、S形加减速和自动加减速控制等;故障显示和记忆功能,使故障的分析和设备的维修变得既准确又快速;灵活的通信功能,方便了与可编程序控制器或上位计算机的接口,很容易实现闭环控制等,这里不再一一列举。可以这样说,通用变频器的多功能化和高性能化为用户提供了一种可能,即可以把原有生产机械的工艺水平"升级",达到以往无法达到的境界,使其变成一种具有高度软件控制功能的新机种。

8位CPU、16位CPU奠定了通用变频器全数字控制的基础。32位数字信号处理器(Digital Signal Processer,DSP)的应用将通用变频器的性能提高了一大步,实现了转矩控制,推出了"无跳闸"功能。目前,最新型变频器开始采用新的精简指令集计算机(Reduced Instruction Set Computer,RISC),将指令执行时间缩短到纳秒级。它是一种矢量(超标量)微处理器,其性能着重放在常用基本指令的执行效率上,舍弃了某些运算复杂且使用率不高的指令,省下它们所占用的硬件资源用于提高基本指令的运算速度,达到了以"每秒百万条指令"(Million Instruction Per Second,MIPS)为单位来衡量运算速度的程度。有文献报道,RISC的运算速度可达1000MIPs,即10亿次/秒,相当于巨型计算机的水平。指令计算时间为1ns量级,是一般微处理器所无法比拟的。有的变频器厂家声称,以 RISC 为核心的数字控制,可以支持无速度传感器矢量控制变频器的矢量控制算法、转速估计运算、PID调节器的在线实时运算。

正是由于全数字控制技术的实现,并且运算速度不断提高,使得通用变频器的性能不断提高,功能不断增加。目前出现了一类"多控制方式"通用变频器,例如,安川公司的VS616-G5变频器就有:无PG(速度传感器)V/f 控制;有PG V/f 控制;无PG矢量控制;有PG矢量控制等4种控制方式。通过控制面板,可以设定(即选择)上述4种控制方式中的一种,以满足用户的需要。还有一种所谓的"工程型"高性能变频器,完善的软件功能和规范的通讯协议,使它对自身可实现灵活的"系统组态",对上级控制系统可实现"现场总线控制",它特别适合在现代计算机控制系统中作为传动执行机构。

4. 向大容量化和高压化发展

对一些大型生产机械的主传动,直流电动机在容量等级方面已接近极限值,采用直流调速方案无论在设计和制造上都已十分困难。某些大容量高速传动,过去只能采用增速齿轮或是直接以汽轮机传动,噪声大、效率低、占地面积大。特大容量交流传动装置的发展,填补了这方面的空白。

例如,用于传动裂化气体压缩机的 21000kW、5900r/min 的交-直-交电流型无换向器电动机已于 1984 年投入运行。这是法国 AL STHOM 公司制造的,该公司提供的功率在 5000kW 以下的无换向器电动机,转速可达 10000r/min;功率在 75000kW 以下的,转速可达 4000r/min。日本也能提供类似设备。又如,德国西门子公司,1984 年生产的一台低速大容量交-交变频器,是 2×10920kW 同步电动机交-交矢量控制系统,用于厚板轧钢机,其技术指标已优于直流传动。

大容量交流电动机通常是高电压的。为了适应高电压电动机,大容量交-直-交电压型 PWM 变频器大致有两种类型:直接高压型和高-低-高型,其中直接高压型发展较迅速。

5. 向小型化发展

小型化技术在通用变频器产品上已取得很大成绩。现进一步要在伺服控制型变频器上推进,具体的做法如下。

(1) 逆变器和伺服电路的小型化技术:实现小型化的关键是冷却技术,冷却风扇原来一直是用铝铸造,从冷却效率的观点来看,采用铆焊和压接较好。此外,部件的集成技术和高密度贴装技术对小型化有很大贡献,支架等部件的贴装技术和系统的 LSI 化是未来研究的重要课题。

(2) 电动机的微型化:伺服电动机达到无损耗并微型化是研究的重要课题。为使伺服电动机实现微型化需解决如下技术问题:采用稀土类永久磁铁;线圈下线工艺的改进;用高热传导树脂进行浇注的冷却技术。若解决了上述技术问题,电动机的体积将减小为原来的 1/3,从而实现微型化。

6. 向系统化发展

在实现了通用变频器的多功能和伺服型变频器的高速响应后,要求进一步考虑变频器与系统或网络的连接,例如,要求变频器和上位控制的可编程序控制器(PLC)通过串行通信连接的系统化课题。

一般通用变频器装备有带 RS-485 的标准通讯接口功能,此外还通过专用的开放总线方式运行。开放总线可适用于不同行业和地区,连接和使用非常简便。

由于伺服型变频器的信号高速响应能力强,故它与 PLC 可进行高速的串行通信。该总线由 25MHz、3V 系统进行驱动,故耐噪声能力强,非常有利于伺服系统的高速控制。

习 题 1

1.1 变频调速的主要技术指标是什么?
1.2 为什么变频器的逆变桥必须采用电力晶体管?
1.3 我国变频调速技术的发展概况如何?
1.4 简述变频调速技术的发展方向。

第2章 常用电力电子器件介绍及选择

内容提要与学习要求

掌握晶闸管的结构、工作原理及测试方法。了解各种常用电力电子器件的原理及应用特点。了解智能电力模块及其应用。

2.1 晶闸管的结构原理及测试

晶闸管是硅晶体闸流管的简称,包括普通晶闸管、双向晶闸管、逆导晶闸管和快速晶闸管等。普通晶闸管又叫可控硅,常用 SCR 表示,国际通用名称为 Thyristor,简称为 T。

1. 普通晶闸管的结构

晶闸管是一种 4 层(P_1、N_1、P_2、N_2)3 端(A、G、K)大功率半导体器件,它有 3 个 PN 结:J_1、J_2、J_3。其外形有平板形和螺栓形,见图 2.1(a)、(b)所示。3 个引出端分别叫做阳极 A、阴极 K 和门极 G,门极又叫控制极。晶闸管的图形符号见图 2.1(c)所示。

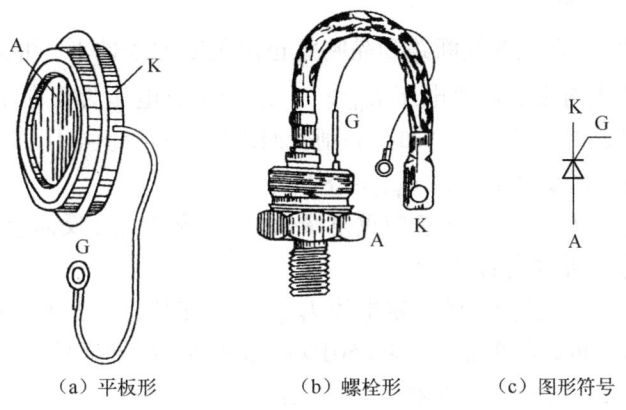

(a)平板形　　(b)螺栓形　　(c)图形符号

图 2.1 晶闸管的外形和图形符号

2. 晶闸管的工作原理

晶闸管是 4 层 3 端器件,有 J_1、J_2、J_3 3 个 PN 结,见图 2.2(a)所示。如果把中间的 N_1 和 P_2 分为两部分,就构成一个 NPN 型晶体管和一个 PNP 型晶体管的复合管,见图 2.2(b)所示。

晶闸管具有单向导电特性和正向导通的可控性。需要导通时必须同时具备以下两个条件:

(1)晶闸管的阳极-阴极之间加正向电压。

(2)晶闸管的门极-阴极之间加正向触发电压,且有足够的门极电流。

晶闸管承受正向阳极电压时,为使晶闸管从关断变为导通,必须使承受反向电压的 PN 结失去阻断作用。

见图 2.2(c),每个晶体管的集电极电流是另一个晶体管的基极电流。两个晶体管相互复合,当有足够的门极电流 I_g 时,就会形成强烈的正反馈,即

$$I_g \uparrow \to I_{b2} \uparrow \to I_{c2} \uparrow = I_{b1} \uparrow \to I_{c1} \uparrow \to I_{b2} \uparrow$$

两个晶体管迅速饱和导通,即晶闸管饱和导通。

若使晶闸管关断,应设法使晶闸管的阳极电流减小到维持电流 I_H 以下。

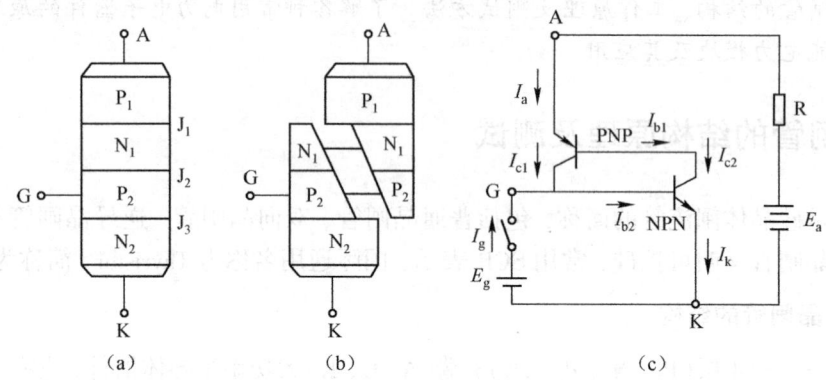

图 2.2 晶闸管的内部工作过程

3. 晶闸管的主要参数

(1) 额定电压 U_{Tn}。在控制极断路和晶闸管正向阻断的条件下,可重复加在晶闸管两端的正向峰值电压称为正向重复峰值电压 U_{DRM},一般规定此电压为正向不重复峰值电压 U_{DSM} 的 80%;在控制极断路时,可以重复加在晶闸管两端的反向峰值电压称为反向重复峰值电压 U_{RRM},此电压取反向不重复峰值电压 U_{RSM} 的 80%。

晶闸管的额定电压 U_{Tn} 取 U_{DRM}(正向重复峰值电压)和 U_{RRM}(反向重复峰值电压)的较小值且靠近标准电压等级所对应的电压值。

(2) 额定电流 $I_{T(AV)}$。晶闸管的额定电流 $I_{T(AV)}$ 是指在环境温度为 +40℃ 和规定的散热条件下,晶闸管在电阻性负载的单相、工频(50Hz)、正弦半波(导通角不小于170°)的电路中,结温稳定在额定值 125℃ 时所允许的通态平均电流。

(3) 通态平均电压 $U_{T(AV)}$。通态平均电压 $U_{T(AV)}$ 是指在额定通态平均电流和稳定结温下,晶闸管阳、阴极间电压的平均值,一般称为管压降。其范围在 0.6~1.2V 之间。

(4) 维持电流 I_H 和擎住电流 I_L。在室温且控制极开路时,能维持晶闸管继续导通的最小电流称为维持电流 I_H。维持电流大的晶闸管容易关断。给晶闸管门极加上触发电压,当元件刚从阻断状态转为导通状态时就撤除触发电压,此时元件维持导通所需要的最小阳极电流称为擎住电流 I_L。对同一晶闸管来说,擎住电流 I_L 要比维持电流 I_H 大 2~4 倍。

(5) 门极触发电流 I_{GT}。门极触发电流 I_{GT} 是指在室温且阳极电压为 6V 直流电压时,使晶闸管从阻断到完全开通所必需的最小门极直流电流。

(6) 门极触发电压 U_{GT}。门极触发电压 U_{GT} 是指对应于门极触发电流时的门极触发电压。对于晶闸管的使用者来说,为使触发器适用于所有同型号的晶闸管,触发器送给门极的电压

和电流应适当地大于所规定的 U_{GT} 和 I_{GT} 上限,但不应超过其峰值 I_{GFM} 和 U_{GFM}。门极平均功率 P_G 和峰值功率(允许的最大瞬时功率) P_{GM} 也不应超过规定值。

(7)断态电压临界上升率 du/dt。把在额定结温和门极断路条件下,使器件从断态转入通态的最低电压上升率称为断态电压临界上升率 du/dt。

(8)通态电流临界上升率 di/dt。把在规定条件下,由门极触发晶闸管使其导通时,晶闸管能够承受而不导致损坏的通态电流的最大上升率称为通态电流临界上升率 di/dt。晶闸管所允许的最大电流上升率应小于此值。

4. 普通晶闸管的型号

按国家标准 JB1144—1975 规定,国产普通晶闸管型号中各部分的含义如下:

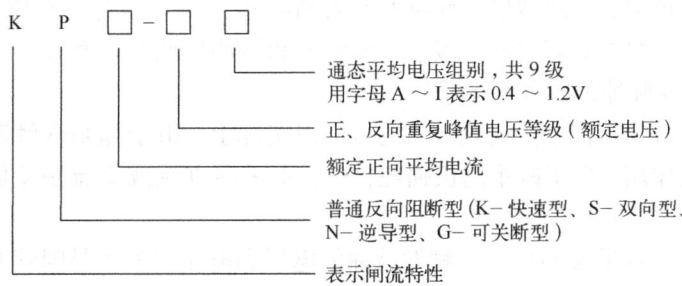

例如,KP100 - 12G 表示额定电流为 100A,额定电压为 1200V,管压降为 1V 的普通晶闸管。

5. 普通晶闸管的选择原则

(1)选择额定电流 $I_{T(AV)}$ 的原则。在规定的室温和冷却条件下,只要所选管子的额定电流有效值大于等于管子在电路中实际通过的最大电流有效值 I_T 即可。考虑元件的过载能力,实际选择时应有 1.5~2 倍的安全裕量。其计算公式为:

$$I_{T(AV)} \geqslant (1.5 \sim 2) \frac{I_T}{1.57}$$

式中,I_T 为电路中实际可能流过的最大电流有效值。然后取相应标准系列值。

(2)选择额定电压 U_{Tn} 的原则。选择普通晶闸管额定电压的原则应为管子在所工作的电路中可能承受的最大正反向瞬时值电压 U_{TM} 的 2~3 倍,即:

$$U_{Tn} = (2 \sim 3) U_{TM}$$

式中,U_{TM} 为电路中最大正反向瞬时值电压。然后取相应标准系列值。

6. 晶闸管管脚极性的判断

用万用表 R×1kΩ 挡测量晶闸管的任意两管脚电阻,其中有一管脚对另外两管脚正反向电阻都很大,在几百千欧以上,此管脚是阳极 A。再用万用表 R×10Ω 挡测量另外两个管脚的电阻值,应为数十欧到数百欧,但正反向电阻值不一样,阻值小时黑表笔所接的管脚为控制极 G,另一管脚就是阴极 K。

7. 晶闸管的测试

用万用表欧姆挡判断晶闸管好坏的方法是:将万用表置于 R×1kΩ 挡,测量阳极-阴极之间正反向电阻,正常时阻值都应在几百千欧以上,如测得的阻值很小或为零,则阳极-阴极之间短路;用万用表 R×10Ω 挡测门极-阴极之间正反向电阻,正常时阻值应为数十欧到数百欧,反向电阻较正向电阻略大,如测得的正反向阻值都很大,则门极-阴极之间断路,如测得的阻值很小或为零,则门极-阴极之间短路。注意:在测量门极-阴极之间的电阻值时,不允许使用 R×10kΩ 挡,以免表内高压电池击穿门极的 PN 结。

8. 晶闸管的门极驱动(触发)

在晶闸管的阳极加上正向电压后,还必须在门极与阴极之间加上触发电压,晶闸管才能从阻断变为导通。触发电压决定每个晶闸管的导通时刻,是晶闸管变流装置中不可缺少的一个重要组成部分。

晶闸管的型号很多,不同型号、不同类型的晶闸管应用电路对触发信号有不同的要求。归纳起来,晶闸管触发主要有移相触发、过零触发和脉冲列调制触发等。不管是哪种触发电路,对它产生的触发脉冲都有如下要求:

(1) 触发信号可为直流、交流或脉冲电压。但实际上,由于晶闸管触发导通后,门极触发信号即失去控制作用,为了减小门极损耗,一般不采用直流或交流触发信号,而广泛采用脉冲触发信号。

(2) 触发脉冲应有足够的功率。触发脉冲的电压和电流应大于晶闸管要求的数值,并留有一定的裕量。触发脉冲功率的大小是决定晶闸管元件能否可靠触发的一个关键指标。

(3) 触发脉冲应有一定的宽度,脉冲的前沿应尽可能陡,以使元件在触发导通后,阳极电流能迅速上升超过擎住电流而维持导通。对于电感性负载,由于电感会抵制电流上升,因而触发脉冲的宽度应更大一些。有些具体的电路对触发脉冲的宽度会有一定的要求,如三相全控桥等电路的触发脉冲宽度要求大于 60°或采用双窄脉冲;有些则需要强触发脉冲。

(4) 触发脉冲必须与晶闸管的阳极电压同步,脉冲移相范围必须满足电路要求。

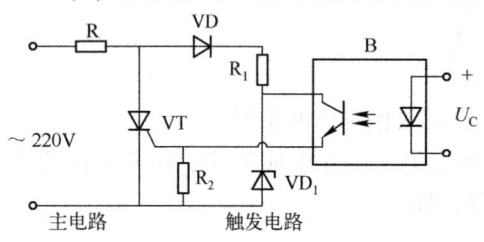

图 2.3 光耦合器触发电路

现今晶闸管主要应用于交流-直流相控整流和交流-交流相控调压,适用于这些应用的各种驱动触发器都已集成化、系列化,可供研制者直接选用。

用光耦合器组成的应用触发电路如图 2.3 所示。该电路是触发单相半波可控主电路的光耦合电路。R_1 用来限制晶闸管 VT 门极触发电流;二极管 VD 用来阻止反向电流通过门极;稳压管 VD_1 用来限制光电三极管的工作电压,一般限制在 30V 以下。电路在晶闸管阳极承受正向电压时,光耦合器 B 输入控制电压 U_C,通过内部光的耦合使三极管导通。这样,正向触发电流经光电三极管流向晶闸管门极,于是晶闸管触发导通。

9. 晶闸管的应用举例

晶闸管投切电容器(TSC)是一种并联的晶闸管投切的电容器,通过对晶闸管阀进行全导通或全关断控制,可阶梯式改变其等效容抗。它通常由多个并联的电容器支路组成,每个支路都由设有触发角控制的晶闸管阀来投切,从而达到阶梯式改变注入系统无功功率的目的。

TSC 使用晶闸管作为开关，与机械投切电容器相比，晶闸管开关是无触点的，它的操作寿命几乎是无限的，而且晶闸管的投切时刻可以精确控制，能够快速无冲击地将电容器、电抗器等设备接入电网，大大减小了投切时的冲击涌流和操作困难，所以从开关角度来看，TSC 等设备比传统断路器投切具有明显优势。

单相 TSC 的基本结构如图 2.4 所示，它由电容器、双向导通晶闸管（或反并联晶闸管）和阻抗值很小的限流电抗器组成。限流电抗器的主要作用是限制晶闸管阀由于误操作引起的浪涌电流，而这种误操作往往是由于误控制导致电容器在不适当的时机进行投入引起的。同时，限流电抗器与电容器通过参数搭配可以避免与交流系统电抗在某些特定频率上发生谐振。TSC 有两个工作状态，即投入和断开状态。投入状态下，双向晶闸管（或反并联晶闸管）导通，电容器（组）起作用，TSC 发出容性无功功率；断开状态下，双向晶闸管（或反并联晶闸管）阻断，TSC 支路不起作用，不输出无功功率。在工程实际中，一般将电容器分成几组，每组都可由晶闸管投切。这样可根据电网的无功需求投切这些电容器，TSC 实际上就是断续可调的发出容性无功功率的动态无功补偿器。

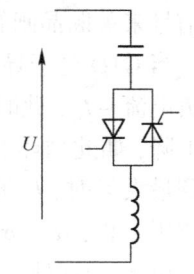

图 2.4 单相 TSC 的基本结构

2.2 门极可关断晶闸管（GTO）

门极可关断晶闸管具有普通晶闸管的全部优点，如耐压高、电流大、耐浪涌能力强、使用方便和价格低等。同时它又具有自身的优点，如具有自关断能力、工作效率较高、使用方便、无须辅助关断电路等。GTO 可用门极信号控制其关断，是一种应用广泛的大功率全控开关器件，在高电压和大中容量的斩波器及逆变器中获得了广泛应用。

1. GTO 的结构

GTO 也是 4 层 $P_1N_1P_2N_2$ 结构，3 端引出线（A、K、G）的器件。但和普通晶闸管不同的是：GTO 内部可看成是由许多 $P_1N_1P_2N_2$ 四层结构的小晶闸管并联而成的，这些小晶闸管的门极和阴极并联在一起，成为 GTO 元，所以 GTO 是集成元件结构，而普通晶闸管是独立元件结构。正是由于 GTO 和普通晶闸管在结构上的不同，因而在关断性能上也不同。图 2.5 给出了 GTO 的等效电路及图形符号。GTO 的外形与普通晶闸管相同。

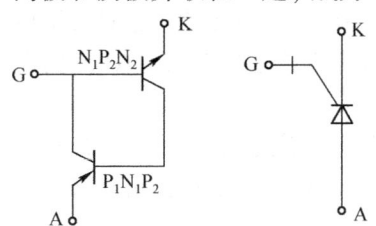

（a）等效电路　（b）GTO 图形符号

图 2.5 GTO 的等效电路及图形符号

2. GTO 的工作原理

由于 GTO 也具有 $P_1N_1P_2N_2$ 四层结构，所以同样可用双晶体管模型来分析其工作原理。其中 α_1 和 α_2 分别为 $P_1N_1P_2$ 和 $N_1P_2N_2$ 的共基极电流放大倍数，α_1 比 α_2 小，GTO 与晶闸管最大区别就是回路增益 $\alpha_1+\alpha_2$ 数值不同。

GTO 的开通原理与晶闸管一样。当 GTO 的阳极加正向电压，门极加足够的正脉冲信号后，GTO 即可进入导通状态。

当 $\alpha_1+\alpha_2\approx 1$ 时，双晶体管处于临界饱和导通状态；$\alpha_1+\alpha_2>1$ 时，双晶体管处于饱和度

较深的导通状态；$\alpha_1 + \alpha_2 < 1$ 时，双晶体管处于关断状态。

通常 GTO 导通时，双晶体管的 $\alpha_1 + \alpha_2 \approx 1.05$，因而元件处于略过临界的导通状态，GTO 用门极负信号使 $\alpha_1 + \alpha_2 < 1$，为关断 GTO 提供了有利条件。而普通晶闸管导通时 $\alpha_1 + \alpha_1 \approx 1.15$，器件饱和度较深，用门极负脉冲不足以使 $\alpha_1 + \alpha_2$ 达到小于 1 的程度，也就不能用门极负信号来关断晶闸管，这是 GTO 与晶闸管的一个极为重要的区别。

当 GTO 处于导通状态时，对门极加负的关断脉冲，晶体管 $P_1N_1P_2$ 的 I_{C1} 被抽出，形成门极负电流 $-I_G$，此时 $N_1P_2N_2$ 晶体管的基极电流相应减小，进而使 I_{C2} 减小，再引起 I_{C1} 的进一步下降，如此循环下去，最终导致 GTO 的阳极电流消失而关断。当 GTO 门极关断负电流 $-I_G$ 达到最大值时，I_A 开始下降，此时也将引起 α_1 和 α_2 的下降，当 $\alpha_1 + \alpha_2 \leq 1$ 时，器件内部正反馈作用停止，$\alpha_1 + \alpha_2 = 1$ 为临界关断点，GTO 的关断条件为 $\alpha_1 + \alpha_2 < 1$。

由于 GTO 处于临界饱和状态，用抽走阳极电流的方法破坏其临界饱和状态，能使器件关断。而晶闸管导通之后，处于深度饱和状态，用抽走阳极电流的方法不能使其关断。

3. GTO 的主要参数

GTO 的许多参数都和普通晶闸管相应的参数意义相同，但也有一些参数与普通晶闸管不同，现说明如下：

（1）最大可关断阳极电流 I_{ATO}。最大可关断阳极电流是指用门极电流可以重复关断的阳极峰值电流，也称可关断阳极峰值电流。I_{ATO} 是 GTO 的一个特征参数，常作为 GTO 的标称电流。若电流过大，则 $\alpha_1 + \alpha_2 > 1$ 的条件可能被破坏，使器件饱和程度加深，导致门极关断失效。

（2）阳极尖峰电压 U_P。在 GTO 关断过程中，在下降时间的尾部会出现一个尖峰电压，该电压称为阳极尖峰电压。

（3）关断增益 β_{off}。关断增益是指最大可关断阳极电流 I_{ATO} 与门极负电流最大值之比，即 $\beta_{off} = I_{ATO}/|-I_{GM}|$。它表示 GTO 的关断能力，是一个重要的特征参数，其值一般为 $\beta_{off} = 3 \sim 8$，说明关断 GTO，至少需要有 $(1/8 \sim 1/3)I_{ATO}$ 大小的门极负电流。一般来说，电流增益较低。

（4）维持电流 I_H。GTO 的维持电流是指阳极电流减小到开始出现 GTO 元不能再维持导通的电流值。可见，当阳极电流略小于维持电流时，仍有部分 GTO 元维持导通，这时若阳极电流回复到较高数值，已截止的 GTO 元不能再导电，就会引起维持导通状态的 GTO 元的电流密度增大，出现不正常的状态。

（5）擎住电流 I_L。擎住电流是指 GTO 元经门极触发后，阳极电流上升到保持所有 GTO 元导通的最低值。所以，门极必须有足够宽的脉冲，能使所有的 GTO 元都能达到可靠导通。

4. GTO 的驱动电路

GTO 的门极电流、电压控制波形对 GTO 的特性有很大影响。GTO 门极电流电压控制信号分开通和关断两部分。

（1）对开通讯号的要求。要求门极电流开通讯号的波形为：脉冲前沿陡、幅度高、宽度大、后沿缓。脉冲前沿陡，则对结电容充电快，正向门极电流建立迅速，有利于 GTO 的快速导通。一般取门极开通电流变化率 di_{GF}/dt 为 $5 \sim 10 \text{A}/\mu\text{s}$。门极正脉冲幅度高可以实现强触发，一般该值比额定直流触发电流大 $3 \sim 10$ 倍。强触发有利于缩短开通时间，减小开通损耗。

触发电流脉冲宽度大，用来保证阳极电流的可靠建立，一般定为 10~60μs。后沿则应尽量缓一些，后沿过陡会产生振荡。

（2）对关断信号的要求。导通的 GTO 用门极反向电流来关断。要求门极电流关断信号的波形为：前沿较陡、宽度足够、幅度较高、后沿平缓。脉冲前沿陡可缩短关断时间，减少关断损耗，但前沿过陡会使关断增益降低，一般关断脉冲电流的上升率 di_{GR}/dt 取 10~50A/μs；门极关断负电压脉冲必须具有足够的宽度，既要保证在下降时间内能持续抽出载流子，又要保证剩余载流子的复合有足够的时间；关断电流脉冲的幅度 I_{GRM} 一般取 (1/3~1/5) I_{ATO} 值。在 I_{ATO} 一定的条件下，I_{GRM} 越大，关断时间越短，关断损耗也越小；门极关断控制电压脉冲的后沿要尽量平缓一些。如果坡度太陡，由于结电容效应，尽管门极电压是负的，也会产生一个门极电流。这个正向门极电流有使 GTO 开通的可能，影响 GTO 的正常工作。

GTO 的门控电路包括开通电路、关断电路和偏置电路，门极控制的关键是关断控制。图 2.6 是用 GTR（功率晶体管）关断 GTO 的一种电路原理接线图，当输入开通讯号 on 时，VT_1 导通，电源 E_1 经 VT_1、R_1（C_1）、R_2 使 GTO 导通，同时 E_1 经 L_1、VD_1、L_2 使储能电容 C_2 振荡充电，为关断 GTO 做好准备；当对 VT_2 的基极加以关断信号 off 时，VT_2 导通，C_2 经 L_2、VT_2、GTO 的门极放电，使 GTO 关断，与门极并联的稳压管支路用来改善关断脉冲的波形。关断时，导通的 VT_2、VT_3、VD_4 构成支路，使 GTO 加上负偏置，以增加关断的可靠性。

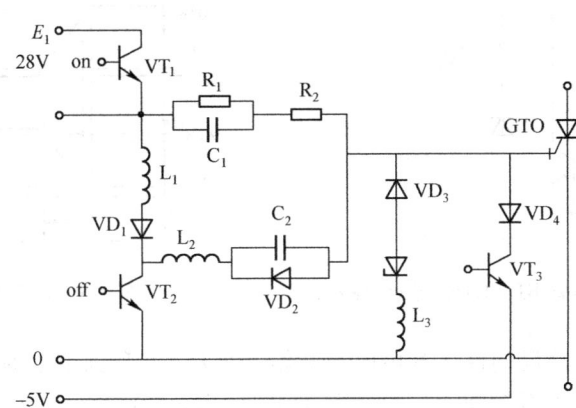

图 2.6 用 GTR 关断 GTO 的门控电路原理接线图

2.3 功率晶体管（GTR）

功率晶体管 GTR 是一种高反压晶体管，具有自关断能力，并有开关时间短、饱和压降低和安全工作区宽等优点。它被广泛用于交直流电机调速、中频电源等电力变流装置中。

1. GTR 的结构

功率晶体管主要用作开关，工作于高电压大电流的场合，一般为模块化，内部为二级或三级达林顿结构，见图 2.7 所示。

2. GTR 的主要参数

（1）开路阻断电压 U_{CEO}：基极开路时，集电极-发射极间能承受的电压值。

（2）集电极最大持续电流 I_{CM}：当基极正向偏置时，集电极能流入的最大电流。

（3）电流增益 h_{FE}：集电极电流与基极电流的比值称为电流增益，也叫电流放大倍数或电流传输比。

（4）开通时间 t_{ON}：当基极电流为正向阶跃信号 I_{B1} 时，经过时间 t_d 延迟后，基极-发射极电压 U_{BE} 才上升到饱和值 U_{BES}，同时集电极-发射极电压 U_{CE} 从 100% 下降到 90%。此后，U_{CE} 迅速下降到 10%，集电极电流 I_C 上升到 90%，所经过时间为 t_r。开通时间 t_{ON} 是延迟时间 t_d 与上升时间 t_r 之和，如图 2.8 所示。

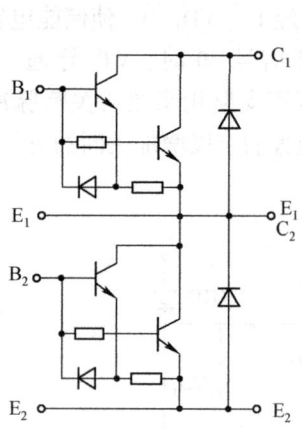

图 2.7 二单元双极晶体管 BJT(GTR) 等效电路

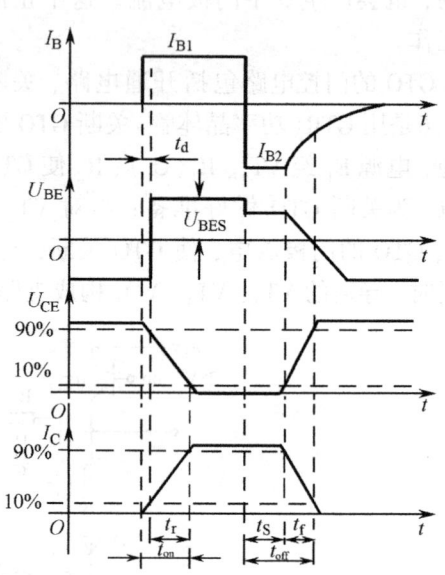

图 2.8 GTR 的开关时间

（5）关断时间 t_{off}：从反向注入基极电流开始，到 U_{CE} 上升到 10% 所经过的时间，为存储时间 t_s。此后，U_{CE} 继续上升到 90%，I_C 下降到 10% 所经过的时间，为下降时间 t_f。关断时间 t_{off} 是存储时间 t_s 和下降时间 t_f 之和，如图 2.8 所示。

3. GTR 的驱动电路模块

（1）对驱动电路的要求。

① 功率晶体管位于主电路，电压较高，控制电路电压较低，所以驱动电路应对主电路和控制电路有电气隔离作用。

② 功率晶体管开通时，驱动电流应有足够陡的前沿，并有一定的过冲，以加速开通过程，减小损耗。

③ 功率晶体管导通期间，在任何负载下基极电流都应使晶体管饱和导通，为降低饱和压降，应使晶体管过饱和。而为缩短存储时间，应使晶体管临界饱和。两种情况要综合考虑。

④ 关断时，应能提供幅值足够大的反向基极电流，并加反偏截止电压，以加快关断速度，减小关断损耗。

⑤ 驱动电路应有较强的抗干扰能力，并有一定的保护功能。

(2) 驱动电路的隔离。主电路和控制电路之间的电气隔离一般采用光隔离或磁隔离。常用的光隔离有普通、高速、高传输比几种类型，见图2.9(a)、(b)、(c)所示。

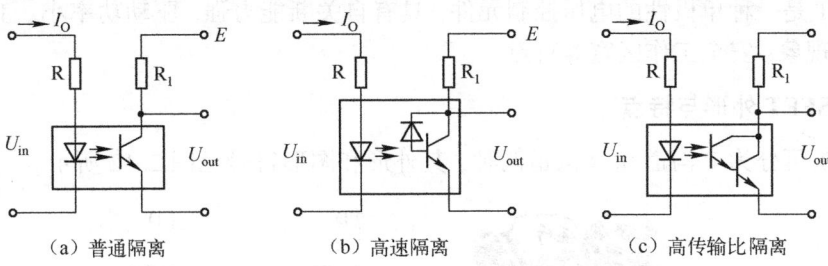

图2.9　光隔离耦合的类型

磁隔离的元件通常是隔离变压器，为避免脉冲较宽时铁芯饱和，通常采用高频调制和解调的方法。

(3) 如图2.10所示为一种固定反偏互补驱动电路，当 U_1 为高电平时，晶体管 VT_1 及 VT_2 导通，正电源 $+U_{CC}$ 经过电阻 R_3 及 VT_2 向 GTR 提供正向基极电流，使 GTR 导通。当 U_1 为低电平时，VT_1 及 VT_2 截止而 VT_3 导通，负电源 $-U_{CC}$ 加于 GTR 的发射结上，GTR 基区中的过剩载流子被迅速抽出，GTR 迅速关断。

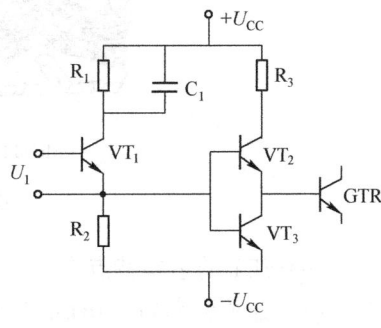

图2.10　固定反偏互补驱动电路

4. GTR 的二次击穿与安全工作区

(1) 二次击穿。GTR 的一次击穿是指集电结反偏时，空间电荷区发生载流子雪崩倍增，I_C 骤然上升的现象。其特点是：击穿发生时，虽然 I_C 急剧增大，但集电结电压基本不变。此时 U_{CE} 称为一次击穿电压。

在发生一次击穿后，若不有效地限制电流 I_C，则 I_C 在继续增加的同时伴随着 U_{CE} 的陡然下降，这种现象称为二次击穿。发生二次击穿后，在 ns～μs 数量级的时间内，器件内部出现明显的电流集中和过热点，轻者使 GTR 耐压降低、特性变差；重者使 c 结和 e 结熔通，造成 GTR 永久性损坏。因此，二次击穿是 GTR 突然损坏的主要原因之一。需要指出的是，负载性质、脉冲宽度、电路参数、材料、工艺以及基极驱动电路的形式等都会影响二次击穿。

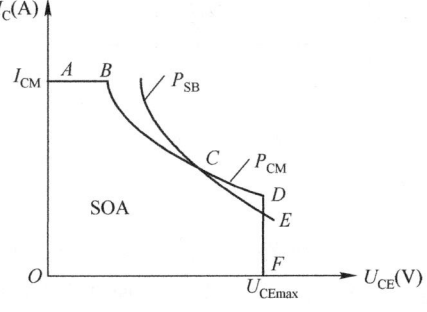

图2.11　GTR 的安全工作区

(2) 安全工作区。将不同基极电流下的二次击穿临界点连接起来，就构成了二次击穿功率 P_{SB} 的限制线。这样，GTR 工作时不仅不能超过最高电压 U_{CEmax}、集电极最大电流 I_{CM} 和最大耗散功率 P_{CM}，同时也不能超过二次击穿功率 P_{SB} 临界线。这些限制条件就构成了 GTR 的安全工作区 SOA(Safe Operating Area)，如图2.11所示。其中曲线 ABCDF 所示为不考虑二次击穿时的正偏安全工作区；考虑二次击穿后，正偏安全工作区 SOA 由 OABCEFO 曲线围成。

2.4 功率场效应晶体管(MOSFET)

MOSFET 是一种单极性的电压控制元件，具有自关断能力强、驱动功率小、工作速度高、无二次击穿现象、安全工作区宽等特点。

1. MOSFET 外形与特点

MOSFET 可分为 P 沟道和 N 沟道两种，其外形和图形符号见图 2.12 所示。

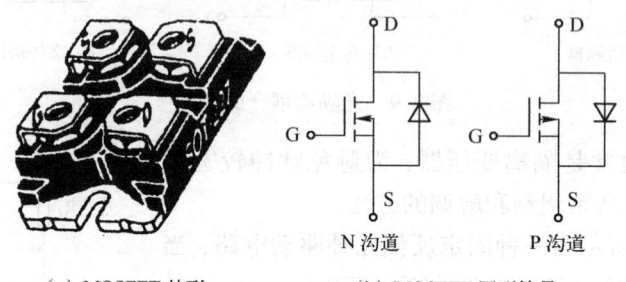

(a) MOSFET 外形　　(b) MOSFET 图形符号

图 2.12　MOSFET 外形与图形符号

MOSFET 的主要特点有：

(1) 开关频率高。MOSFET 的最高频率可达 500kHz。

(2) 输入阻抗高。MOSFET 有很高的输入阻抗，可用 CMOS 电路直接驱动，不过因为阻抗高，容易造成电荷积累，引起静电击穿，损坏 MOSFET。

(3) 驱动电路简单。MOSFET 在稳定状态下工作时，栅极无电流流过，只有在动态开关过程中才有电流，因此所需驱动功率小，驱动电路见图 2.13 所示。

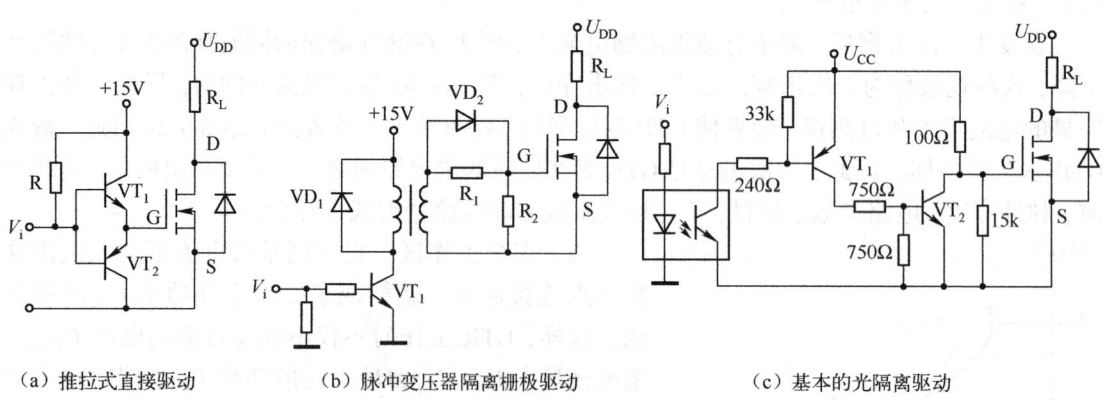

(a) 推拉式直接驱动　　(b) 脉冲变压器隔离栅极驱动　　(c) 基本的光隔离驱动

图 2.13　MOSFET 的驱动电路

由于 MOSFET 的输入阻抗极高，所以可以用 TTL 器件或 CMOS 器件直接驱动。图 2.13(a)所示为推拉式直接驱动电路，这种电路开通和关断速度比较高。图 2.13(b)所示为脉冲变压器隔离栅极驱动电路。图 2.13(c)所示为基本的光隔离驱动电路，通过光耦合将逻辑控制信号与驱动电路隔离。

2. 注意事项

（1）MOSFET 器件的存放和运输应有防静电装置。

（2）MOSFET 的栅极不能开路工作。

（3）对于电感性负载，在启动和停止时，可能产生过电压或过电流而损坏管子，所以应有适当的保护措施。

3. MOSFET 的测试

（1）栅极 G 的判定。用万用表 R×100Ω 挡，测量场效应管任意两引脚之间的正、反向电阻值，其中有一次测量时两引脚电阻值为数百欧姆，此时两表笔所接的引脚是漏极 D 与源极 S，则另一管脚为 G 极。

（2）漏极 D、源极 S 及类型的判断。用万用表 R×10kΩ 挡，测量 D 极与 S 极之间正、反向电阻值，正向电阻值约为几十千欧，反向电阻值在 (5×100kΩ)～∞。在测反向电阻时，红表笔所接的引脚不变，黑表笔脱离所接引脚后，与 G 极触碰一下，然后黑表笔去接原引脚，此时会出现以下两种可能：

① 若万用表读数由原来的较大阻值变为零（在 R×10kΩ 挡），则此时红表笔所接为 S 极，黑表笔所接为 D 极，用黑表笔触发 G 极万用表读数变为 0，则该场效应管为 N 沟道型场效应管。

② 若万用表读数仍为较大值，则黑表笔接回原引脚，用红表笔与 G 极碰一下，此时万用表读数由原来较大阻值变为 0，则此时黑表笔所接为 S 极，红表笔所接为 D 极，触发 G 极，万用表读取仍为零，该场效应管为 P 沟道型场效应管。

（3）场效应管好坏的判别。用万用表 R×1kΩ 挡测量场效应管的任意两引脚之间的正、反向电阻值，如果出现两次或两次以上电阻较小时，则该场效应管损坏。

4. MOSFET 的应用

以 MOSFET 为主要功率器件的电力电子设备将扩大功率与应用范围。其原因表现在 MOSFET 控制功率小，可直接与微机接口，且 MOSFET 是至今发现的最好的整流器件，其压降做得越来越小，电流密度做得越来越高。

过去低电压输出的 DC-DC 开关变换器采用肖特基二极管作为同步整流管，其正向压降约为 0.4～0.65V，低电压、大电流时通态功耗很大。因功率 MOSFET 管的正向压降很小，所以用功率 MOSFET 管作为输出的整流管。功率 MOSFET 管与肖特基二极管相比的优点除了正向压降很小外，还包括阻断电压高、反向电流小等优点。图 2.14 所示为输出全波同步整流电路。功率 MOSFET 管 VT_1、VT_2 为两个整流管（VD_1、VD_2 分别为 VT_1、VT_2 内部反并联二极管）。当变压器次级绕组同名端为正时，VT_2、VD_2 同时导通，VT_1、VD_1 阻断，在 L_1 续流期间，VT_1、VT_2 截止，VD_1、VD_2 同时导通续流；反之，当变压器次级绕组同名端为负时，VT_1、VD_1 同时导通，VT_2、VD_2 阻断，在 L_1 续流期间，VT_1、VT_2 截止，VD_1、VD_2 同时导通续流。采取此功率 MOSFET 管整流电路，可以大大提高整流效率。

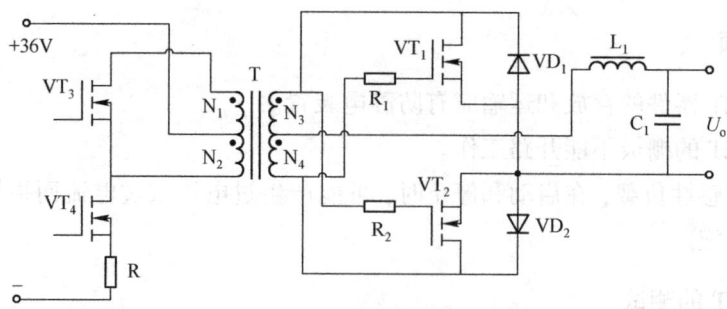

图 2.14　DC－DC 变换器主电路原理图

2.5　绝缘栅双极晶体管(IGBT)

绝缘栅双极晶体管简称为 IGBT，它集 MOSFET 和 GTR 的优点于一身，具有输入阻抗高、开关速度快、驱动电路简单、通态电压低、能承受高电压大电流等优点，广泛用于变频器和其他调速电路中。

1. IGBT 的结构原理

IGBT 的结构剖面图如图 2.15 所示。它是在 MOSFET 的基础上增加了一个 P^+ 层发射极，形成 PN 结 J_1，由此引出漏极。门极和源极完全与 MOSFET 相似。由结构图可以看出，IGBT 相当于一个由 MOSFET 驱动的厚基区 GTR，其等效电路及图形符号见图 2.16 所示。

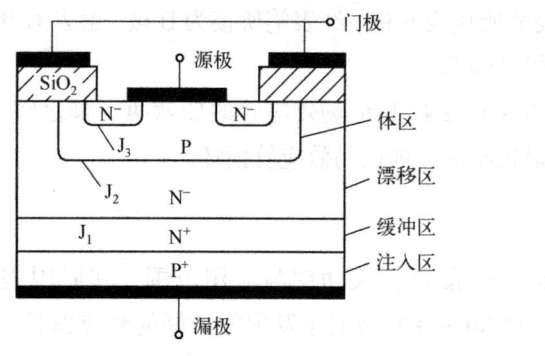

图 2.15　IGBT 的结构剖面图

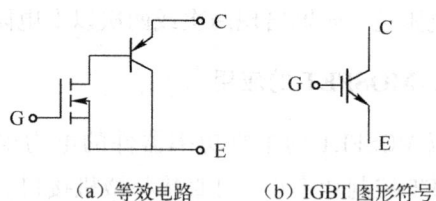

(a) 等效电路　　(b) IGBT 图形符号

图 2.16　IGBT 的等效电路及图形符号

2. IGBT 的驱动电路

IGBT 的输入特性是 MOSFET 管的特性，所以，适用于 MOSFET 管的驱动电路均可应用。IGBT 的驱动形式多种多样，各自功能也不相同，从隔离方式可分为两类：一类是光电隔离驱动，另一类是脉冲变压器隔离驱动。

(1) 分立元件驱动电路。见图 2.17(a)、(b)所示。图 2.17(a)用脉冲变压器隔离，通过二极管整流后直接驱动 IGBT 管，图 2.17(b)通过 HU 光电隔离器隔离，因光电信号较弱，后面再加一级由 VT_1、VT_2、VT_3 组成的放大器，把驱动信号加以放大，再驱动 IGBT。

·20·

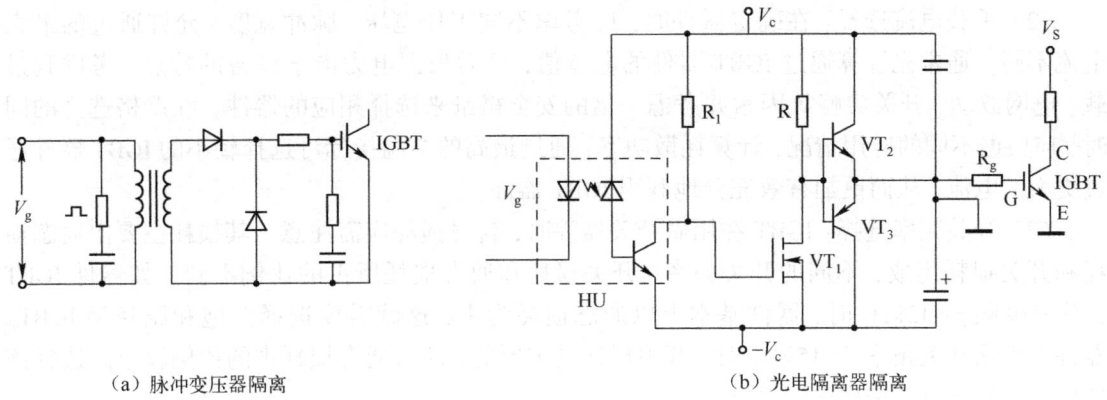

(a) 脉冲变压器隔离　　　　　　　　(b) 光电隔离器隔离

图 2.17　IGBT 的分立元件驱动电路

（2）集成模块驱动电路。IGBT 的驱动电路除分立元件以外，常用的还有集成驱动电路。如 EXB840/841 系列集成驱动模块，具有可靠性高、体积小、驱动速度高等特点。其内部结构见图 2.18 所示。

EXB840/841 系列驱动模块有高速型和标准型，两者外形和尺寸基本相同，内部结构稍有不同，但引脚和接线一样，如表 2-1 所示。

3. IGBT 的选用

在大中功率的开关电源装置中，IGBT 由于其控制驱动电路简单、工作频率高、容量较大的特点，已逐步取代晶闸管式 GTO。在具体应用时，应考虑器件在任何静态、动态、过载（如短路）的运行情况下应对以下几个参数给予选择确定。

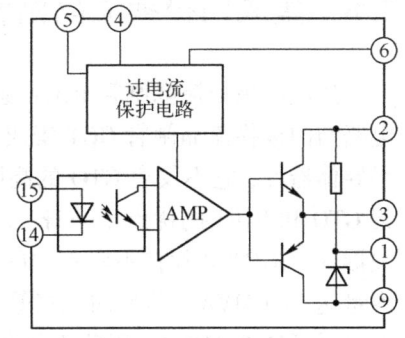

图 2.18　EXB 系列驱动模块

表 2-1　EXB840/841 系列驱动模块的管脚接线说明

引脚号	接线说明	引脚号	接线说明
1	连接用于反向偏置电源的滤波电容	7，8	空脚
2	驱动模块工作电源 +20V	9	电源地，0V
3	输出驱动信号	10，11	空脚
4	外接电容，防止过电流保护误动作	12，13	空脚
5	过电流保护输出端	14	驱动信号输入（－）
6	集电极电压监视端	15	驱动信号输入（＋）

（1）器件耐压选择：大多数 IGBT（模块或单管）通常工作在交流电网并通过单相或三相整流后的直流母线电压下。一般选择 IGBT 耐压值都是在整流后的直流母线电压 2 倍，其原因充分考虑到过载、电网波动、开关过程引起的电压尖峰等因素。如果在使用器件时，因结构、布线、吸收等设计环节比较理想，则可考虑采用较低耐压的 IGBT 以承受较高的直流母线电压。一般情况下器件耐压选择：单相交流 <230V AC，整流 DC 350V，选择器件耐压 600V；三相交流 380～460V AC，整流 DC 600 V（最高可达 900V），选择器件耐压 1200 V。

(2) 承载电流选择：在确定器件时，应考虑不同工作电压、脉冲宽度、允许通过的最大电流不同。通常先计算通过 IGBT 器件的电流值，然后根据电力电子设备的特点，考虑到过载、电网波动、开关尖峰等因素并考虑一倍的安全裕量来选择相应的器件。在严格选择的同时，应根据不同的应用情况，计算耗散功率，通过最高的结温指标可选择较小的 IGBT 器件通过更大的电流，从而更加有效充分地利用 IGBT 器件。

(3) 开关频率选择：IGBT 在用做开关器件时，自身损耗应需注意。其损耗主要由通态损耗和开关损耗组成，不同的开关频率、开关损耗和通态损耗所占的比例不同。如器件 IGBT 工作在低频 $f<15\mathrm{kHz}$ 时，器件基本上以通态损耗为主，这就需要选择低饱和压降型 IGBT。器件工作在开关频率 $f>15\mathrm{kHz}$ 时，开关损耗是主要的，此时通态损耗占的比例较小。选择该器件应选择高频短拖尾电流系列。

2.6　集成门极换流晶闸管（IGCT）

集成门极换流晶闸管 IGCT 是一种中压、大功率半导体开关器件。该器件是将门极驱动电路与门极换流晶闸管 GCT 集成于一个整体，门极换流晶闸管 GCT 是基于 GTO 结构的电力半导体器件，它不仅有 GTO 的高阻断能力和低通态压降的特点，而且有 IGBT 的开关性能，集 GTO 和 IGBT 的优点于一身，是理想的中压（用于 6kV 和 10kV 电路）、大功率（兆瓦级）开关器件。IGCT 芯片在不串不并的情况下，二电平逆变器容量达 $0.5\sim3\mathrm{MVA}$，三电平逆变器容量达 $1\sim6\mathrm{MVA}$。若反向二极管不与 IGCT 集成在一起，二电平逆变器容量可扩至 4.5MVA，三电平可扩至 9MVA，用此类器件构成的变频器已系列化。IGCT 实际应用最高性能参数为 4.5kV/4kA，最高研制水平为 6kV/4kA。

1. IGCT 的结构与工作原理

GTO 是 4 层 3 端器件，如图 2.19(a) 所示。门极换流晶闸管 GCT 结构与 GTO 相似，如图 2.19(b) 所示。图 2.19(b) 中左侧是 GCT，右侧是与 GCT 反向并联的二极管。IGCT 内部由上千个 GCT 组成，阳极和门极共用，阴极并联在一起。与 GTO 的差别是，GCT 阳极内侧多了缓冲层，由透明（可穿透）阳极代替 GTO 的短路阳极。导通原理与 GTO 完全一样，但关断原理与 GTO 完全不同，在 GCT 的关断过程中，GCT 能瞬间从导通转到阻断状态，变成一个 PNP

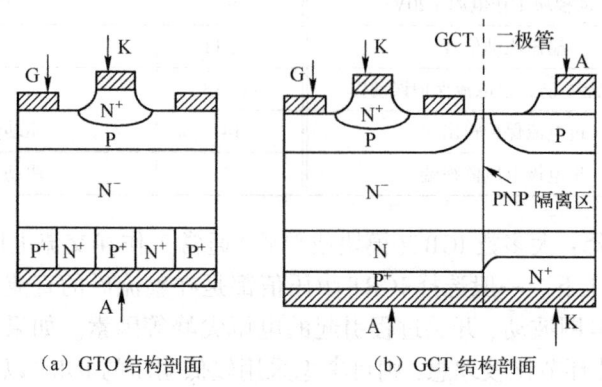

(a) GTO 结构剖面　　　　(b) GCT 结构剖面

图 2.19　GCT、GTO 的结构图

晶体管以后再关断，所以，它不受外加电压变化率 du/dt 限制；而 GTO 必须经过一个既非导通又非关断的中间不稳定状态进行转换，即"GTO 区"，所以 GTO 需要很大的吸收电路来抑制外加电压的变化率 du/dt。阻断状态下 GCT 的等效电路可认为是一个基极开路、低增益 PNP 晶体管与门极电源的串联电路。

2. IGCT 的结构特点

（1）缓冲层。GCT 采用了缓冲层，用较薄的硅片达到同等电压的阻断能力，提高了器件的效率，降低了通态压降和开关损耗，同时，使单片 GCT 与二极管的组合成为可能。

（2）透明阳极。为了降低关断损耗，需要对阳极晶体管的增益加以限制，因而要求阳极的厚度要薄，浓度要低。透明阳极是一个很薄的 PN 结，其发射效率与电流有关。因为电子穿透阳极就像阳极被短路一样，因此称为透明阳极。采用透明阳极可使 GCT 的触发电流比传统无缓冲层的 GTO 降低一个数量级。

（3）逆导技术。GCT 大多制成逆导型，可与优化续流二极管 FWD 集成在同一芯片上。由于二极管和 GCT 共用同一阻断结，GCT 的 P 基区与二极管的阳极相连，这样在 GCT 门极和二极管阳极之间形成电阻性通道。逆导 GCT 与二极管隔离区中因为有 PNP 结构，其中总有一个 PN 结反偏，从而阻断了 GCT 与二极管阳极间的电流流通。

（4）门极驱动。IGCT 触发功率小，可以把触发及状态监视电路和 IGCT 管芯做成一个整体，通过两根光纤输入触发信号，工作原理如图 2.20 所示。IGCT 与门极驱动器相距很近（间距 15cm），门极驱动器可以容易地装入不同的装置中，可认为该结构是一种通用形式。为了使 IGCT 的结构更加紧凑和坚固，用门极驱动电路包围 GCT，和冷却装置形成一个自然整体，称为环绕型 IGCT，其中包括 GCT 门极驱动电路所需的全部元件。这两种形式都可以使门极电路的电感减小，热耗散、电应力和内部热应力降低。另外，IGCT 开关过程一致性好，可以方便地实现串、并联，进一步扩大功率范围。

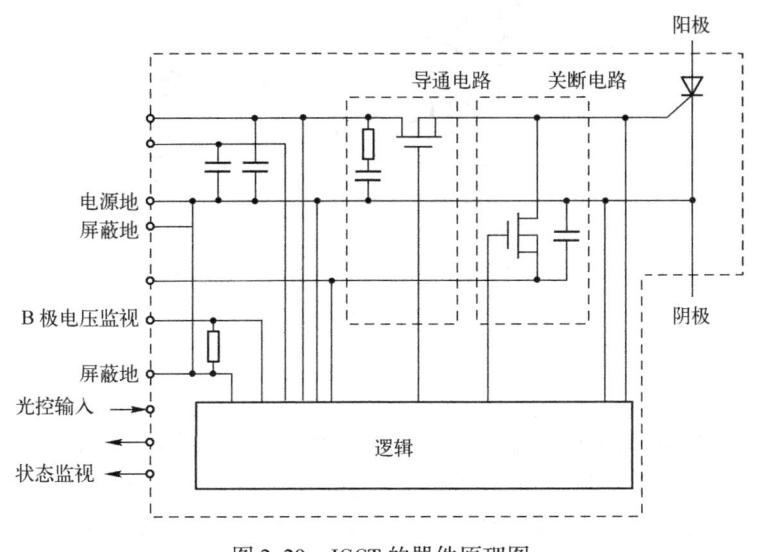

图 2.20　IGCT 的器件原理图

3. IGCT 逆变器

尽管 IGCT 逆变器不需要增加限制外加电压变化率 du/dt 的缓冲电路,但是 IGCT 本身不能控制电流变化率 di/dt,为了限制短路电流上升率,在实际电路中常串入适当电抗,如图 2.21 所示。

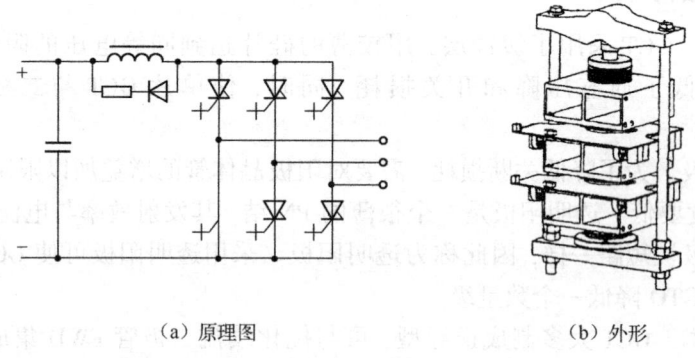

(a) 原理图　　　　　　(b) 外形

图 2.21　三相 IGBT 逆变器原理图和外形

2.7　MOS 控制晶闸管(MCT)

MCT 是将 MOSFET 与晶闸管复合而得到的器件。MCT 把 MOSFET 的高输入阻抗、低驱动功率和晶闸管的高电压、大电流、低导通压降的特点结合起来。其等效电路和图形符号如图 2.22 所示。

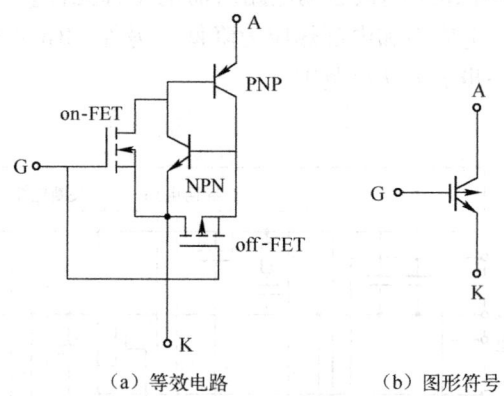

(a) 等效电路　　　　　(b) 图形符号

图 2.22　MCT 的等效电路和图形符号

1. 结构原理

MCT 器件由数以万计的 MCT 单元组成,每个单元的组成为:PNPN 晶闸管一个(可等效为 PNP 和 NPN 晶体管各一个),控制 MCT 导通的 MOSFET(on – FET)和控制 MCT 关断的 MOSFET(off – FET)各一个,如图 2.22 所示。当给栅极加正脉冲电压时,N 沟道的 on – FET 导通,其漏极电流为 PNP 晶体管提供了基极电流,使其导通,PNP 晶体管的集电极电流又为 NPN 晶体管提供了基极电流,使其导通,而 NPN 晶体管的集电极电流又成为 PNP 晶体管的基极电流,从而形成正反馈,MCT 导通。当给栅极加负脉冲电压时,P 沟道的 off – FET 导通,使 PNP 晶体管的集电极电流大部分经 off – FET 流向阴极,而不注入 NPN 晶体管的基极,因此 NPN 晶体管的集电极电流,即 PNP 晶体管的基极电流减小,这又使得 NPN 晶体管的基极电流减小,而形成正反馈,MCT 迅速关断。

2. MCT 的特点

(1) MCT 具有高电压、大电流、高载流密度、低导通压降的特点。通态压降只有 IGBT 或 GTR 的 1/3 左右,硅片的单位面积连续电流密度在各种器件中是最高的。

(2) MCT 可承受极高的电流变化率 di/dt 和电压变化率 du/dt,可使保护电路简单化。

(3) MCT 的开关速度高,开关损耗小。

2.8 电力半导体器件的应用特点

常用各种电力半导体器件的应用特点见表 2-2 所示。

表 2-2 常用各种电力半导体器件的应用特点

名　　称	文字符号	控 制 方 式	最高电压、电流及频率
普通晶闸管	TH(SCR)	电流	最高电压 1000 ~ 4000V 最大电流 1000 ~ 3000A 最高频率 1 ~ 10kHz
门极可关断晶闸管	GTO	电流	最高电压 1000 ~ 6500V 最大电流 1000 ~ 6000A 最高频率 1 ~ 10kHz
功率晶体管	GTR	电流	最高电压 450 ~ 1400V 最大电流 30 ~ 800A 最高频率 10 ~ 50kHz
电力场效应晶体管	MOSFET	电压	最高电压 50 ~ 1000V 最大电流 100 ~ 200A 最高频率 500kHz ~ 200MHz
绝缘栅双极晶体管	IGBT	电压	最高电压 1800 ~ 3300V 最大电流 800 ~ 1200A 最高频率 10 ~ 50kHz
集成门极换流晶闸管	IGCT	电压	最高电压 4500 ~ 6000V 最大电流 4000 ~ 6000A 最高频率 20 ~ 50kHz
MOS 控制晶闸管	MCT	电压	最高电压 450 ~ 3300V 最大电流 400 ~ 1200A 最高频率 100kHz ~ 1MHz

2.9 智能电力模块(IPM)

智能电力模块(IPM),是将大功率开关器件和驱动电路、保护电路、检测电路等集成在同一个模块内，是电力集成电路 PIC 的一种。目前采用较多的是 IGBT 作为大功率开关器件的模块，器件模块内集成了电流传感器，可以检测过电流及短路电流，不需外加电流检测元件。智能模块内有过流、短路、欠压和过热等保护功能，如果其中任何一种保护功能动作，输出为关断状态，同时输出故障信号。

1. 智能模块内部基本结构

智能模块内部基本结构如图 2.23 所示，其中包括用于电动机制动的功率控制电路和三相逆变器各桥臂的驱动电路及各种保护电路。

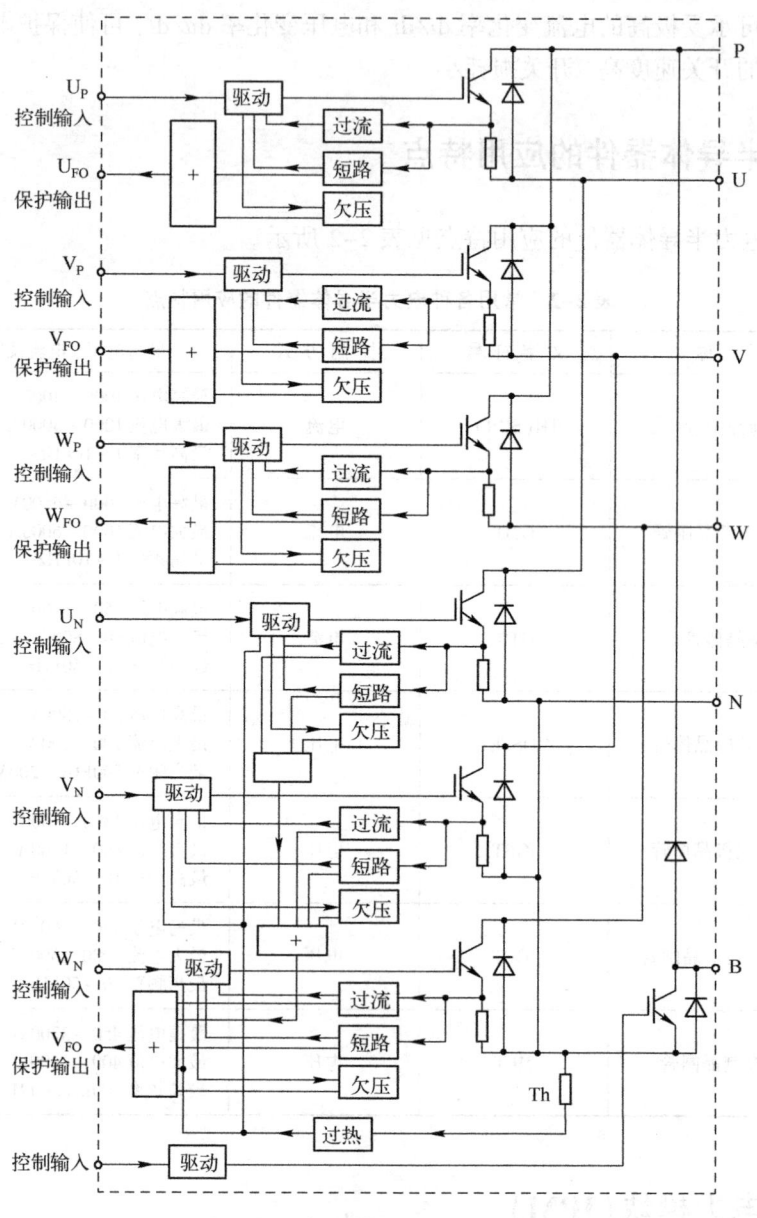

图 2.23 智能模块内部基本结构

2. 智能模块驱动电路的选择及其注意事项

智能模块驱动电路可采用光耦合电路和双脉冲变压器实现。

（1）光耦合电路。IPM 驱动电路要求信号传输迟延时间在 0.5μs 以内，所以，器件只能采用快速光耦合。为了提高信号传输速度，可选用逻辑门光电耦合器 6N137。该器件隔离电压高、共模抑制性强、速度快、高电平输出传输延迟时间和低电平输出传输延迟时间都为 48ns，最大值为 75ns。但该器件工作于 TTL 电平，而 IPM 模块的开关逻辑信号高电平为 15V，因此需要设计一个电平转换电路。

（2）双脉冲变压器。对于 20kHz 的 PWM 开关控制信号，可采用脉冲变压器直接传送，但应注意存在磁芯体积较大和开关占空比范围受限制的问题。对于 20kHz 的开关信号，也可采用 4MHz 高频调制的方法来实现 PWM 信号的传送，这种信号传输方式不仅可大大减小磁芯尺寸和降低成本，更重要的是通过大幅度减小脉冲变压器原、副边的耦合分布电容，使脉冲变压器的电气隔离性能得到改善，电压变化率 du/dt 的能力得到进一步提高，同时使 PWM 工作下的开关占空比不受限制。为了选用合适的 IPM 用于变频器，有两个主要方面需要权衡。根据 IPM 的过流动作数值来确定峰值电流 I_C 及适当的热设计，以保证结温峰值永远小于最大结温额定值（150℃），使基板的温度保持低于过热动作数值。峰值电流应按照电机的额定功率值确定。电机峰值电流是根据变频器和电机的工作效率、功率因数、最大负载和电流脉动而设定的。电机电流最大峰值 I_C 可由下式计算：

$$I_C = \frac{P \cdot f_{OL} \cdot \sqrt{2} \cdot R}{\eta \cdot f_{PF} \cdot \sqrt{3} \cdot U_{AC}}$$

式中，P——电机功率（W）；

f_{OL}——变频器最大过载因数；

R——电流脉动因数；η 为变频器的效率；

f_{PF}——功率因数；

U_{AC}——变流线电压（三相）（V）。

3. 智能模块应用举例

图 2.24 是富士 R 系列 IPM 的一种应用电路，该 IPM 控制端子的功能如表 2-3 所示，型号为 7MBP50RA060-01，含义见表 2-4。使用时应注意：控制电源上桥臂使用三组，下桥臂和制动单元可共用 1 组。4 组控制电源之间必须相互绝缘，控制电源与主电源之间的距离应大于 2mm。

表 2-3　富士 R 系列 IPM 控制端子功能说明

端子号	功　能	端子号	功　能
1	上桥臂 U 相驱动电源输入负端	9	上桥臂 W 相驱动电源输入正端
2	上桥臂 U 相控制信号输入端	10	下桥臂共用驱动电源输入负端
3	上桥臂 U 相驱动电源输入正端	11	下桥臂共用驱动电源输入正端
4	上桥臂 V 相驱动电源输入负端	12	制动单元控制信号输入端
5	上桥臂 V 相控制信号输入端	13	下桥臂 X 相控制信号输入端
6	上桥臂 V 相驱动电源输入正端	14	下桥臂 Y 相控制信号输入端
7	上桥臂 W 相驱动电源输入负端	15	下桥臂 Z 相控制信号输入端
8	上桥臂 W 相控制信号输入端	16	报警输出

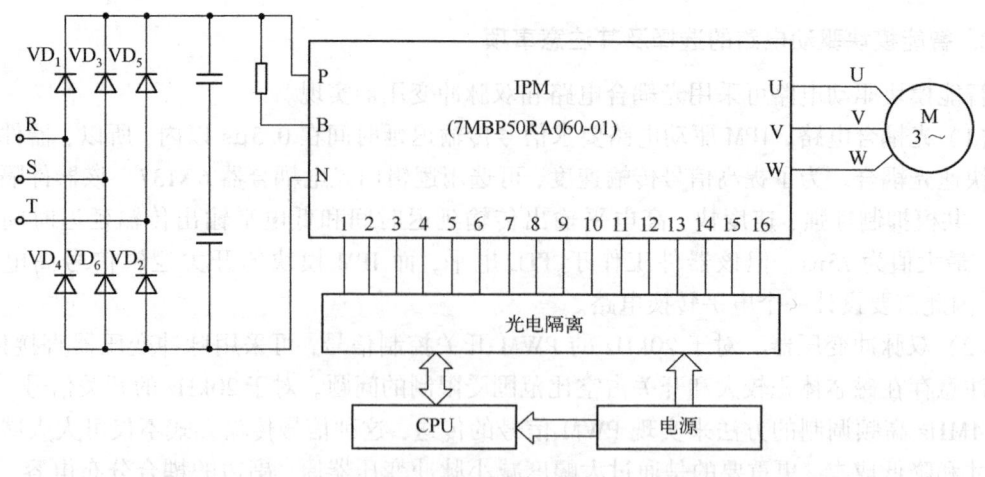

图 2.24 IPM 应用电路

表 2-4 富士 R 系列 IPM 型号定义

格式	主器件数(6 或 7)	IPM	额定电流	系列名称	系列号	耐压值(600V, 060)(1200V, 120)	品种序号
型号	7	MBP	50	R	A	060	01
含义	耐压600V，额定电流50A，带制动单元的IPM(6—不带制动单元的IGBT)							

习 题 2

2.1 晶闸管的导通条件是什么？截止条件是什么？

2.2 GTO 对驱动电路的信号有哪些要求？

2.3 （BJT）GTR 的应用特点及选择方法是什么？

2.4 MOSFET 的应用特点及选择方法是什么？

2.5 IGBT 的应用特点及选择方法是什么？

2.6 IGCT 的应用特点是什么？

2.7 MCT 的应用特点是什么？

2.8 利用 EXB841 驱动模块实现对 IGBT 的过流保护有几种方法？它们各有什么特点？

2.9 IPM 的应用特点是什么？

2.10 表 2-5 给出 1200V 等级不同的电流容量 IGBT 管的栅电阻推荐值。试说明，为什么随着电流容量的增大，栅电阻（R_G）值相应减少？

表 2-5

电流容量(A)	25	50	75	100	150	200
栅电阻(Ω)	50	25	15	12	8.2	5

第3章 变频调速原理与变频器

内容提要与学习要求

掌握变频调速的基本原理及 PWM 控制技术。掌握通用变频器的基本结构、额定值和频率指标。了解通用变频器控制电路。了解变频器的结构和控制特点。

随着交流电动机调速控制理论、电力电子技术、数字化控制技术的发展,交流变频调速技术日趋成熟,其应用越来越广泛。变频调速技术的应用已扩展到工业生产的所有领域,并且在家电产品中也得到广泛的应用。

3.1 变频调速原理

3.1.1 交流异步电动机的调速原理

交流异步电动机的转速关系式如下:

$$n = (1-s)\frac{60f_1}{p} \tag{3-1}$$

式中,f_1——定子供电频率(Hz);

　　p——磁极对数;

　　s——转差率;

　　n——电动机转速(r/min)。

由式(3-1)可知,交流异步电动机的调速方式一般有三种:变极调速、改变电机转差率调速、变频调速。

1. 变极调速

通过改变电动机定子绕组的接线方式以改变电机极数实现调速,这种调速方法是有级调速,不能平滑调速,而且只适用于鼠笼式异步电动机。

2. 改变电机转差率调速

其中有通过改变电机转子回路的电阻进行调速,此种调速方式效率不高,且不经济,只适用于绕线式异步电动机。其次是采用电磁转差离合器进行调速,调速范围宽且能平滑调速,但这种调速装置结构复杂,低速运行时损耗较大、效率低。较好的转差率调速方式是串级调速,这种调速方法是通过在转子回路串入附加电动势实现调速的。这种调速方式效率高、机械特性好,但设备投资费用大、操作不方便。

3. 变频调速

通过改变异步电动机定子的供电频率 f_1,以改变电动机的同步转速达到调速的目的,其调速性能优越,调速范围宽,能实现无级调速。

过去只能通过旋转变频发电机组实现电源频率的改变,这种变频方式造价高、使用不方便。随着电力电子技术的飞速发展,采用新型电力电子器件制造变频电源装置(变频器)成为可能,使异步电动机的变频调速的应用越来越广泛。

3.1.2 变频调速的工作原理

由《电机学》中的相关知识可知,异步电动机定子绕组的感应电动势 E_1 的有效值为:

$$E_1 = 4.44 k_{r1} f_1 N_1 \Phi_m \tag{3-2}$$

式中,E_1——气隙磁通在定子每相中感应电动势的有效值(V);

f_1——定子频率(Hz);

N_1——定子每相绕组串联匝数;

k_{r1}——与绕组有关的结构常数;

Φ_m——每极气隙磁通量(Wb)。

由式(3-2)可知,如果定子每相电动势的有效值 E_1 不变,改变定子频率时会出现下面两种情况:

(1) 如果 f_1 大于电动机的额定频率 f_{1N},气隙磁通 Φ_m 就会小于额定气隙磁通 Φ_{mN},结果是电动机的铁芯没有得到充分利用,造成浪费,而且在相同的转子电流下,电磁转矩将变小,使电动机带负载能力下降。若要保证电动机带负载能力不变,就必须加大转子电流,此时电动机势必会出现过电流。

(2) 如果 f_1 小于电动机的额定频率 f_{1N},气隙磁通 Φ_m 就会大于额定气隙磁通 Φ_{mN},结果是电动机的铁芯产生过饱和,从而导致过大的励磁电流,使电动机功率因数、效率下降,严重时会因绕组过热烧坏电动机。

因此,要实现变频调速,且在不损坏电动机的情况下充分利用电机铁芯,应保持每极气隙磁通 Φ_m 不变。

1. 基频以下调速

由式(3-2)可知,要保持 Φ_m 不变,当频率 f_1 从额定值 f_{1N} 向下调时,必须降低 E_1,使 E_1/f_1 = 常数,即采用电动势与频率之比恒定的控制方式。但绕组中的感应电动势不易直接控制,当电动势的值较高时,可以认为电机输入电压 $U_1 \approx E_1$,则可通过控制 U_1 达到控制 E_1 的目的,即

$$\frac{U_1}{f_1} = 常数 \tag{3-3}$$

基频以下调速时的机械特性曲线如图 3.1 所示。如果电动机在不同转速下都具有额定电流,则电动机都能在温升允许的条件下长期运行,这时转矩基本上随磁通变化。由于在基频以下调速时磁通恒定,所以转矩恒定,其调速属于恒转矩调速。

2. 基频以上调速

在基频以上调速时,频率可以从 f_{1N} 向上增加,但电压 U_1 却不能超过额定电压 U_{1N},最大为 $U_1 = U_{1N}$。由式(3-2)可知,这将使磁通 Φ_m 随频率 f_1 的升高而降低,相当于直流电机弱磁升速的情况。在基频以上调速时,由于电压 $U_1 = U_{1N}$ 不变,当频率升高时,电动机的同步转

速 n_1 随之升高，气隙磁动势减弱，最大转矩减小，电磁功率 $P=2\pi Tn_1/60$ 基本不变。所以，基频以上变频调速属于弱磁恒功率调速。其机械特性如图 3.2 所示。

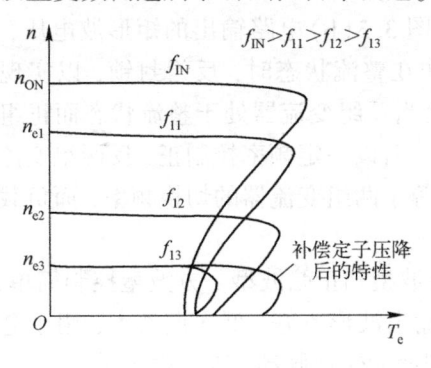

图 3.1 基频以下调速时的机械特性

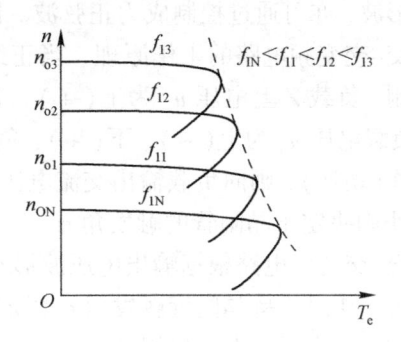

图 3.2 基频以上调速时的机械特性

3.2 交流变频系统的基本形式

从交流变频调速的系统结构上来分可以分为交-交变频系统和交-直-交变频系统。

3.2.1 交-交变频系统

交-交变频系统是一种可直接将某固定频率交流变换成可调频率交流的电路系统，无须中间直流环节。与交-直-交变频系统相比，提高了系统变换效率。又由于整个变频电路直接与电网相连接，各晶闸管元件上承受的是交流电压，故可采用电网电压自然换流，无须强迫换流装置，简化了变频器主电路结构，提高了换流能力。

交-交变频电路广泛应用于大功率低转速的交流电动机调速传动，交流励磁变速恒频发电机的励磁电源等。实际使用的交-交变频器多为三相输入-三相输出电路，但其基础是三相输入-单相输出电路，因此首先介绍单相输出电路的工作原理、触发控制、输入输出特性等；然后介绍三相输出电路结构。

1. 三相输入-单相输出的交-交变频电路

（1）基本工作原理。三相输入-单相输出的交-交变频器原理如图 3.3 所示，它由两组

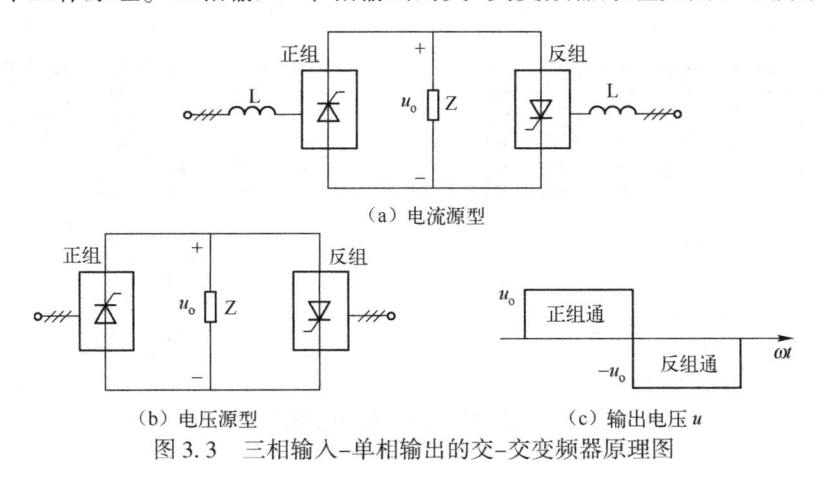

(a) 电流源型

(b) 电压源型

(c) 输出电压 u

图 3.3 三相输入-单相输出的交-交变频器原理图

反并联的三相晶闸管可控整流桥和单相负载组成。其中图 3.3(a) 接入了足够大的输入滤波电感,输入电流近似矩形波,称电流源型电路;图 3.3(b) 则为电压源型电路,其输出电压可为矩形波、亦可通过控制成为正弦波。图 3.3(c) 为图 3.3(b) 电路输出的矩形波电压,用以说明交-交变频电路的工作原理。当正组变流器工作在整流状态时,反组封锁,以实现无环流控制,负载 Z 上电压 u_o 为上(+)、下(-);反之当反组变流器处于整流状态而正组封锁时,负载电压 u_o 为上(-)、下(+),负载电压交变。若以一定频率控制正、反两组变流器交替工作(切换),则向负载输出交流电压的频率 f_o 就等于两组变流器的切换频率,而负载电压 u_o 大小则决定于晶闸管的触发角 α。

交-交变频电路根据输出电压波形不同可分为方波型和正弦波型。方波型控制简单,正、反两桥工作时维持晶闸管触发角 α 恒定不变,但其输出波形不好,低次谐波大,用于电动机调速传动时会增大电动机损耗,降低运行效率,特别增大转矩脉动,因此很少采用。

(2) 工作状态。三相-单相正弦型交-交变频电路如图 3.4 所示,它由两个三相桥式可控整流电路构成。如果输出电压的半周期内使导通组变流器晶闸管的触发角变化,如 α 从 90°到 0°,再增加到 90°,则相应变流器输出电压的平均值就可以按正弦规律从零变到最大,再减小至零,形成平均意义上的正弦波电压波形输出。输出电压的瞬时值波形不是平滑的正弦波,而是由片段电源电压波形拼接而成的。在一个输出周期中所包含的电源电压片段数越多,波形就越接近正弦,通常要采用 6 脉波的三相桥式电路或 12 脉波变流电路来构成交-交变频器。

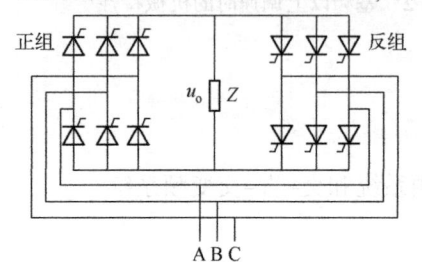

图 3.4 三相-单相正弦型交-交变频电路

2. 三相输入-三相输出的交-交变频电路

三相输出交-交变频电路由 3 个输出电压相位互差 120°的单相输出交-交变频电路按照一定方式连接而成,主要用于低速、大功率交流电动机变频调速传动。

三相输出交-交变频电路有两种主要接线方式,如图 3.5(a)、(b) 所示。

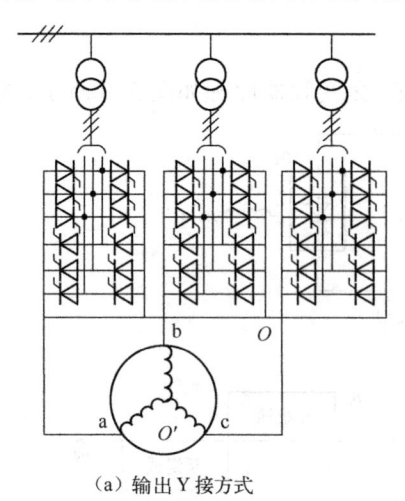

(a) 输出 Y 接方式　　(b) 公共交流母线进线方式

图 3.5 三相输出交-交变频电路连接方式

（1）输出 Y 接方式：3 组单相输出交-交变频电路接成 Y，中点为 O；三相交流电动机绕组亦为接成 Y，中点为 O'。由于 3 组输出连接在一起，电源进线必须采用变压器隔离。这种接法可用于较大容量交流调速系统。

（2）公共交流母线进线方式：它由 3 组彼此独立、输出电压相位互差 120°的单相输出交-交变频电路构成，其电源进线经交流进线电抗器接至公用电源。因电源进线端公用，3 组单相输出必须隔离。这种接法主要用于中等容量交流调速系统。

3.2.2 交-直-交变频系统

在交-直-交变频调速系统中，变频器有以下 3 种主要结构形式。

（1）用可控整流器调压如图 3.6(a)所示，这种装置结构简单，控制方便。但是，由于输入环节采用可控整流器，当电压或转速调得较低时，电网端的功率因数较低；输出环节多采用由功率开关元件组成的三相六拍逆变器（每周换流 6 次），输出的谐波较大，这是该种调压控制方法的缺点。

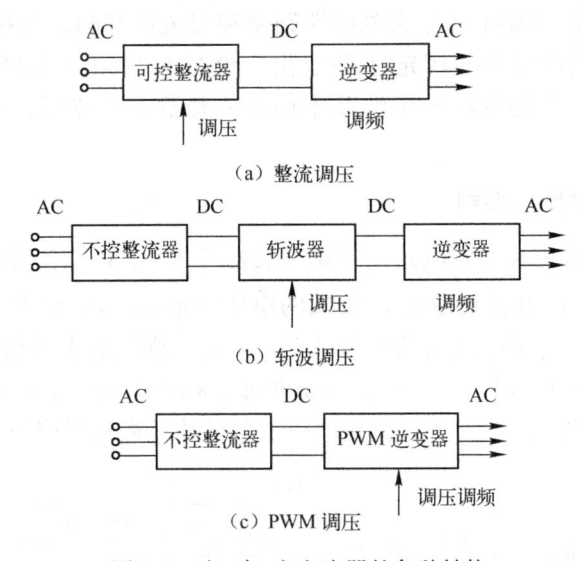

（a）整流调压

（b）斩波调压

（c）PWM 调压

图 3.6 交-直-交变流器的各种结构

（2）用不可控整流器整流，斩波器调压如图 3.6(b)所示，这种调压控制方法是在主回路增设的斩波器上用脉宽调压，而整流环节采用二极管不可控整流器。这样显然多增加了一个功率环节，但输入功率因数高，克服了前种方法的一个缺点，而逆变器输出信号的谐波仍较大。

（3）用不可控整流器整流，PWM 型逆变器调压如图 3.6(c)所示，在这种控制方法中，由于采用不可控整流器整流，故输入功率因数高；采用 PWM 型逆变器则输出谐波较少。这样，前两种调压控制方法中存在的缺点问题都解决了。谐波能减少的程度取决于功率开关元件的开关频率，而开关频率则受器件开关时间的限制。如果仍采用普通功率开关元件，其开关频率比六拍逆变器也高不了多少。只有采用可控关断的全控式功率开关元件以后，开关频率才得以大大提高。逆变器的输出波形几乎是正弦波，因此成为当前被采用的一种调压控制方法。

3.3 变频器的 PWM 逆变电路

在工业应用中许多负载对逆变器的输出特性有严格要求,除频率可变、电压大小可调外,还要求输出电压基波尽可能大、谐波含量尽可能小。对于采用无自关断能力晶闸管元件的方波输出逆变器,多采用多重化、多电平化措施使输出波形多台阶化来接近正弦。这种措施使得电路结构较复杂,代价较高,效果却不尽人意。改善逆变器输出特性另一种办法是使用自关断器件作高频通、断的开关控制,将台阶电压输出变为等幅不等宽的脉冲电压输出,并通过调制控制使输出电压消除低次谐波,只剩幅值很小、易于抑制的高次谐波,从而极大地改善了逆变器的输出特性。这种逆变电路就是 PWM 型逆变电路,它是目前直流-交流(DC-AC)变换中最重要的变换技术。

按照输出交流电压半周期内的脉冲数,PWM 可分为单脉冲调制和多脉冲调制;按照输出电压脉冲宽度变化规律,PWM 可分为等脉宽调制和 SPWM。按照输出半周期内脉冲电压极性单一还是变化,PWM 可分为单极性调制和双极性调制。在输出电压频率变化中,按照输出电压半周期内的脉冲数固定还是变化,PWM 可分为同步调制、异步调制和分段同步调制等。对于这些有关调制技术的基本原理和概念,本节通过单相脉宽调制电路来说明。

1. 单脉冲调制与多脉冲调制

图 3.7(a)为一单相桥式逆变电路。功率开关器件 VT_1、VT_2 之间及 VT_3、VT_4 之间作互补通、断,则负载两端 A、B 点对电源 E 负端的电压波形 u_A、u_B 均为 180°的方波。若 VT_1、VT_2 通断切换时间与 VT_3、VT_4 通断切换时间错开 λ 角,则负载上的输出电压 u_{AB} 得到调制,输出脉宽为 λ 的单脉冲方波电压,如图 3.7(b)所示,λ 调节范围为 0°~180°,从而使交流输出电压 u_{AB} 大小可从零调至最大值,这就是电压的单脉冲脉宽调制控制。

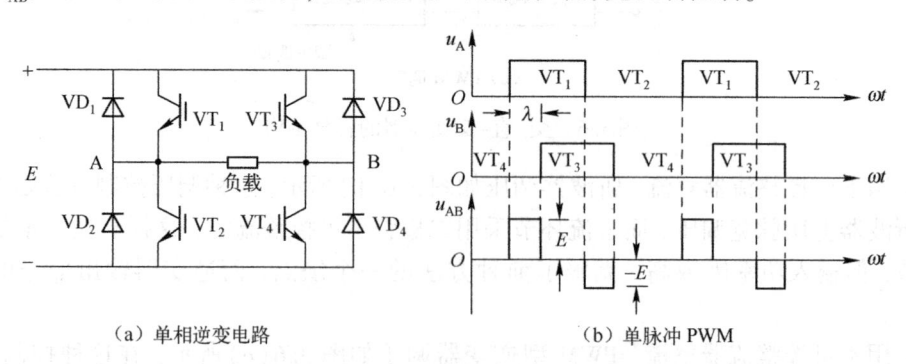

(a)单相逆变电路　　　　　　(b)单脉冲 PWM

图 3.7　单相逆变电路及脉冲调制

如果对逆变电路各功率开关元件通断做适当控制,使半周期内的脉冲数增加,就可实现多脉冲调制,图 3.8(a)为多脉冲调制电路原理图,图 3.8(b)为输出的多脉冲 PWM 波形,图中 u_T 为三角波的载波信号电压,u_R 输出脉宽控制用调制信号,u_D 为调制后输出 PWM 信号。当 $u_R > u_T$,比较器输出为 u_D 高电平;当 $u_R < u_T$,比较器输出 u_D 为低电平。由于 u_R 为直流电压,输出 u_D 为等脉宽 PWM;改变三角载波频率,就可改变半周期内脉冲数。

(a) 多脉冲调制电路　　　　　　　(b) 多脉冲 PWM

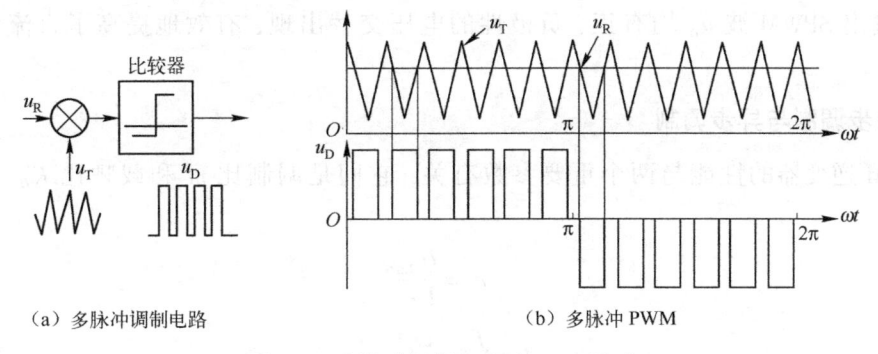

图 3.8　多脉冲调制电路及 PWM 波形

2. SPWM

等脉宽调制产生的电压波形中谐波含量仍然很高，为使输出电压波形中基波含量增大，应选用正弦波作为调制信号 u_R。这是因为等腰三角形的载波 u_T 上、下宽度线性变化，任何一条光滑曲线与三角波相交时，都会得到一组脉冲宽度正比于该函数值的矩形脉冲。所以用三角波与正弦波相交，就可获得一组宽度按正弦规律变化的脉冲波形，如图 3.9 所示。而且在三角载波 u_T 不变条件下，改变正弦调制波 u_R 的周期就可以改变输出脉冲宽度变化的周期；改变正弦调制波 u_R 的幅值，就可改变输出脉冲的宽度，进而改变 u_D 中基波 u_{d1} 的大小。因此在直流电源电压 E 不变的条件下，通过对调制波频率、幅值的控制，就可使逆变器同时完成变频和变压的双重功能，这就是 SPWM 正弦脉宽调制。

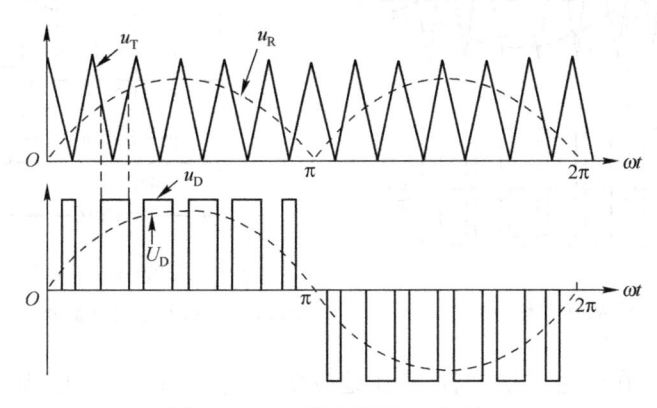

图 3.9　正弦脉宽调制(单极性)

3. 单极性调制与双极性调制

从图 3.9 中可以看出，半周期内调制波与载波均只有单一的极性：$u_T>0$，$u_R>0$；输出 SPWM 波也只有单一的极性：$u_D>0$；负半周期内，$u_D<0$；u_D 极性的变化是通过倒相电路按半周期切换所得。这种半周期内具有单一极性 SPWM 波形输出的调制方式称单极性调制。

逆变电路采用单极性调制时，在输出的半周期内每桥臂只有上或下一个开关元件作通断控制，另一个开关元件关断。如任何时候每桥臂的上、下元件之间均作互补通、断，则可实现双极性调制，其原理如图 3.10 所示。双极性调制时，任何半周期内调制波 u_R、载

波 u_T 及输出 SPWM 波 u_D 均有正、负极性的电压交替出现,有效地提高了直流电压的利用率。

4. 同步调制与异步调制

SPWM 逆变器的性能与两个重要参数有关,它们是调制比 m 和载频比 K。其定义分别为:

$$m = \frac{U_{Rm}}{U_{cm}} \tag{3-4}$$

$$K = \frac{f_c}{f} = \frac{\omega_c}{\omega} = \frac{T}{T_c} \tag{3-5}$$

式中,U_{Rm}、$f(\omega、T)$——参考信号(基波)u_R 的幅值、频率(角频率、周期);
U_{cm}、$f_c(\omega_c、T_c)$——载频信号 u_c 的幅值、频率(角频率、周期)。

在 SPWM 方式中,U_{cm} 的值常保持不变,m 值的改变由改变 U_{Rm} 来实现。

在调速过程中,视载频比 K 是否改变,可以分为同步调制和异步调制两种方式,如图 3.11 所示。

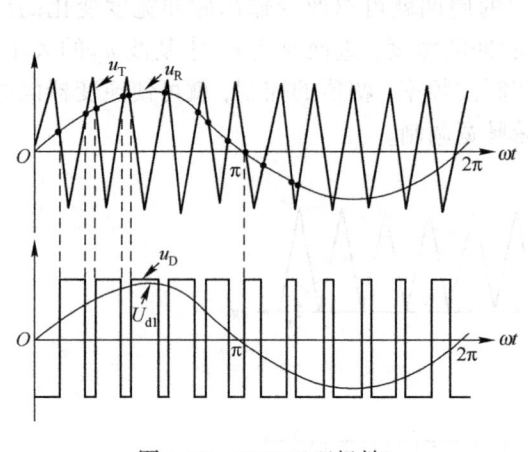

图 3.10 SPWM(双极性)

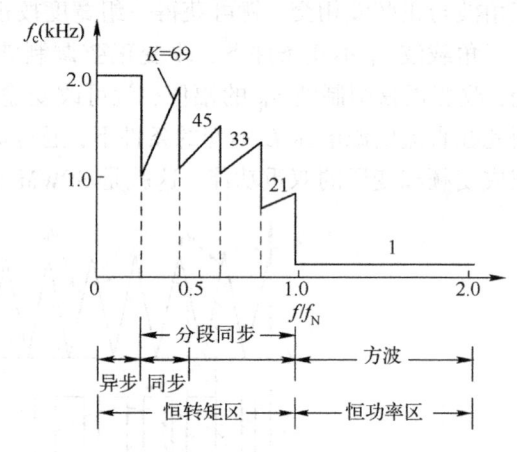

图 3.11 BJT 逆变器基波频率与载波频率的关系

f_c—载波频率;f_N—基本频率;f—基波频率

(1)同步调制。在改变 f 的同时成正比地改变 f_c,使 K 保持不变,则称为同步调制。采用同步调制的优点是可以保证输出波形的对称性。对于三相系统,为保持三相之间对称、互差 120°相位角,K 应取 3 的整数倍;为保证双极性调制时每相波形的正、负半波对称,则该倍数应取奇数。由于波形的对称性,不会出现偶次谐波问题。但是,受开关器件允许的开关频率的限制,保持 K 值不变,在逆变器低频运行时 K 值会过小,导致谐波含量变大,使电动机的谐波损耗增加,转矩脉动相对加剧。

(2)异步调制。在改变 f 的同时,f_c 的值保持不变,使 K 值不断变化,则称为异步调制,采用异步调制的优点是可以使逆变器低频运行时 K 值加大,相应地减小谐波含量,以减轻电动机的谐波损耗和转矩脉动。但是,异步调制可能使 K 值出现非整数,相位可能连续漂移,且正、负半波不对称,相应的偶次谐波问题变得突出了。但是如果器件开关频率能满足要求,使得 K 值足够大,这个问题就不很突出了。采用 IGBT 作为主开关器件的变频器，已有采用全速度范围内异步调制方案的机种，可克服分段同步调制的弱点。

5. 由 SPWM 逆变器组成的变频器

图 3.12(a)是 SPWM 变频器的主电路。这是一种采用二极管组成不可控整流器及由自关断器件组成逆变器的主电路方案，是目前应用最多的一种方案。图中逆变器的主开关器件是 BJT，从原理上说，当然也可以采用 GTO 或 IGBT。逆变器开关模式信号，通常情况下利用三相对称的正弦波参考信号与一个共用的三角波信号互相比较来生成，如图 3.12(b)所示。

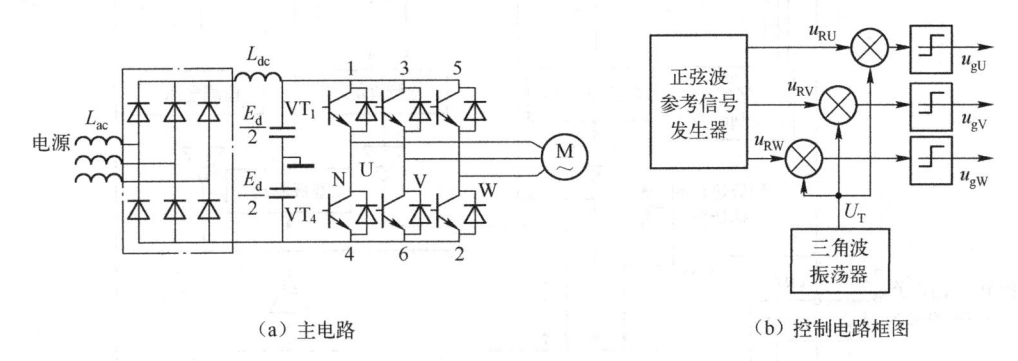

（a）主电路　　　　　　　　　　（b）控制电路框图

图 3.12　SPWM 变频器的原理图

单极性控制是指在输出的半个周期内同一相的两个导电臂中仅一个反复通断而另一个始终截止。例如，U 相的正半周波，图 3.12(a)中的 VT_1 反复通断，而 VT_4 始终截止。单极性控制情况下，图 3.12(b)中的 u_{RU}、u_T 及 u_{gU} 的波形如图 3.9 中的 u_R、u_T 及 u_D 的波形所示。当 u_{RU} 高于 u_T 时，u_{RU} 为"正"电平；当 u_{RU} 低于 u_T 时，u_{RU} 为"零"电平。由于载频信号 u_T 等腰三角波的两腰是线性变化的，它与光滑的正弦参考信号 u_{RU} 相比较，得到各脉冲的宽度也随时间按正弦规律变化，形成了 SPWM 的控制波形 u_{RU}。u_{RU} 作为主电路中 VT_1 的基极控制信号，控制 VT_1 的反复通断。所以在正半周波内，图 3.12(a)中的 U 相输出电位波形 u_{UN} 与 u_{RU} 是相似的。相对于直流中点而言，u_{UN} 的幅度是 $E_d/2$，并且保持恒定。以上分析的是正半周波的情况，负半周与此类似。

3.4　通用变频器简介

3.4.1　变频器的基本结构

变频器是把电压、频率固定的交流电变成电压、频率可调的交流电的变换器。与外界的联系基本上分以下三部分：

一是主电路接线端，包括工频电网的输入端(R、S、T)，接电动机的输出端(U、V、W)，如图 3.13 所示。

二是控制端子，包括外部信号控制变频器的端子，变频器工作状态指示端子，变频器与微机或其他变频器的通信接口。

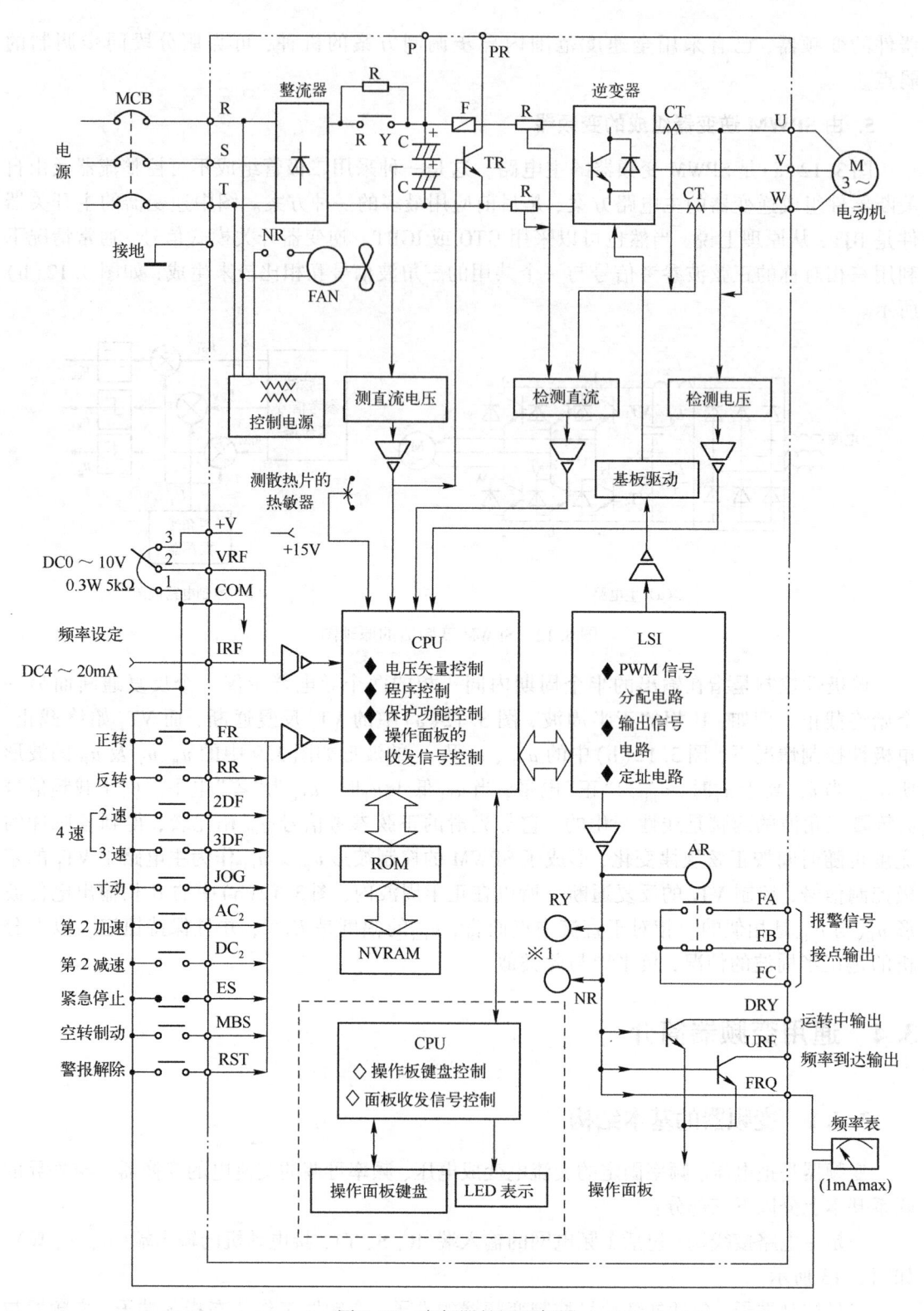

图 3.13 变频器的原理框图

三是操作面板,包括液晶显示屏和键盘。

其工作原理介绍如下。

1. 整流、逆变单元

整流器和逆变器是变频器的两个主要功率变换单元。电网电压由输入端(R、S、T)输入变频器,经整流器整流成直流电压,整流器通常是由二极管构成的三相桥式整流,直流电压由逆变器逆变成交流电压,交流电压的频率和电压大小受基极驱动信号控制,由输出端(U、V、W)输出到交流电动机。

2. 驱动控制单元(LSI)

驱动控制单元主要包括 PWM 信号分配电路、输出信号电路等。其主要作用是产生符合系统控制要求的驱动信号,LSI 受中央处理单元(CPU)的控制。

3. 中央处理单元(CPU)

中央处理单元包括控制程序、控制方式等部分,是变频器的控制中心。外部控制信号(如频率设定 IRF,正转信号 FR 等)、内部检测信号(如整流器输出的直流电压、逆变器输出的交流电压等)、用户对变频器的参数设定信号等送到 CPU,经 CPU 处理后,对变频器进行相关的控制。

4. 保护及报警单元

变频器通常都有故障自诊断功能和自保护功能。当变频器出现故障或输入、输出信号异常时,由 CPU 控制 LSI,改变驱动信号,使变频器停止工作,实现自我保护功能。

5. 参数设定和监视单元

该单元主要由操作面板组成,用于对变频器的参数设定和监视变频器当前的运行状态。

3.4.2 通用变频器的主电路

变频器的主电路由整流电路、中间直流电路和逆变器三部分组成。电压源型交-直-交变频器主电路的基本结构如图 3.14 所示。

1. 交-直部分

(1) 整流电路。整流电路由 $VD_1 \sim VD_6$ 组成三相不可控整流桥,将电源的三相交流电全波整流成直流电。整流电路因变频器输出功率大小不同而不同。小功率的,输入电源多用单相 220V,整流电路为单相全波整流电路;功率大的,一般用三相 380V 电源,整流电路为三相桥式全波整流电路。

设电源的线电压有效值为 U_L,那么三相全波整流后平均直流电压 U_D 的大小是:$U_D = 1.35 U_L$。三相电源为 380V 时,整流后的平均直流电压是 513V。

(2) 滤波电容 C_F。整流电路输出的整流电压是脉动的直流电压,必须加以滤波。滤波电容 C_F 的作用除了滤除整流后的电压波纹外,还在整流电路与逆变器之间起去耦作用,以消除相互干扰,这就给为感性负载的电动机提供了必要的无功功率。C_F 同时还具有储能作用,所以又叫储能电容。

(3) 限流电阻 R_L 与开关 S_L。由于储能电容 C_F 大,加之在接入电源时电容器两端的电压为零,所以当变频器接通电源瞬间,滤波电容 C_F 的充电电流很大。过大的冲击电流能使三相整流桥损坏。为了保护整流桥,在变频器刚接通电源的一段时间里,电路串入限流电阻 R_L,限制电容的充电电流。当滤波电容 C_F 充电到一定程度时,令 S_L 接通,将 R_L 短接。在有些变频器里,S_L 用晶闸管代替,如图3.14虚线所示。

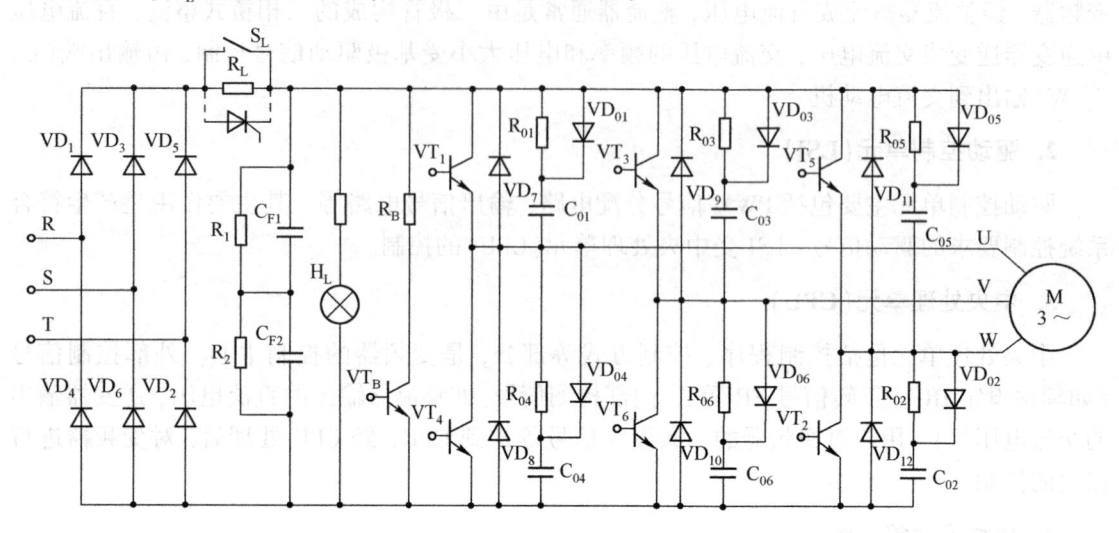

图3.14 电压源型交-直-交变压变频器主电路的基本结构

(4) 电源指示 H_L。H_L 除了指示电源是否接通以外,还有一个功能,即变频器切断电源后,显示滤波电容 C_F 上的电荷是否已经释放完毕。

2. 直-交部分

(1) 逆变管 $VT_1 \sim VT_6$。$VT_1 \sim VT_6$ 组成逆变桥,把 $VD_1 \sim VD_6$ 整流后的直流电"逆变"成频率、幅值都可调的交流电。这是变频器实现变频的执行环节,是变频器的核心部分。常用的逆变管有绝缘栅双极晶体管(IGBT)、大功率晶体管(GTR)、可关断晶闸管(GTO)、功率晶体管(MOSFET)、集成门极换流晶闸管(IGCT)等。

(2) 续流二极管 $VD_7 \sim VD_{12}$。续流二极管 $VD_7 \sim VD_{12}$ 的主要功能是:

① 电动机的绕组是感性的,其电流具有无功分量。续流二极管 $VD_7 \sim VD_{12}$ 为无功分量返回直流电源提供"通道"。

② 当频率下降、电动机处于再生制动状态时,再生电流将通过续流二极管 $VD_7 \sim VD_{12}$ 返回直流电源。

③ 逆变管 $VT_1 \sim VT_6$ 共同完成逆变的基本工作过程:同一桥臂的两个逆变管处于不停的交替导通和截止的状态,在交替导通和截止的换相过程中,需要续流二极管 $VD_7 \sim VD_{12}$ 提供通道。

(3) 缓冲电路。不同型号的变频器,缓冲电路的结构也不尽相同,图3.14中所示缓冲电路是比较典型的一种。它由 $C_{01} \sim C_{06}$,$R_{01} \sim R_{06}$ 及 $VD_{01} \sim VD_{06}$ 构成,其功能如下:

逆变管 $VT_1 \sim VT_6$ 每次由导通状态切换成截止状态的关断瞬间,集电极和发射极间的电压 U_{CE} 由近乎0V迅速上升至直流电压值 U_D,这过高的电压增长率将导致逆变管的损坏。因

· 40 ·

此，$C_{01} \sim C_{06}$的功能是降低$VT_1 \sim VT_6$在每次关断时的电压增长率。$VT_1 \sim VT_6$每次由截止状态切换为导通状态的瞬间，$C_{01} \sim C_{06}$上所充的电压将向$VT_1 \sim VT_6$放电，此放电电流的初始值是很大的，并且将叠加到负载电流上，导致$VT_1 \sim VT_6$损坏。因此电路中增加了$R_{01} \sim R_{06}$，其功能是限制逆变管在接通瞬间$C_{01} \sim C_{06}$的放电电流。

电阻$R_{01} \sim R_{06}$的接入，又会影响$C_{01} \sim C_{06}$在$VT_1 \sim VT_6$关断时，降低电压增长率的效果。在电路中将$VD_{01} \sim VD_{06}$接入后，使在$VT1 \sim VT_6$关断过程中$R_{01} \sim R_{06}$不起作用；而在$VT_1 \sim VT_6$的接通过程中，又迫使$C_{01} \sim C_{06}$的放电电流流经$R_{01} \sim R_{06}$。这样就可以避免$R_{01} \sim R_{06}$的接入对$C_{01} \sim C_{06}$工作的影响。

3. 制动电阻和制动单元

（1）制动电阻R_B。电动机在工作频率下降过程中，异步电动机的转子转速超过此时的同步转速时，处于再生制动状态，拖动系统的动能要反馈到直流电路中，使直流电压U_D不断上升，甚至达到危险地步。因此，必须将再生到直流电路的能量消耗掉，使U_D保持在允许范围内。制动电阻R_B就是用来消耗这部分能量的。

（2）制动单元VT_B。制动单元VT_B由大功率晶体管GTR及驱动电路构成。其功能是控制流经R_B的放电电流I_B。

3.4.3 通用变频器的制动

在通用变频器、异步电动机和机械负载所组成的变频调速传动系统中，当电动机减速或者所传动的位能负载下放时，异步电动机将处于再生发电制动状态。传动系统中所储存的机械能经异步电动机转换成电能。逆变器的6个回馈二极管将这种电能回馈到直流侧。此时的逆变器处于整流状态。如果在标准型的变频器（网侧变流器为不可控的二极管整流桥）中不采取另外的措施，这部分能量将导致中间回路的储能电容器的电压上升。当电动机的制动并不太快，电容器电压升高的值也并不十分明显，一旦电动机恢复到电动状态，这部分能量又被负载所重新利用。当制动较快、电容器电压升得过高时，装置中的"制动过电压保护"将动作，以保护变频装置的安全。所以，当制动过快或机械负载为提升机时，这部分再生能量的处理问题就应认真地对待了。

在通用变频器中，对再生能量的处理方式有以下3种：
（1）耗散到直流回路人为设置的与电容器并联的"制动电阻"中。
（2）由并联在直流回路上的其他传动系统吸收。
（3）使之回馈到电网。

如果属于前两种工作状态，称为动力制动状态；如果属于后一种工作状态，则称为回馈制动状态（又称再生制动状态）。应该注意，这是从整个系统角度视再生电能是否能回馈到交流电网而定义的两种工作状态。在这两种状态下，异步电动机自身均处于再生发电制动状态。

关于上述的"动力制动"和"再生制动"，不同的地区有不同的提法。在日本，常将上述的"动力制动"称为"再生制动"，而将上述的"再生制动"称为"电源再生制动"。这是从电动机运行状态的角度命名的，电动机的再生电能如果不回馈到电网，则简单地称为"再生制动"；如果回馈到电网则称为"电源再生制动"。

另外,还有一种制动方式,即异步电动机定子通直流,实现电动机的制动,在通用变频器的大多数资料中,常称为直流制动(DC 制动)。这种 DC 制动可以用于要求准确停车的情况或启动前制止电动机由外界因素引起的不规则旋转的情况。

1. 动力制动

利用设置在直流回路中的制动电阻吸收电动机的再生电能的方式称为动力制动,如图 3.15 所示。制动单元中包括晶体管 VT_B、二极管 VD_B 和制动电阻 R_B。如果回馈能量较大或要求强制动,还可以选用接于 H、G 两点上的外制动电阻 R_{EB}。当电动机制动、能量经逆变器回馈到直流侧时,直流回路中电容器的电压将升高,当该电压值超过设定值时,给 VT_B 施加基极信号使之导通,将 $R_B(R_{EB})$ 与电容器并联起来,存储在电容器中的回馈能量经 $R_B(R_{EB})$ 消耗掉。基于这一事实,有时又称这种制动为"能耗制动"。由上可见,实际上制动电阻中的电流是间歇的,所以西门子公司称制动电阻单元为"脉冲(调制)电阻"(Pulsed Resistor)。

在控制回路中,具有控制制动单元的软件功能,可以通过特定的功能码,予以恰当的设定。

对于大多数的通用变频器,图 3.15 中的 VT_B、VD_B 都设置在变频装置的柜体内部。甚至在 IPM 组件中,也将制动 IGBT 集成在其中。制动电阻 R_B 绝大多数放在柜体外,只有功率较小的变频器才将 R_B 置于装置的内部。

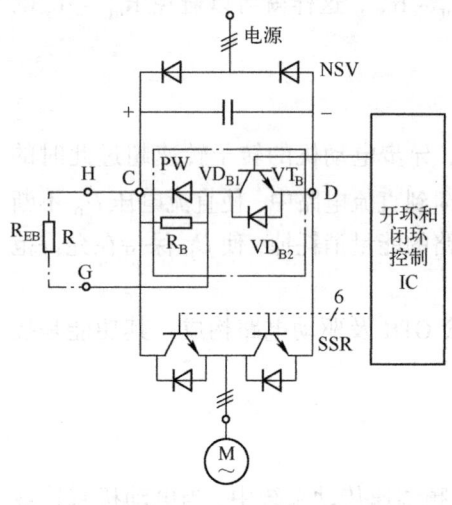

图 3.15 动力制动单元

有的日产变频器将图 3.15 中的 VT_B、VD_B 合起来称为"制动单元",将 R_B 称为"制动电阻",作为两个选购件提供给用户。

2. 回馈制动

如图 3.16(a)所示,接入 SCR 有源逆变器 NGP(桥Ⅱ)可以将电动机再生制动时回馈到直流侧的有功能量回馈到交流电网。

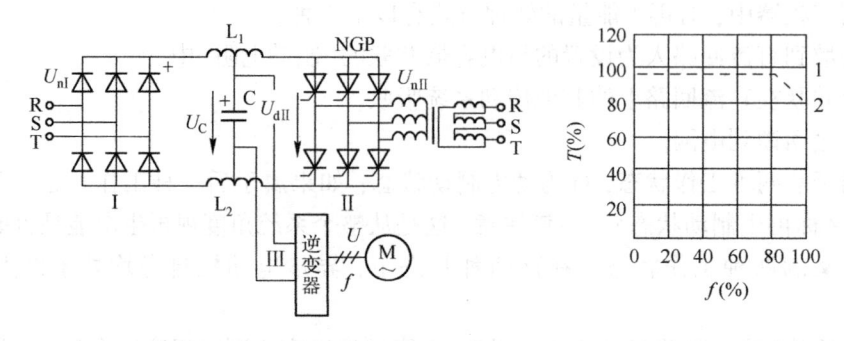

(a) 带变压器的 SCR 有源逆变回馈电路　　(b) 转矩特性 $T=f(f)$

1—矢量控制电动运行;2—矢量控制制动运行

图 3.16 再生能量回馈的原理图和转矩特性

当输出频率为基频 $f_1 = f_{1N}$（f_{1N} 为电动机额定频率）时，变频器输出电压 $U_1 = U_{1N}$（U_{1N} 为电动机额定电压），并且 $U_1 = U_{1N}$ 是变频器变频过程中的最大可能输出电压。由基频向下或向上调速，输出电压都不会超出 U_{1N}。这个最大可能值 U_{1N} 是由相应的直流回路电压 U_C（$U_C = U_{CN}$）进而也是电网电压 U_n（$U_n = U_{nN}$）提供的。可以得到如下结论：适配电动机一旦选定，即 U_{1N} 为确定值时，U_{CN} 及 U_{nN} 也是确定值。

应该注意，只有在不易发生故障的稳定电网电压下（电网压降不大于10%），才可以采用这种回馈制动方式。在发电制动运行时，电网电压故障时间大于2ms，则可能发生换相失败、烧坏熔断器。对于接触式供电的电机车，应特别防止接触的间断，如果不能保证这一点，建议采用脉冲电阻制动方式，以保证可靠性。利用斩控式 PWM 整流器进行回馈制动的情况性能优于 NGP（再生能量回馈）方式，但其控制复杂，成本高。在实际中已逐步开始采用。

3. 直流制动

上面谈到的情况，制动中电动机均处于再生发电制动状态。下面说明电动机处于能耗制动状态的情况。通用变频器向异步电动机的定子通直流电时（这意味着逆变器中某3个桥臂短时间内连续导通，不再换相），异步电动机便处于能耗直流制动状态。这种情况下，变频器的输出频率为零，异步电动机的定子磁场不再旋转，转动着的转子切割这个静止磁场而产生制动转矩。旋转系统存储的动能转换成电能消耗于异步电动机的转子回路中。

这种变频器输出直流的制动方式，在通用变频器中称为"DC 制动"（即"直流制动"）。这种 DC 制动方式的用途主要有两种：一是用于准确停车控制；二是用于制止在启动前电动机由外因引起的不规则自由旋转。通用变频器中对直流制动功能的控制，主要通过设定 DC 制动起始频率、制动电流和制动时间来实现。通常情况下，起始制动频率不宜设定得太高，如果起始制动频率取得太高，会导致电动机发热严重，但得到的制动转矩却并不太大，显然这是不合理的。

3.4.4 变频器的额定值和频率指标

1. 输入侧的额定值

输入侧的额定值主要是电压和相数。小容量的变频器输入指标有以下几种：380V/50Hz，三相，用于国内设备；230V/50Hz 或 60Hz，三相，主要用于进口设备；(200~230V)/50Hz，主要用于家用电器。

2. 输出侧的额定值

（1）输出电压最大值 U_N(V)。由于变频器在变频的同时也要变压，所以输出电压的额定值是指输出电压中的最大值。

（2）输出电流最大值 I_N(A)。它是指允许长时间输出的最大电流。

（3）输出容量 S_N(kVA)。S_N 与 U_N 和 I_N 的关系为：

$$S_N = \sqrt{3} U_N I_N$$

（4）配用电动机容量 P_N(kW)。变频器规定的配用电动机容量，适用于长期连续负载运行。

（5）超载能力。变频器的超载能力是指输出电流超过额定值的允许范围和时间。大多数变频器规定为150% I_N、60s，180% I_N、0.5s。

3. 频率指标

（1）频率范围。即变频器能够输出的最高频率 f_{max} 和最低频率 f_{min} 之差。各种变频器规定的频率范围不一样，一般最低工作频率0.1~1Hz，最高工作频率为120~650Hz。

（2）频率精度。频率精度是指变频器输出频率的准确程度。以变频器的实际输出和设定频率之间的最大误差与最高工作频率之比的百分数来表示。例如，富士G9S的频率精度为±0.01，是指在-10℃~+15℃环境下通过参数设定所能达到的最高频率精度。

（3）频率分辨率。指输出频率的最小改变量，即每相邻两挡频率之间的最小差值。一般分为模拟设定分辨率和数字设定分辨率。

3.5 变频器的分类

1. 按变换环节分

（1）交-交变频器。把频率固定的交流电源直接变换成频率连续可调的交流电源。其主要优点是没有中间环节，变频效率高，但其连续可调的频率范围窄，一般为额定频率的1/2以下，主要用于容量大、低速的场合。

（2）交-直-交变频器。先把频率固定的交流电变成直流电，再把直流电逆变成频率可调的三相交流电。在此类装置中，用不可控整流电路，则输入功率因数不变；用PWM逆变，则输出谐波减小。PWM逆变器需要全控式电力电子器件，其输出谐波减小的程度取决于PWM的开关频率，而开关频率则受器件开关时间的限制。采用P-MOSFET或IGBT时，开关频率可达20kHz以上，输出波形已经非常接近正弦波，因而又称之为正弦脉宽调制（SPWM）逆变器。由于把直流电逆变成交流电的环节较易控制，因此，这种交-直-交变频器在频率的调节范围以及改善变频后电动机的特性等方面都具有明显的优势。目前迅速普及应用的主要是这种变频器。

2. 按直流环节的储能方式分

（1）电压源型变频器。在交-直-交变频器装置中，当中间直流环节采用大电容滤波时，直流电压波形比较平直，在理想情况下，这种变频器是一个内阻为零的恒压源，输出交流电压是矩形波或阶梯波，这类变频装置叫做电压源型变频器，见图3.17（a）所示。

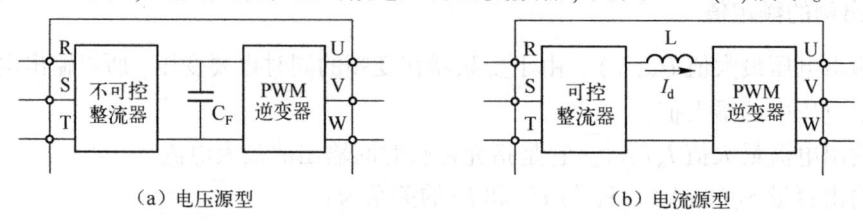

（a）电压源型　　　　　　　　　（b）电流源型

图3.17　电压源型和电流源型交-直-交变频器

（2）电流源型变频器。当交-直-交变频器装置中的中间直流环节采用大电感滤波时，输出交流电流是矩形波或阶梯波，这类变频装置称为电流源型变频器，如图3.17（b）所示。

3. 按功能分类

（1）恒转矩变频器。变频器的控制对象具有恒转矩特性，在转速精度及动态性能方面要求一般不高。当用变频器进行恒转矩调速时，必须加大电动机和变频器的容量，以提高低速转矩。其主要用于挤压机、搅拌机、传送带、提升机等。

（2）平方转矩变频器。变频器的控制对象在过载能力方面要求不高，由于负载转矩与转速的平方成正比（$T_L \propto n^2$），所以低速运行时负载较轻，并具有节能的效果。它主要用于风机和泵类负载。

4. 按用途分类

（1）通用变频器。通用变频器是指能与普通的异步电动机配套使用，能适合于各种不同性质的负载，并具有多种可供选择功能的变频器。

一般用途多数使用通用变频器，但在使用之前必须根据负载性质、工艺要求等因素对变频器进行详细的设置。

（2）高性能专用变频器。高性能专用变频器主要用于对电动机的控制要求较高的系统。与通用变频器相比，高性能专用变频器大多数采用矢量控制方式，驱动对象通常是变频器生产厂家指定的专用电动机。

（3）高频变频器。超精度加工和高性能机械中，通常要用到高速电动机。为了满足这些高速电动机的驱动要求，出现了PAM（脉冲幅度调制）控制方式的高频变频器，其输出频率可达3kHz。

5. 按输出电压调节方式分

变频调速时，需要同时调节变频器的输出电压和频率，以保证电动机主磁通的恒定。对输出电压的调节主要有两种控制方式：PAM、PWM方式。

（1）PAM方式。脉冲幅度调制（Pulse Amplitude Modulation）方式，简称PAM方式，是通过改变直流电压的幅值进行调压的方式。在变频器中，逆变器只负责调节输出的频率，而输出电压的调节则由相控整流器或直流斩波器通过调节直流电压来实现。采用相控整流器调压时，网侧的功率因数随着调节深度的增加而变低。而采用直流斩波器调压时，网侧功率因数在不考虑谐波影响时，可以达到$\cos\varphi_1 \approx 1$。

（2）PWM方式。脉冲宽度调制（Pulse Width Modulation）方式，简称PWM方式。变频器中的整流器采用不可控的二极管整流电路。变频器的输出频率和输出电压的调节均由逆变器按PWM方式来完成。利用脉冲宽度的改变来得到幅值不同的正弦基波电压。这种参考信号为正弦波、输出电压平均值近似为正弦波的PWM方式称为正弦PWM（Sinusoidal Pulse Width Modulation，SPWM）方式。通用变频器中采用SPWM方式调压，是一种最常采用的方案。

（3）高载波频率的PWM方式。这种方式与上面所述的PWM方式的区别仅在于调制频率有很大的提高。主开关器件的工作频率较高，普通的功率晶体管已不能适应，常采用开关频率较高的IGBT或MOSFET。因为开关频率达到10~20kHz可以使电动机的噪声大幅度降低（达到了人耳难以感知的频段），这种采用IGBT的高载波频率的PWM通用变频器已经投放市场，正在取代以BJT为开关器件的变频器。

6. 按控制方式分

(1) V/f 控制变频器。V/f 控制变频器的方法是在改变频率的同时控制变频器的输出电压，通过使 V/f（电压和频率的比）保持一定或按一定的规律变化而得到所需要的转矩特性。采用 V/f 控制的变频器结构简单、成本低，多用于要求精度不是太高的通用变频器。

(2) 转差频率控制变频器。转差频率控制方式是对 V/f 控制的一种改进。这种控制需要由安装在电动机上的速度传感器检测出电动机的转速，构成速度闭环。速度调节器的输出为转差频率，而变频器的输出频率则由电动机的实际转速与所需转差频率之和决定。由于通过控制转差频率来控制转矩和电流，与 V/f 控制相比，其加减速特性和限制过电流的能力得到提高。

(3) 矢量控制变频器。矢量控制是一种高性能异步电动机控制方式，它的基本思路是将电动机的定子电流分为产生磁场的电流分量(励磁电流)和与其垂直的产生转矩的电流分量(转矩电流)，并分别加以控制。由于在这种控制方式中必须同时控制异步电动机定子电流的幅值和相位，即定子电流的矢量，因此这种控制方式被称为矢量控制方式。

(4) 直接转矩控制变频器。直接转矩控制与矢量控制不同，它不是通过控制电流、磁链等量来间接控制转矩，而是把转矩直接作为被控矢量来控制。其特点为转矩控制是控制定子磁链，并能实现无传感器测速。

习 题 3

3.1 变频器的种类及应用范围是什么？

3.2 已知某变频器的主电路如图 3.18 所示，试回答如下问题：

(1) 电阻 R_L 和晶闸管 SL 的作用是什么？

(2) 电容 C_{F1} 和 C_{F2} 为什么要串联使用？电容 C_{F1} 和 C_{F2} 串联后的主要功能是什么？

(3) 电阻 R_{01} 和二极管 VD_{01} 的作用是什么？

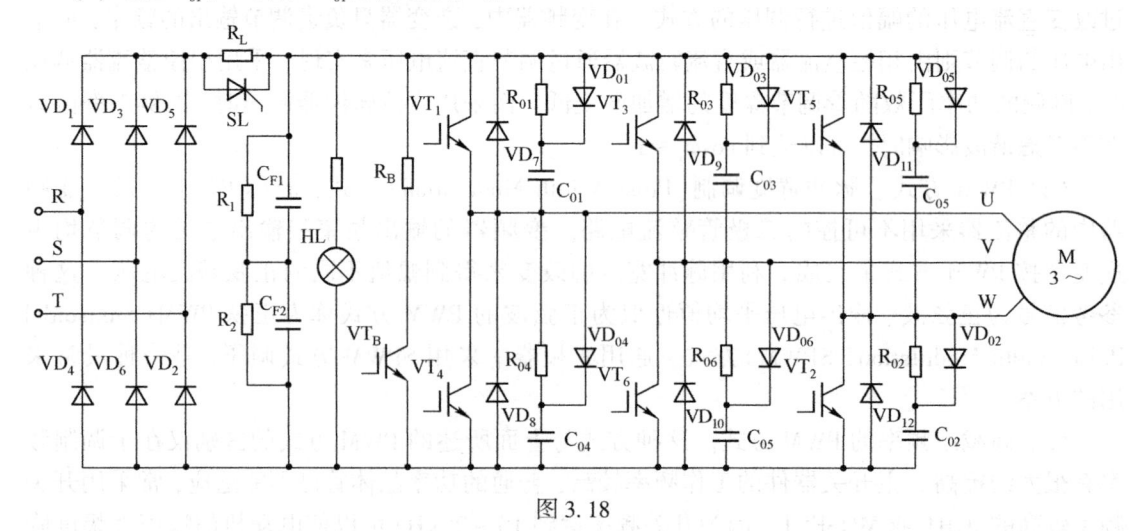

图 3.18

3.3 什么是"DC 制动"？直流制动开始频率为什么不宜设置得太高？

3.4 变频器进行有源逆变的基本条件是什么？

第4章 变频器的参数设置和功能选择

内容提要与学习要求

掌握变频器的功能及参数设定。了解变频器参数设定及现场常见的问题。掌握变频器常用功能的应用。

变频器是应用变频技术制造的一种静止的频率变换器,其功能是利用半导体器件的通断作用将频率固定(通常为工频50Hz)的交流电(三相或单相)变换成频率连续可调(多数为0~400Hz)的交流电源。

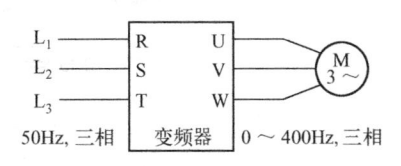

如图4.1所示,变频器的输入端(R、S、T)接至频率固定的三相交流电源,输出端(U、V、W)输出的是频率在一定范围内连续可调的三相交流电,接至电动机。

图4.1 变频器的功能

4.1 三菱 FR–A700 系列变频器的功能及参数

现在,国内外已有众多生产厂家定型生产多个系列的变频器,基本使用方法和提供的基本功能大同小异。现以三菱 FR–A700 系列变频器为例,介绍变频器的功能及参数。

4.1.1 变频器的接线

1. 基本电路

(1) 主电路接线端。三菱 FR–A700 变频器主电路的接线端如图4.2所示。

① 输入端。即交流电源输入,其标志为 R/L_1、S/L_2、T/L_3,接工频电源。

② 输出端。即变频器输出,其标志为 U、V、W,接三相鼠笼异步电动机。

③ 直流电抗器接线端。将直流电抗器接至 P/＋ 与 P_1 之间可以改善功率因数。需接电抗器时应将短路片拆除。对于 55kW 以下的产品请拆下端子 P/＋, P_1 间的短路片,连接上 DC 电抗器。

④ 制动电阻和制动单元接线端。出厂时 PR 与 PX 之间有一短路片相连,内置的制动器回路为有效。制动电阻器接至 P/＋ 与 PR 之间,而 P/＋ 与 N/－ 之间连接制动单元或高功率因数整流器。22kW 以下的产品通过连接制动电阻,可以得到更大的再生制动力。

⑤ 控制回路用电源端。其标志为 R_1/L_{11}、S_1/L_{21},与交流电源端子 R/L_1, S/L_2 相连。

⑥ 接地端。其标志为 ⏚,变频器外壳接地用,必须接大地。

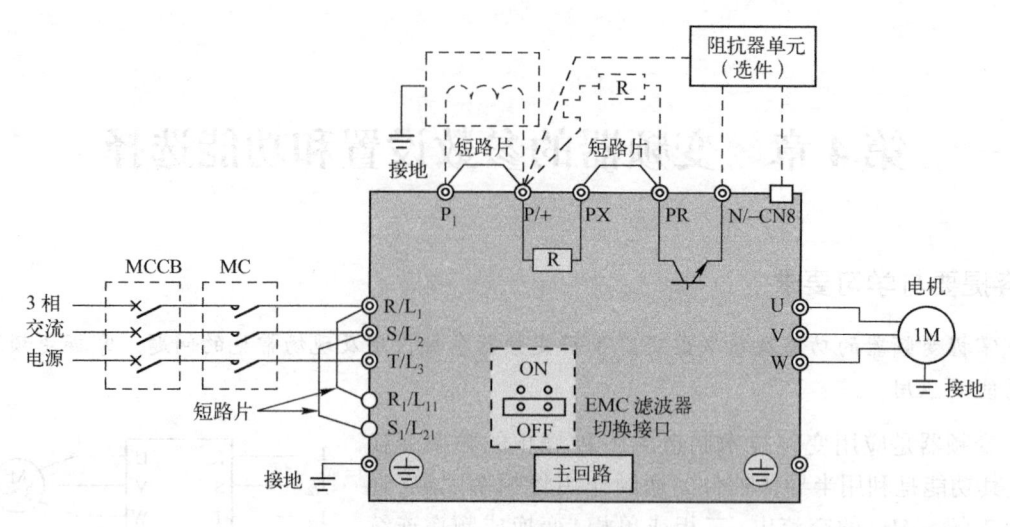

图4.2 主电路接线端

主电路接线注意事项：

① 电源一定不能接到变频器的输出端上（U、V、W），否则将损坏变频器。

② 接线后，零碎线头必须清除干净，零碎线头可能造成设备运行时异常、失灵和故障，必须始终保持变频器清洁。在控制台上打孔时，请注意不要使碎片粉末等进入变频器中。

③ 为使电压下降在2%以内，请用适当型号的电线接线。

④ 布线距离最长为500m。尤其长距离布线，由于布线寄生电容所产生的冲击电流，可能会引起过电流保护误动作，输出侧连接的设备可能运行异常或发生故障。因此，最大布线距离长度必须在规定范围内（当变频器连接两台以上电动机，总布线距离必须在要求范围以内）。

⑤ 在P/+和PR端子间建议连接厂家提供的制动电阻选件，端子间原来的短路片必须拆下。

⑥ 电磁波干扰，变频器输入/输出（主回路）包含谐波成分，可能干扰变频器附近的通信设备（如AM收音机）。因此，应安装选件无线电噪声滤波器FR-BIF（仅用于输入侧）、FR-BSF01或FR-BOF线路噪声滤波器，使干扰降至最小。

⑦ 不要安装电力电容器、浪涌抑制器和无线电噪声滤波器（FR-BIF选件）在变频器输出侧。这将导致变频器故障或电容和浪涌抑制器的损坏。如上述任何一种设备已安装，请立即拆掉。

⑧ 运行后改变接线的操作，必须在电源切断10min以上，用万用表检查电压后进行。断电后一段时间内，电容上仍然有危险的高压电。

（2）控制电路接线端。三菱FR-A700变频器控制电路接线端如图4.3所示。

① 外接频率给定端。变频器为外接频率给定提供+5V电源（正端为端子10，负端为端子5），信号输入端分别为端子2（电压信号）、端子4（电流信号）。输入分别DC0~5V或0~10V，4~20mA时，在5V、10V、20mA时为最大输出频率，输入输出成比例变化。端子1为辅助频率设定端，输入DC0~±5V或DC0~±10V时，端子2或4的频率设定信号与这个信号相加。

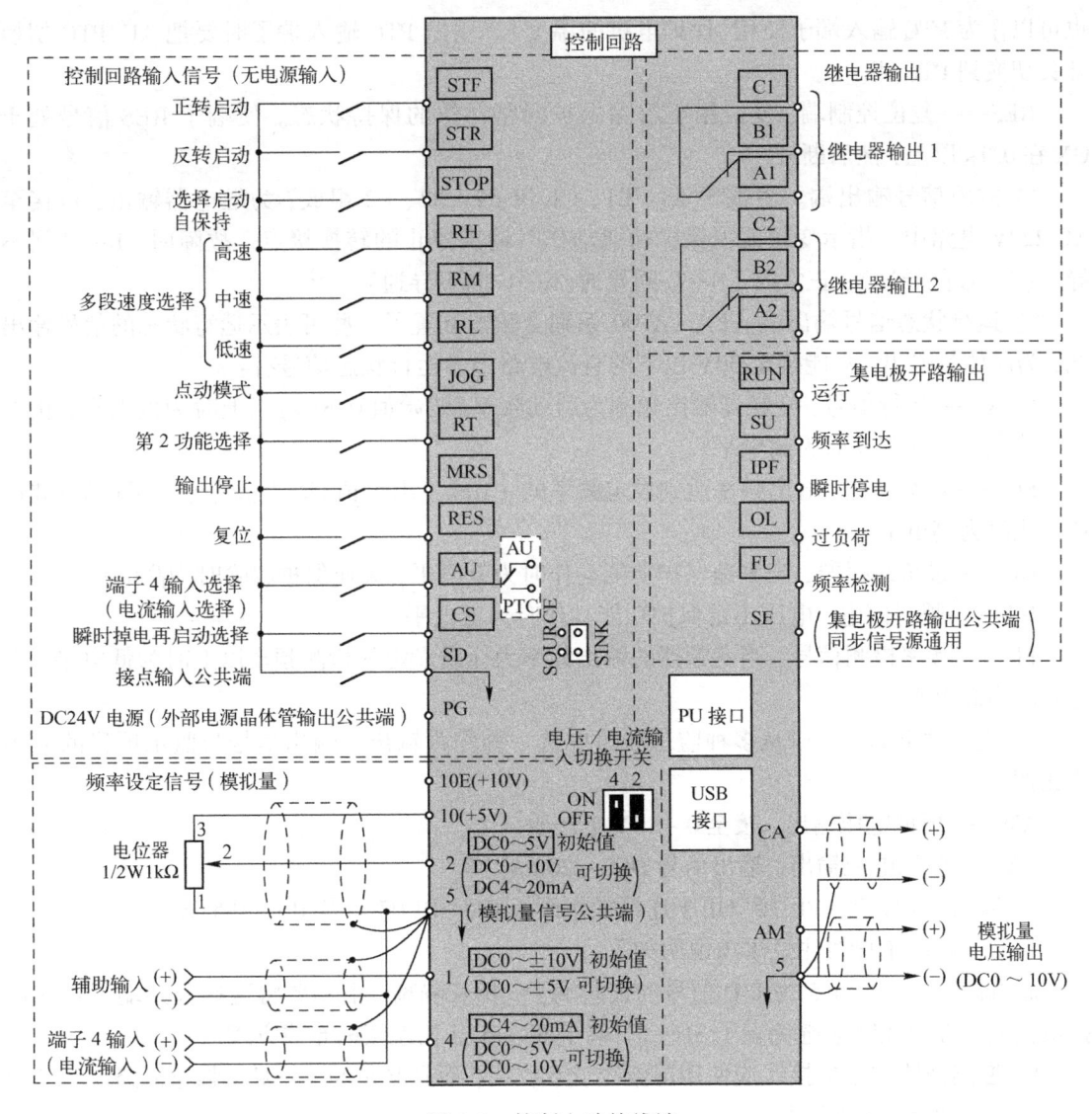

图 4.3 控制电路接线端

② 输入控制端。

STF——正转控制端。STF 信号处于 ON 为正转,处于 OFF 为停止。

STR——反转控制端。STR 信号 ON 为逆转,OFF 为停止。

注意:STF,STR 信号同时 ON 时变成停止指令。

RH、RM、RL——多段速度选择端。通过三端状态的组合实现多挡转速控制。

JOG——点动模式选择/脉冲列输入端,JOG 信号处于 ON 时选择点动运行,用启动信号(STF 和 STR)可以点动运行,也可作为脉冲列输入端子使用。

MRS——输出停止端。MRS 信号为 ON(20ms 以上)时,变频器输出停止。用电磁制动停止电机时用于断开变频器的输出。

AU——端子 4 输入选择/PTC 输入端,只有把 AU 信号置为 ON 时端子 4 才能用。(频率设定信号在 DC4~20mA 之间可以操作)AU 信号置为 ON 时端子 2(电压输入)的功能将无效。

也可以作为 PTC 输入端子使用(保护电机的温度)。用做 PTC 输入端子时要把 AU/PTC 切换开关切换到 PTC 侧。

RES——复位控制端,复位用于解除保护回路动作的保持状态。使端子 RES 信号处于 ON 在 0.1s 以上,然后断开。

③ 故障信号输出端。由端子 A1、B1、C1 和 A2、B2、C2 组成,为继电器输出,可接至 AC 220V 电路中。指示变频器因保护功能动作时输出停止的转换接点。故障时,B—C 间不导通(A—C 间导通);正常时,B—C 间导通(A—C 间不导通)。

④ 运行状态信号输出端。FR – A700 系列变频器配置了一些可表示运行状态的信号输出端,为晶体管输出,只能接至 30V 以下的直流电路中。运行状态信号有:

RUN——运行信号,变频器输出频率为启动频率(初始值 0.5Hz)以上时为低电平,正在停止或正在直流制动时为高电平。

SU——频率到达,输出频率达到设定频率的 ±10%(出厂值)时为低电平,正在加/减速或停止时为高电平。

OL——过负载报警,当失速保护功能动作时为低电平,失速保护解除时为高电平。

IPF——瞬时停电,电压不足保护功能动作时为低电平。

FU——频率检测信号,当变频器的输出频率为任意设定的检测频率以上时为低电平,未达到时为高电平。

⑤ 测量输出端。可以从多种监示项目中选一种作为输出。输出信号与监示项目的大小成比例。

AM——模拟电压输出,接至 0 ~ 10V 电压表。

CA——模拟电流输出,输出信号 DC0 ~ 20mA。

⑥ 通信 PU 接口。PU 接口用于连接操作面板 FR – DU07 以及 RS – 485 通信。

控制回路端子接线注意事项说明如下:

a. 端子 SD、SE 和 5 为 I/O 信号的公共端子,相互隔离,请不要将这些公共端子互相连接或接地。在布线时应避免端子 SD—5,端子 SE—5 互相连接的布线方式。

b. 控制回路端子的接线应使用屏蔽线或双绞线,而且必须与主回路、强电回路(含 200V 继电器控制回路)分开布线。

c. 由于控制回路的频率输入信号是微小电流,所以在接点输入的场合,为了防止接触不良,微小信号接点应使用两个并联的接点或使用双生接点。

d. 控制回路的输入端子(例如,STF)不要接触强电。

e. 故障输出端子(A,B,C)上请务必接上继电线圈或指示灯。

f. 连接控制电路端子的电线建议使用 0.75mm² 尺寸的电线。若使用 1.25mm² 以上尺寸的电线,在配线数量多时或者由于配线方法不当,会发生表面护盖松动,操作面板接触不良的情况。

g. 接线长度不要超过 30m。

4.1.2 功能及参数

1. 频率的给定功能

当变频器设定为外部运行模式时,变频器的输出频率跟随给定信号的变化。选择合适的给定方式和给定信号,是变频器正常运行的前提。

(1) 信号的给定方式。给定方式分为模拟量给定和数字量给定。

① 模拟量给定方式。当给定信号为模拟量时,称为模拟量给定方式。模拟量给定时的频率精度略低,为最高频率的 ±0.5% 以内。

a. 电压信号。以电压大小作为给定信号的称电压信号。其范围有:0~5V 或 0~10V。输入端为 2,通过参数 Pr.73 切换。输入电压(Pr.73)可进行"0~5V,0~10V 选择"。

"0"——DC 0~5V。

"1"——DC 0~10V。

b. 电流信号。以电流大小作为给定信号的称电流信号。其范围为:4~20mA。

由于电流信号所传输的信号不受线路电压降、接触电阻及其压降、杂散的热效应以及感应噪声等的影响,因此抗干扰能力较强。

在远距离控制中,给定信号的范围常用 4~20mA,其"零"信号为 4mA。这是为了方便检查工作电路是否正常。在进行测量时,因为电路中还有 4mA 电流,说明给定信号电路的工作是正常的,如图 4.4(a)所示。无电流信号说明是因传感器或信号电路发生故障而根本没有信号。在进行测量时,如果给定信号值为 0mA,说明给定电路的工作不正常,如图 4.4(b)所示。

具体给定方式介绍如下:

a. 电位器给定。给定信号为电压信号,信号电源由变频器内部的直流电源(5V)提供,频率给定信号从电位器的滑动触头上得到,如图 4.5 所示。

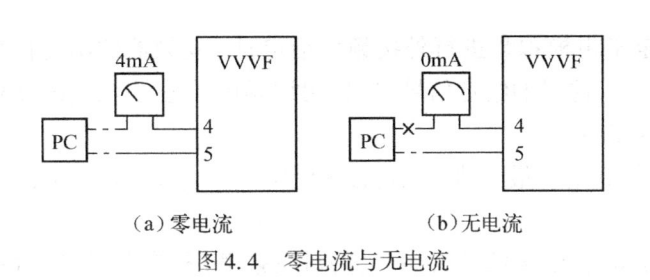

图 4.4 零电流与无电流

图 4.5 电位器给定

b. 直接电压(或电流)给定。由外部仪器设备直接向变频器的给定端输入电压(端子 2 和 5 之间)或电流信号(端子 4 和 5 之间)。

c. 辅助给定。在变频器的给定信号输入端,配置有辅助给定信号输入端(简称辅助给定)。辅助给定信号与主给定信号迭加,起调整变频器输出频率的辅助作用。

② 数字量给定方式。即给定信号为数字量,这种给定方式的频率精度很高,可达给定频率的 0.01% 以内。

具体给定方式介绍如下:

a. 面板给定。即通过面板上的旋转 M 旋钮来控制频率的升降。

b. 多挡转速控制给定。在变频器的外接输入端中,通过功能预置,最多可以将 4 个输入端(RH,RM,RL,MRS)作为多挡转速控制端。根据若干个输入端的状态(接通或断开)可以按二进制方式组成 1~15 挡。每一挡可预置一个对应的工作频率。则电动机转速的切换便可以用开关器件通过改变外接输入端子的状态及其组合来实现。如果不使用 REX 信号,则通过 RH,RM,RL 的开关信号,最多可选择 7 段速度。如果使用 REX 信号(将 MRS 端子设置 REX 信号),则通过 RH,RM,RL,REX 的开关信号,最多可选择 15 段速度。

使用多挡转速功能时,必须进行两步预置(以 3 个输入端、7 挡转速说明)。

第一步:通过预置确定哪几个输入端子为多挡转速输入端子。将输入端子功能选择参数(Pr.180~Pr.182)分别预置成 0、1、2(Pr.180 = 0;Pr.181 = 1;Pr.182 = 2)。则控制端子 RL、RM、RH 即成为多挡转速控制端子,如图 4.6 所示。

第二步:预置与各挡转速对应的工作频率(即进行频率给定)。分别用参数 Pr.4~Pr.6,Pr.24~Pr.27,设 1~7 挡转速频率,如图 4.7 所示。

c. 通讯给定。通过 RS-485 通信电缆将个人计算机连接 PU 接口进行通信给定,如图 4.8 所示。

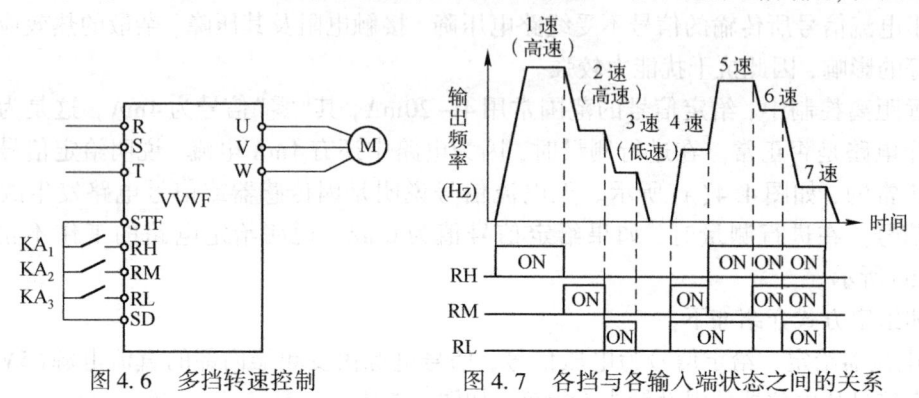

图 4.6 多挡转速控制　　图 4.7 各挡与各输入端状态之间的关系

(2)频率给定。

① 频率给定的概念。频率给定指由模拟量进行外接频率给定时,变频器的给定信号 G 与对应的 $f_G = f(G)$,称为频率的给定。这里的给定信号 G,既可以是电压信号 U_G(0~5V 或 0~10V),也可以是电流信号 I_G(4~20mA)。

基本频率给定指在给定信号 G 从 0 增至最大值 G_{max} 过程中给定频率 f_G 线性地增大到最大频率 f_{max} 的频率给定。

② 频率给定预置。频率给定的起点(给定信号为"0"时的对应频率)和终点(给定信号为最大值时的对应频率)可以根据拖动系统的需要任意预置。

变频器的起点、终点坐标预置,可通过 Pr.902,Pr.903,Pr.904,Pr.905,分别设置电压(电流)偏置和增益,如图 4.9 所示。

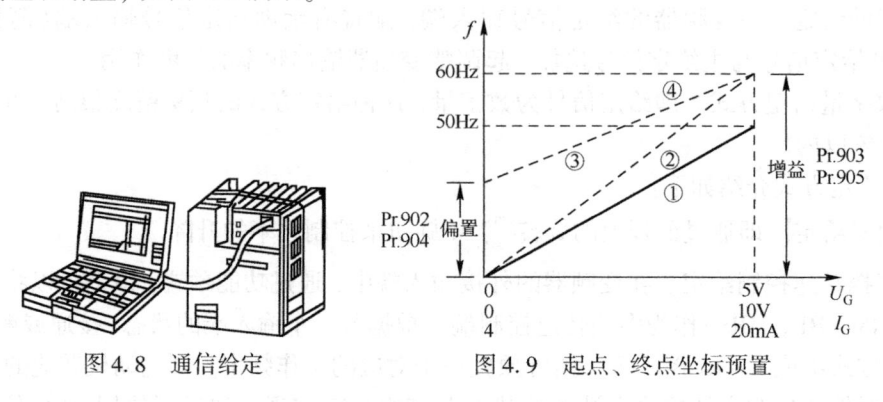

图 4.8 通信给定　　图 4.9 起点、终点坐标预置

2. 频率控制功能

（1）上、下限频率。与生产机械所要求的最高转速相对的频率称为上限频率，用 f_H 表示，由上限频率参数 Pr.1＝0～120Hz 设定。上限频率与最高频率之间，必有 $f_H \leq f_{max}$。与生产机械所要求的最低转速相对的频率，称为下限频率，用 f_L 表示，由下限频率参数 Pr.2 设定，如图 4.10 所示。

注意：上限频率 f_H 是根据生产需要预置的最大运行频率，它并不和某个确定参数相对应。假如采用模拟量给定方式，给定信号为 0～5V 的电压信号，给定频率对应为 0～50Hz，而上限频率 f_H＝40Hz，则表示给定电压大于 4V 以后，不论如何变化，变频器输出频率为最大频率 40Hz，如图 4.11 所示。

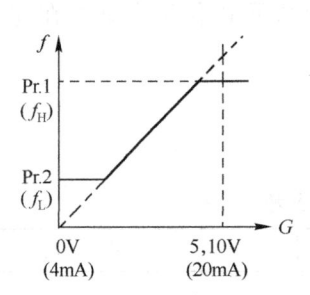

图 4.10　上、下限频率(Pr.1、Pr.2)

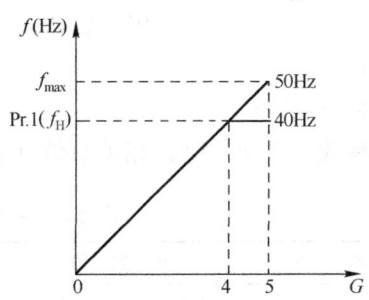

图 4.11　f_{max} 和 f_H 与给定信号的关系

（2）回避频率。此功能可用于防止机械系统固有频率产生的共振，可以使其跳过共振发生的频率点，最多可设定 3 个区域。跳跃频率可以设定为各区域的上点或下点。1A、2A 或 3A 的设定值为跳变点，用这个频率运行。频率跳变各参数意义及其设定范围如表 4-1 所示，其运行示意如图 4.12 所示。

表 4-1　频率跳变各参数意思及设定范围

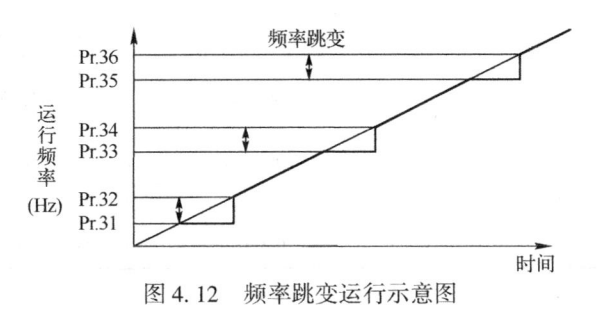

参　数　号	参　数　意　义	出厂设定	设定范围	备　注
Pr.31	频率跳变 1A	9999	0～400Hz、9999	9999：功能无效
Pr.32	频率跳变 1B	9999	0～400Hz、9999	9999：功能无效
Pr.33	频率跳变 2A	9999	0～400Hz、9999	9999：功能无效
Pr.34	频率跳变 2B	9999	0～400Hz、9999	9999：功能无效
Pr.35	频率跳变 3A	9999	0～400Hz、9999	9999：功能无效
Pr.36	频率跳变 3B	9999	0～400Hz、9999	9999：功能无效

图 4.12　频率跳变运行示意图

3. 启动、升速、降速、制动功能

(1) 启动。

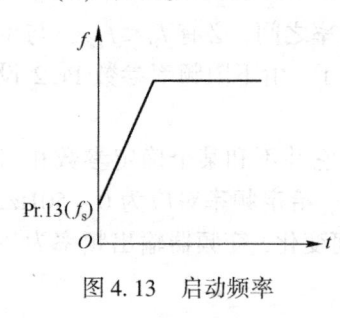

① 启动频率。对于静摩擦系数较大的负载,为了易于启动,启动时需有一点冲击力。为此,可根据需要预置启动频率 f_s(Pr.13 = 0~60Hz),使电动机在该频率下"直接启动",如图 4.13 所示。

② 启动前的直流制动。用于保证拖动系统从零速开始启动。因为变频调速系统总是从最低频率开始启动的,如果在开始启动时,电动机已经有一定转速,将会引起过电流或过电压。启动前的直流制动功能可以保证电动机在完全停转的状态下开始启动。

图 4.13 启动频率

(2) 升速、降速。

① 相关参数。升速与降速相关参数见表 4-2 所示。

表 4-2 升速与降速相关参数

参数号	名称	初始值		设定范围	内容
Pr.7	升速时间	7.5k 以下	5s	0~3600/360s	设定电机升速时间
		11k 以上	15s		
Pr.8	降速时间	7.5k 以下	5s	0~3600/360s	设定电机降速时间
		11k 以上	15s		
Pr.20	升降速基准频率	50Hz		1~400Hz	设定作为升降速时间基准的频率。升降速时间设定为停止~Pr.20 间的频率变化时间
Pr.21	升降速时间单位	0		0 单位:0.1s 范围:0~3600s	可以变更升降速时间设定的单位和设定范围
				1 单位:0.01s 范围:0~360s	
Pr.44	第 2 升降速时间	5s		0~3600/360s	设定 RT 信号为 ON 时的升降速时间
Pr.45	第 2 降速时间	9999		0~3600/360s	设定 RT 信号为 ON 时的降速时间
				9999	升速时间 = 降速时间
Pr.110	第 3 升降速时间	9999		0~3600/360s	设定 X9 信号 ON 时的升降速时间
				9999	无第 3 升降速功能
Pr.111	第 3 降速时间	9999		0~3600/360s	设定 X9 信号 ON 时的降速时间
				9999	升速时间 = 降速时间

② 升速时间。在生产机械的工作过程中，升速过程属于从一种状态转换到另一种状态的过渡过程，在这段时间内，通常不进行生产活动。因此，从提高生产力的角度出发，升速时间越短越好。但升速时间越短，频率上升越快，越容易"过流"。所以，预置升速时间(Pr.7 = 0 ~ 3600/360s)的基本原则，就是在不过流的前提下越短越好。

通常，可先将升速时间预置得长一些，观察拖动系统在启动过程中电流的大小，如启动电流较小，可逐渐缩短时间，直至启动电流接近最大允许值时为止。

③ 降速时间。电动机在降速过程中，有时会处于再生制动状态，将电能反馈到直流电路，产生泵升电压，使直流电压升高。降速过程和升速过程一样，也属于从一种状态转换到另一种状态的过渡过程。从提高生产力的角度出发，降速时间应越短越好。但降速时间越短，频率下降越快，直流电压越容易超过上限值。所以在实际工作中，也可以先将降速时间(Pr.8 = 0 ~ 3600/360s)预置得长一些，观察直流电压升高的情况，在直流电压不超过允许范围的前提下，尽量缩短降速时间，如图 4.14 所示。

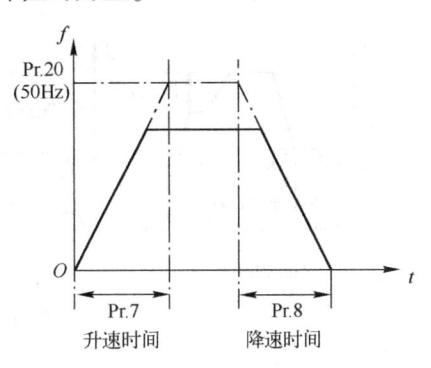

其中：Pr.20 为升、降速基准频率(0 ~ 400Hz)

图 4.14 升、降速时间

对于水泵、风机型变频器的降速时间预置时，应适当注意：水泵类负载由于有液体(水)的阻力，一旦切断电源，水泵立即停止工作，故在降速过程中不会产生泵升电压，直流电压不会增大，但过快的降速和停机，会导致管路系统的"水锤效应"，必须尽量避免。所以直流电压不增大，也应预置一定的降速时间。风机的惯性较大，且风机在任何情况下都属于长期连续负载，因此，其降速时间应适当预置得长一些。

④ 升、降速方式。升、降速方式(Pr.29)有以下 6 种：

a. 线性方式(Pr.29 = 0)。频率与时间呈直线性关系，如图 4.15(a)所示。多数负载可预置为线性方式。在变频器运行模式下，变更升降速等频率时为了不使电机以及变频器突然升降速，使输出频率直线变化，即频率与时间的比例一定的升降速。

b. S 形 A(Pr.29 = 1)。在开始阶段和结束阶段，升降速比较缓慢，如图 4.15(b)所示。主要用于工作机械主轴等需要在基准频率以上的高速范围内短时间升降速的场合。其中，Pr.3 基准频率(f_b)为 S 形曲线拐点。

c. S 形 B(Pr.29 = 2)。在两个频率 f_1，f_2 间提供一个 S 形升降速曲线，具有缓和升降速时振动的作用，防止运输机械等负载因冲击太大而倒塌，如图 4.15(c)所示。

d. 齿隙补偿(Pr.29 = 3)，如图 4.15(d)所示。

e. S 形 C(Pr.29 = 4)，如图 4.15(e)所示。

f. S 形 D(Pr.29 = 5)，如图 4.15(f)所示。

后面的三种使用较复杂，需要其他多个参数以及启动信号或输入端子配合使用。在这里不做过多介绍。

(3) 直流制动。在大多数情况下，采用再生制动方式来停止电动机。但对某些要求快速制动，而再生制动又容易引起过电压的场合，应加入直流制动方式为宜。此外，有的负载虽然允许制动时间稍长一些，但因为惯性较大而停不住，停止后，有"爬行"现象。这对于某些机械来说是不允许的。因此，也有必要加入直流制动。

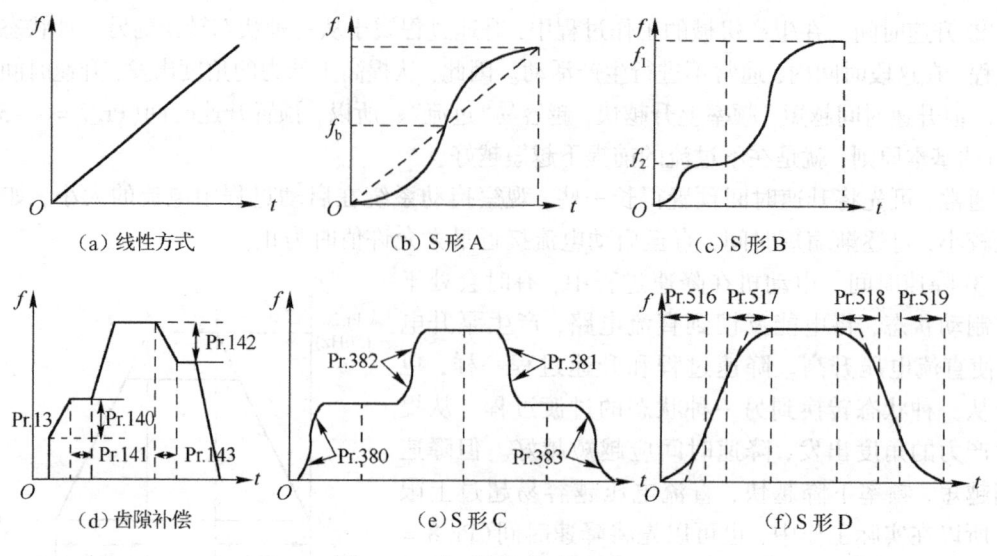

图 4.15 升、降速方式(Pr.29)

如图 4.16 所示，采用直流制动时，需预置以下参数：

① 直流制动动作频率 f_{DB}(Pr. 10 = 0 ~ 120Hz)。在大多数情况下，直流制动都是和再生制动配合使用的。首先用再生制动方式将电动机的转速降至较低转速，其对应的频率 f 即作为直流制动的动作频率 f_{DB}，然后再加入直流制动，使电动机迅速停住。负载要求制动时间越短，则动作频率 f_{DB} 应越高。

② 直流制动电压 U_{DB}(Pr. 12 = 0 ~ 增益为 30% 的电源电压)。在定子绕组上施加直流电压的大小，决定了直流制动的强度。负载惯性越大，U_{DB} 也应该越大。

③ 直流制动时间 t_{DB}(Pr. 11 = 0 ~ 10s)。即施加直流制动的时间长短。预置直流制动时间 t_{DB} 的主要依据是负载是否有"爬行"现象，以及对克服"爬行"的要求，要求

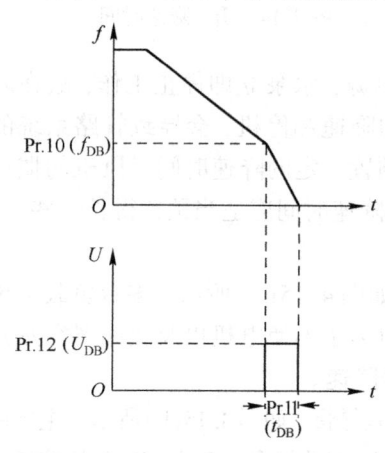

图 4.16 设定直流制动的要素

高的，t_{DB} 应当长一些。

风机在停机状态下，有时会因自然风的对流而旋转，且旋转方向总是反转的。如遇这种情况，应预置启动前的直流制动功能，以保证电动机在零速下启动。

4. 保护功能

(1) 过电流保护。在变频器中，过电流保护的对象主要是指带有突变性质的或电流的峰值超过了变频器的允许值的情形。由于逆变器件的过载能力较差，所以变频器的过电流保护是非常重要的一环。

① 过电流的原因。过电流的原因有：

a. 运行过程中过电流。即拖动系统在工作过程中出现过电流。

b. 升速中过电流。当负载的惯性较大，而升速时间又设定得比较短时，将产生过电流。

c. 降速中过电流。当负载的惯性较大，而降速时间又设定得比较短时，将产生过电流。

② 过电流的自处理。在实际的拖动系统中，大部分负载都是经常变动的。因此，不论是在工作过程中，还是在升、降速过程中，短时间的过电流总是不可避免的。所以，对变频器过电流的处理原则是尽量不跳闸，为此配置了防止跳闸的自处理功能（也称防止失速功能）；只有当冲击电流峰值太大，或防止跳闸措施不能解决问题时，才迅速跳闸。

过电流的自处理功能如下：

a. 运行过程中过电流。由用户根据电动机的额定电流和负载的具体情况设定一个电流限值 I_{SET}。当电流超过设定值 I_{SET} 时，变频器首先将工作频率适当降低，到电流低于设定值 I_{SET} 时，工作频率再逐渐恢复，如图 4.17 所示。

b. 升、降速时的过电流。在升速和降速过程中，当电流超过 I_{SET} 时，变频器将暂停升速（或降速），待电流下降到 I_{SET} 以下时，再继续升速（或降速），如图 4.18 所示。这样处理后，实际上自动地延长了升速（或降速）的时间。

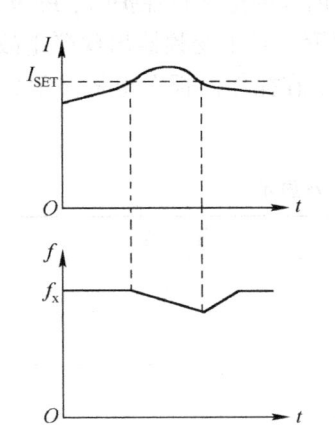

图 4.17　运行时过流的自处理 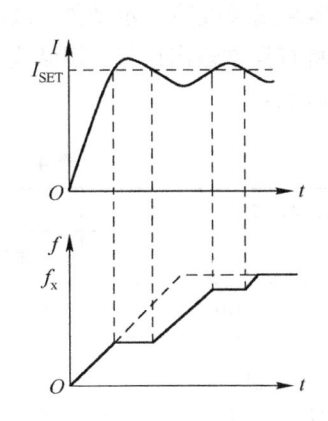　　图 4.18　升降速时过流的自处理

过电流有以下参数需要设置：

① 失速防止动作水平。输出电流为变频器额定电流的百分之几时在 Pr.22 中设定是否进行失速防止动作。通常设定为150%（初始值）。失速防止动作可在加速时中断加速；恒速时中断恒速，进行减速；减速时中断减速。

失速防止动作水平一般设定为：Pr.22 = 0% ~ 200%

② 高频区的失速防止动作。在大于电机额定频率的高速运行时，电机的电流可能不再增加从而无法加速。另外在高频区运行情况下，电机受限时的电流比变频器的额定电流小，即使电机停止也没有保护功能动作。此时，为了改善电机的运行特性，可以降低高频区的失速防止动作水平。相关参数设定如下：

倍速时失速防止动作水平补正系数：Pr.23 = 0% ~ 200%，9999。

失速防止动作降低开始频率：Pr.66 = 0 ~ 400Hz，如图 4.19 所示。

（2）电子热保护功能。电子热保护功能是进行过载保护，主要是保护电动机。其保护的主要依据是电动机的温升不应超过额定值。当检测到电动机过负载（过热）时，应终止变频器输出晶体管的工作,停止输出。

热保护曲线(如图 4.20 所示)主要特点有:

① 具有反时限特性。

② 在不同的运行频率下有不同的保护曲线。

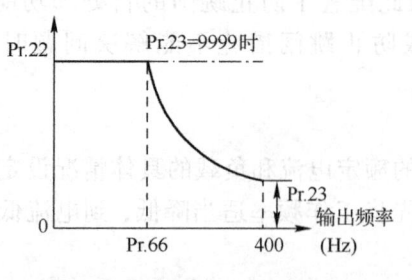

图 4.19 高频区的失速防止动作

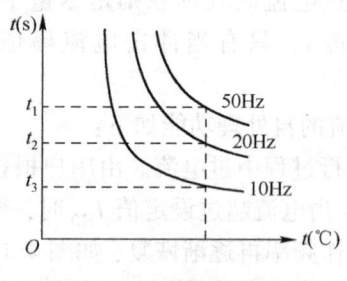

图 4.20 热保护曲线

电子热保护的电流值设定范围:Pr.9 = 0 ~ 500A。

若电动机使用外部热继电器,不是使用变频器内部的电子热保护时,Pr.9 设为 0。

(3)变频器跳闸及故障显示功能、故障处理对策。对于变频器出现严重故障时,故障输出端 A、B、C 将有异常输出信号,切断变频器输出,在操作面板上也将显示故障类型。故障类型如表 4-3 所示。

表 4-3 故障类型及显示

	操作面板显示		内　　容
错误信息	E - - -	E - - -	报警历史
	HOLd	HOLD	操作面板锁定
	Er1 ~ Er4	Er1 ~ 4	参数写入错误
	rE1 ~ rE4	rE1 ~ 4	拷贝操作错误
	Err	Err.	错误
报警	OL	OL	失速防止(过电流)
	oL	oL	失速防止(过电压)
	rb	RB	再生制动预报警
	TH	TH	电子过电流保护预报警
	PS	PS	PU 停止
	MT	MT	维护信号输出
	CP	CP	参数复制
	SL	SL	速度限位显示(速度限制中输出)

续表

	操作面板显示		内　容
轻故障	Fn	FN	风扇故障
重故障	E.OC1	E. OC1	加速时过电流跳闸
	E.OC2	E. OC2	恒速时过电流跳闸
	E.OC3	E. OC3	减速时过电流跳闸
	E.OV1	E. OV1	加速时再生过电压跳闸
	E.OV2	E. OV2	定速时再生过电压跳闸
	E.OV3	E. OV3	减速，停止时再生过电压跳闸
	E.THT	E. THT	变频器过负载跳闸（电子过电流保护）
	E.THM	E. THM	电机过负载跳闸（电子过电流保护）
	E.FIn	E. FIN	风扇过热
	E.IPF	E. IPF	瞬时停电
	E.UVT	E. UVT	欠足电压
	E.ILF	E. ILF *	输入缺相
	E.OLT	E. OLT	失速防止
	E. GF	E. GF	输出侧接地短路过电流
	E. LF	E. LF	输出缺相
	E.OHT	E. OHT	外部热继电器动作
	E.PTC	E. PTC *	PTC 热敏电阻动作
	E.OPT	E. OPT	选件异常
	E.OP3	E. OP3	通信选件异常
	E. 1 ~ E. 3	E. 1 ~ E. 3	选件异常
	E. PE	E. PE	变频器参数储存器元件异常
	E.PUE	E. PUE	PU 脱离
	E.rET	E. RET	再试次数溢出
	E.PE2	E. PE2 *	变频器参数存储元件异常
	E. 6 / E. 7 / E.CPU	E. 6 / E. 7 / E. CPU	CPU 错误
	E.CTE	E. CTE	操作面板电源短路；RS-485 端子用电源短路
	E.P24	E. P24	DC24V 电源输出短路
	E.CdO	E. CDO *	输出电流超过检测值
	E.IOH	E. IOH *	浪涌流抑制电路电阻 过热
	E.SEr	E. SER *	通信异常（主机）
	E.AIE	E. AIE *	模拟量输入异常
	E. OS	E. OS	发生过速度
	E.OSd	E. OSD	速度偏差过大检测
	E.ECT	E. ECT	断线检测
	E. Od	E. OD	位置偏差过大
	E.Mb1~E.Mb7	E. MB1 ~ E. MB7	制动器顺控程序错误
	E.EP	E. EP	编码器相位错误
	E. bE	E. BE	制动晶体管异常
	E.USb	E. USB *	USB 通信异常
	E. 11	E. 11	反转减速错误
	E. 13	E. 13	内部电路异常

故障处理对策介绍如下：

① 电动机不按指令动作。

a. V/f 控制时，请确认 Pr. 0 转矩提升的设定值。

b. 检查主回路。
- 检查使用的是否为适当的电源电压(可显示在操作单元上)。
- 检查电动机是否正确连接。
- P1 – P/ + 间的导体是否脱落。

c. 检查输入信号。
- 检查启动信号是否输入。
- 检查正转或反转启动信号是否输入。
- 检查频率设定信号是否为零。
- 当频率设定信号为 4~20mA 时,检查 AU 信号是否接通。
- 检查输出停止信号(MRS)或复位信号(RES)是否处于正常位置。
- 当选择瞬时停电后再启动时(Pr. 59 = "9999"以外的值时),检查 CS 信号是否处于接通。
- 漏型、源型的插口是否确实连接好。

d. 检查参数的设定。
- 检查是否选择了反转限制(Pr. 78)。
- 检查操作模式选择(Pr. 79)是否正确。
- 检查偏置,增益(Pr. 902 至 Pr. 905)设定是否正确。
- 检查启动频率(Pr. 13)是否大于运行频率。
- 检查各种操作功能(例如,二段速度运行),尤其是上限频率(Pr. 1),是否为零。
- 检查报警(ALARM)灯是否亮了。
- 检查 Pr. 15"点动频率"设定值是否低于 Pr. 13"启动频率"设定值。

e. 检查负载。
- 检查负载是否太重。
- 检查轴是否被锁定。

② 电机发出异常声音。
- 低载波频率音(金属音)。初始状态下利用 Pr. 72 PWM 频率选择设定可以控制电机声音的复合音色,进行 Soft – PWM 控制。想改变电机声音时要调整 Pr. 72 PWM 的频率选择。
- 实时无传感器矢量控制,矢量控制时的增益值是否过高。速度控制时请确认 Pr. 820 (Pr. 830)速度控制 P 增益中的设定值;转矩控制时请确认 Pr. 824(Pr. 834)转矩控制 P 增益中的设定值。
- 确认是否为机械自身的声音。
- 咨询电机的生产厂家。

③ 电机异常发热。
- 电机风扇动作是否正常(是否有异物,灰尘堵住网格)。
- 是否是负载过重。若是则应减轻负载。
- 变频器输出电压(U,V,W)是否平衡。

- Pr. 0 转矩提升的设定是否适当。
- 是否设定了电机的种类。确认 Pr. 71 适用电机的设定。
- 使用其他公司制造的电机时,实施离线自动调谐。

④ 电动机旋转方向相反。
- 检查输出端子 U、V 和 W 相序是否正确。
- 检查启动信号(正转,反转)连接是否正确。

⑤ 速度与设定值相差很大。
- 检查频率设定信号是否正确(测量输入信号的值)。
- 检查下列参数设定是否合适:Pr. 1, Pr. 2, Pr. 19, Pr. 902 ~ Pr. 905。
- 检查输入信号是否受到外部噪声的干扰(应使用屏蔽电缆)。
- 检查负载是否过重。
- 检查 Pr. 31 ~ Pr. 36(频率跳变)的设定是否恰当。

⑥ 加/减速不平稳。
- 检查加/减速时间设定是否太短。
- 检查负载是否过重。
- 检查转矩提升参数(Pr. 0, Pr. 46, Pr. 112)是否设定太大以致于失速防止功能动作。

⑦ 电动机电流过大。
- 检查负载是否过重。
- 检查 Pr. 0 转矩提升、Pr. 3 基准频率、Pr. 19 基准频率电压、Pr. 14 适用负载选择的设定是否合适。
- 检查转矩提升(Pr. 0, Pr. 46, Pr. 112)是否设定太大。

⑧ 速度不能增加。
- 检查上限频率(Pr. 1)设定是否正确。
- 检查负载是否过重。如搅拌器等,在冬季时负载可能过重。
- 检查 V/f 控制时,转矩提升参数(Pr. 0, Pr. 46, Pr. 112)是否设定太大以致于失速防止功能动作。
- 检查制动电阻器的连接是否有错,是否接到端子 P1—P/ + 上了。

⑨ 运行时的速度波动。实施先进磁通矢量控制、实时无传感器矢量控制、矢量控制、PLG 反馈控制时在运行过程中,输出频率将根据负载的变动在 0 ~ 2Hz 的范围内发生变动,这是正常的动作,并非异常。

a. 检查负载。检查负载是否有变化。

b. 检查输入信号。
- 检查频率设定信号是否有变化。
- 检查频率设定信号是否受到感应噪声的影响。通过 Pr. 74 输入滤波器时间常数、Pr. 822 速度设定滤波器等,在模拟输入端子上输入滤波器。
- 连接晶体管输出单元等时,漏电流是否引起误动作。

c. 其他。

- 实施先进磁通矢量控制、实时无传感器矢量控制时，相对于变频器容量、Pr. 80 电机容量、Pr. 81 电机极数中的设定是否正确。
- 实施先进磁通矢量控制、实时无传感器矢量控制时，配线长度是否超过 30m。
- 必要时实施离线自动调整。
- 在 V/f 控制时，检查变频器和电机之间的布线距离是否正确。

⑩ 操作模式不能改变。如果操作模式不能改变，请检查以下项目：

a. 外部信号输入。检查 STF 或 STR 信号是否关断。当 STF 或 STR 信号接通时，不能转换到操作模式。

b. 参数设定。检查 Pr. 79 的设定。Pr. 79 运行模式选择的设定值为"0"（初始值）时，在输入电源为 ON 的同时成为外部运行模式。按下操作面板的 $\boxed{\frac{PU}{EXT}}$ 键后切换为 PU 运行模式。其他的设定值(1～4, 6, 7)时将根据相应内容限定为某种运行模式。

⑪ 操作面板(FR – DU07)没有显示。确认操作面板与变频器是否可靠的连接。

⑫ 电源灯不亮。确认接线和安装是否正确。

⑬ 参数不能写入。

- 是否运行中（信号 STF, STR 处于 ON）。
- 是否在外部操作模式时，试图设定参数。
- 确认 Pr. 77 的"参数写入禁止选择"。
- 确认 Pr. 161 频率设定/键盘锁定操作选择。

5. 变频器控制方式

变频器可以提供 V/f 控制（初始设定）、先进磁通矢量控制、实时无传感器矢量控制、矢量控制等控制模式。

(1) V/f 控制。它是指当频率(f)可变时，控制频率与电压(V)的比率保持恒定。

(2) 先进磁通矢量控制。先进磁通矢量控制是指进行频率和电压的补偿，通过对变频器的输出电流实施矢量演算，分割为励磁电流和转矩电流，以便流过与负载转矩相匹配的电机电流。

(3) 实时无传感器矢量控制。通过推断电机速度，实现具备高度电流控制功能的速度控制和转矩控制。有必要实施高精度、高响应的控制时请选择实时无传感器矢量控制，并实施离线自动调谐及在线自动调谐。

它适用于以下所述的用途：负载的变动较剧烈但希望将速度的变动控制在最小范围；需要低速转矩时；为防止转矩过大导致机械破损（转矩限制）；想实施转矩控制。

(4) 矢量控制。安装 FR – A7AP，并与带有 PLG 的电机配合可实现真正意义上的矢量控制，可进行高响应、高精度的速度控制（零速控制、伺服锁定）、扭矩控制、位置控制。

相对于 V/f 控制等其他控制方法，矢量控制性能更加优越，可实现与直流电机同等的控制性能。

它适用于下列用途：负载的变动较剧烈但希望将速度变动控制在最小范围；需要低速转矩时；为防止转矩过大导致机械损伤（转矩限制）；想实施转矩控制和位置控制在电机轴停止的状态下，对产生转矩的伺服锁定转矩进行控制。

Pr. 80、Pr. 81、Pr. 800 联合使用可对控制方式进行选择，见表 4-4 所示。

表 4-4 控制方式设定

Pr. 80 Pr. 81	Pr. 800 设定值	Pr. 451 设定值	控 制 方 式	控 制 模 式	备　注
9999 以外	0	——	矢量控制	速度控制	
	1	——		转矩控制	
	2	——		速度控制转矩控制切换	MC 信号：ON 转矩控制 MC 信号：OFF 速度控制
	3	——		位置控制	
	4	——		速度控制位置控制的切换	MC 信号：ON 位置控制 MC 信号：OFF 速度控制
	5	——		位置控制转矩控制的切换	MC 信号：ON 转矩控制 MC 信号：OFF 位置控制
	9	——	矢量控制试运行		
	10		实时无传感器矢量控制	速度控制	——
	11			转矩控制	
	12			速度控制转矩控制切换	MC 信号：ON 转矩控制 MC 信号：OFF 速度控制
	20 (Pr. 800 初始值)		先进磁通矢量控制	速度控制	——
——		9999 (Pr. 451 初始值)	V/f 控制或先进磁通矢量控制		
9999	——		V/f 控制		

注：Pr. 451 为第二电机控制方式选择。

电机容量设定：Pr. 80 = 0.4～55kW，9999

电机极数设定：Pr. 81 = 2，4，6，8，10，12，14，16，18，20，112，9999

控制方式选择设定：Pr. 800 = 0～5，9～12，20

Pr. 80 = "9999"，Pr. 81 = "9999"——选择 V/f 控制方式。

Pr. 80 ≠ "9999"，Pr. 81 ≠ "9999"——选择其他控制方式。

在选择其他控制方式时，设定使用电机的容量(kW)Pr. 80 = "0.4～55kW"；设定使用电机的极数 Pr. 81 = 2，4，6，8，10，12，14，16，18，20，112。再依据控制方式选择(Pr. 800 = 0～5，9，10，11，12，20)选择控制方式。

若 Pr. 800 = 0～5 为矢量控制方式；Pr. 800 = 9 为矢量控制试运行方式；Pr. 800 = 10～12 为实时无传感器矢量控制方式；Pr. 800 = 20 为先进磁通矢量控制方式。

6. 其他

(1) 适用负载选择(Pr. 14)。用于选择使用与负载最适宜的输出特性(V/f 特性)。

"0"——适用恒转矩负载，如图 4.21(a)所示。在基准频率以下，输出电压相对于输出频率成直线变化。它适用于运输机械、行车、辊驱动等，即使转速变化但负载转矩恒定的设备。

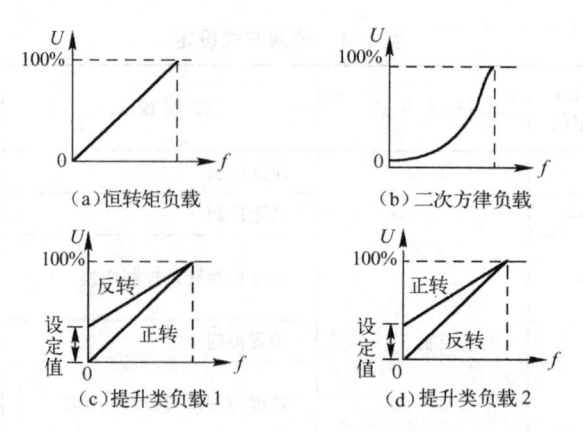

图4.21 与负载最适宜的输出特性

"1"——适用二次方律负载,如图4.21(b)所示。在基准频率以下,输出电压相对于输出频率按二次方曲线变化。其适用于风机、泵等负载转矩与转速的二次方成比例变化的负载。

"2"——提升类负载,正转转矩提升为0%,反转转矩提升为设定值,如图4.21(c)所示。它适用于固定为正转运行,反转再生运行的提升类负载。

"3"——提升类负载,反转转矩提升为0%,正转转矩提升为设定值,如图4.21(d)所示。它适用于平衡重方式的负载,固定为反转运行,正转再生运行。

"4","5"——通过端子切换适用负载。通过RT信号或X17信号来切换恒转矩负载和提升类负载。

(2)运行模式选择(Pr.79)。运行模式是指输入变频器的启动指令及设定频率的方式。在外部设置电路及开关等进行操作时为"外部运行模式"。通过操作面板(FR-DU07)或PU接口输入启动指令,进行频率设定时为"PU运行模式",使用RS-485端子及通讯选件时为"网络运行模式"。

在各种运行模式下,能够通过操作面板及通讯的命令代码进行切换。

"0"——外部/PU切换模式。用PU/EXT键可以切换PU与外部运行模式。若在变频器外部设置了频率设定电位器及启动开关,则变频器的控制电路进行操作时,应选择外部运行模式。在外部运行模式下,几乎无法变更参数。

如果选择Pr.79="0,2",则接通电源时,变频器自动切换到外部运行模式下运行。没有必要变更参数时,可通过设定Pr.79="2"固定为外部运行模式。必须频繁变更参数时,Pr.79事先置于"0"(初始值),这样可以通过操作面板上的PU/EXT键方便地切换到PU运行模式。

"1"——PU运行模式,是指启动信号和频率设定均用变频器的操作面板操作。即运行指令用操作面板(FR-DU07)的FWD/REV键,频率设定用○键。

如果选择Pr.79="1",则接通电源时,变频器自动切换到PU运行模式下。如果在PU运行模式下工作,则变频器无法切换到其他运行模式。使用PU接口进行通讯时,也选择PU运行模式。

选择PU运行模式时,可以输出PU运行模式信号(PU)。PU信号输出所使用的端子可通过将P.190~Pr.196(输出端子功能选择)中的某一个设定为"10(正逻辑)或110(负逻辑)",来进行端子功能的分配。

"2"——外部运行模式,是指根据外部的频率设定电位器和外部启动信号进行操作的方式。频率设定用接于外部端子 2、5、10 之间的旋钮(频率设定电位器)RP 来调节,外部启动信号由端子 STF、STR 外接开关控制,而变频器操作面板只起到频率显示的作用。

"3"——组合运行模式 1,是指启动信号由外部输入、运行频率由操作面板设定的操作方式,频率设定可使用操作面板的⊙键或外部信号输入。通过多段速度设定输入外部信号的频率时,PU 的频率指令优先。

选择 Pr. 79 = "3"时,变频器不能切换到其他运行模式。

"4"——组合运行模式 2,是指启动信号用操作面板的(FWD)/(REV)键来设定,频率设定用外部的频率设定电位器及多段速度、点动信号等进行设定。

选择 Pr. 79 = "4"时,变频器不能切换到其他运行模式。

"6"——切换模式。在运行状态下,变频器可进行 PU 操作、外部操作和网络操作的切换。

"7"——外部运行模式(PU 操作互锁)。当 X12 信号为 ON,可切换到 PU 运行模式(正在外部运行时,输出停止);当 X12 信号为 OFF,禁止切换到 PU 运行模式,运行模式被强制转换到外部运行模式。此功能用于防止在外部指令运行时,由于忘记从 PU 运行模式切换过来而使变频器不运转的现象。

X12 信号(PU 运行互锁信号)输入时所使用的端子可在 Pr. 178 ~ Pr. 189(输入端子功能选择)设定"12"进行功能分配。无法分配 X12 信号时,MRS 信号的功能从 MRS(输出停止)切换到 PU 运行互锁信号。

其他——通过外部端子切换运行模式(X16 信号)。

外部运行和操作面板组合运行时,如果使用 PU—外部运行切换信号(X16),能够在停止(电机停止中,启动指令 OFF 时)中切换 PU 运行模式和外部运行模式。Pr. 79 = "0,6,7"时,能够进行 PU 运行模式—外部运行模式的切换。

X16 信号输入时所使用的端子在 Pr. 178 ~ Pr. 189(输入端子功能选择)设定"16"进行功能分配。

(3) 适用电机选择(Pr. 71)。不同负载的电动机,其热特性也不相同,变频器为适应不同电机的热特性,都应对变频器设置相应的参数。表 4-5 是三菱 FR – A700 系列变频器的适用电机参数(Pr. 71)的设置表。

表 4-5　FR – A700 的适用电机参数(Pr. 71)设置表

Pr. 71 (Pr. 450) 的设定值		电子过电流的热特性	电机(O 使用的电机)		
Pr. 71	Pr. 450		标准 (SF – JR 等)	恒转矩 (SF – JRCA 等)	矢量 (SF – V5RU)
0 (Pr. 71 的初始值)		适合通用电机的热特性	O		

· 65 ·

续表

Pr.71（Pr.450）的设定值		电子过电流的热特性		电机（O 使用的电机）		
Pr.71	Pr.450			标准（SF-JR 等）	恒转矩（SF-JRCA 等）	矢量（SF-V5RU）
1		适合三菱恒转矩电机的热特性			O	
2		适合通用电机的热特性 V/f 5 点可调整特性		O		
20		三菱标准电机（SF-JR4P 1.5kW 时以下）恒转矩电机的热特性		O		
30		矢量控制专用电机（SF-V5RLJ，SF-THY）				O
40		三菱高效率电机 SF-HR 的热特性		O[*1]		
50		三菱恒转矩电机 SF-HRCA 的热特性			O[*2]	
3		标准电机	选择"离线自动调整设定"	O		
13		恒转矩电机			O	
23		三菱标准电机（SF-JR4P 1.5kW 时以下）		O		
33		矢量控制专用电机（SF-V5RLJ，SF-THY）				O
43		三菱高效率电机（SF-HR）		O[*1]		
53		三菱恒转矩电机（SF-HRCA）			O[*2]	
4		标准电机	可以进行自动调谐数据读取，变更设定	O		
14		恒转矩电机			O	
24		三菱标准电机（SF-JR4P 1.5kW 时以下）		O		
34		矢量控制专用电机（SF-V5RLJ，SF-THY）				O
44		三菱高效率电机（SF-HR）		O[*1]		
54		三菱恒转矩电机（SF-HRCA）			O[*2]	
5		标准电机	星形接线	可以进行电机常数的直接输入	O	
15		恒转矩电机			O	
6		标准电机	三角形接线		O	
16		恒转矩电机			O	
7		标准电机	星形接线	电机常数的直接输入+离线自动调整	O	
17		恒转矩电机			O	
8		标准电机	三角形接线		O	
18		恒转矩电机			O	
	9999（初始值）	适用电机无				

注：Pr.450 为第二电机参数。

*1 为三菱高效率电机 SF-HR 的电机常数。

*2 为三菱恒转矩电机 SF-HRCA 的电机常数。

（4）输入端子功能选择（Pr. 178～Pr. 189）。这组参数设置能够实现变更输入端子的功能。输入端子功能选择见表4-6。

表4-6 输入端子功能选择

参 数 号	名 称	初 始 值	初 始 信 号	设 定 范 围
178	STF端子功能选择	60	STF（正转指令）	0～20，22～28，37，42～44，60，62，64～71，9999
179	STR端子功能选择	61	STR（反转指令）	0～20，22～28，37，42～44，61，62，64～71，9999
180	RL端子功能选择	0	RL（低速运行指令）	0～20，22～28，37，42～44，62，64～71，9999
181	RM端子功能选择	1	RM（中速运行指令）	
182	RH端子功能选择	2	RH（高速运行指令）	
183	RT端子功能选择	3	RT（第2功能选择）	
184	AU端子功能选择	4	AU（端子4输入选择）	0～20，22～28，37，42～44，62～71，9999
185	JOG端子功能选择	5	JOG（点动运行选择）	0～20，22～28，37，42～44，62，64～71，9999
186	CS端子功能选择	6	CS（瞬间停止再启动选择）	
187	MRS端子功能选择	24	MRS（输出停止）	
188	STOP端子功能选择	25	STOP（启动信号自保持选择）	
189	RES端子功能选择	62	RES（变频器复位）	

输入端子的功能分配是通过Pr. 178～Pr. 189设定各输入端子的功能。

设定各参数设定值功能参照表4-7。

表4-7 输入端子参数设定值功能

设定值	信号名	功 能		相 关 参 数
0	RL	Pr. 59 = 0（初始值）	低速运行指令	Pr. 4～Pr. 6，Pr. 24～Pr. 27，Pr. 232～Pr. 239
		Pr. 59 = 1，2[*1]	遥控设定（设定清零）	Pr. 59
		Pr. 270 = 1，3[*2]	挡块定位选择0	Pr. 270，Pr. 275，Pr. 276
1	RM	Pr. 59 = 0（初始值）	中速运行指令	Pr. 4～Pr. 6，Pr. 24～Pr. 27，Pr. 232～Pr. 239
		Pr. 59 = 1，2[*1]	遥控设定（减速）	Pr. 59
2	RH	Pr. 59 = 0（初始值）	高速运行指令	Pr. 4～Pr. 6，Pr. 24～Pr. 27，Pr. 232～Pr. 239
		Pr. 59 = 1，2[*1]	遥控设定（加速）	Pr. 59
3	RT	第2功能选择	Pr. 44～Pr. 51，Pr. 450～Pr. 463，Pr. 569，Pr. 832，Pr. 836等	
		Pr. 270 = 1，3[*2]	挡块定位选择1	Pr. 270，Pr. 275，Pr. 276
4	AU	端子4输入选择		Pr. 267
5	JOG	点动运行选择		Pr. 15，Pr. 16
6	CS	瞬间停止再启动选择，高速起步		Pr. 57，Pr. 58，Pr. 162～Pr. 165，Pr. 611

续表

设定值	信号名	功能	相关参数
7	OH	外部热继电器输入 *3	Pr. 9
8	REX	15 速选择（同 RL, RM, RH 的 3 速组合）	Pr. 4 ~ Pr. 6, Pr. 24 ~ Pr. 27, Pr. 232 ~ Pr. 239
9	X9	第 3 功能选择	Pr. 110 ~ Pr. 116
10	X10	变频器运行许可信号（连接 FR – HC, MT – HC、FR – CV）	Pr. 30, Pr. 70
11	X11	连接 FR – HC, MT – HC 瞬时停电检测	Pr. 30, Pr. 70
12	X12	PU 运行外部互锁	Pr. 79
13	X13	外部直流制动开始	Pr. 10 ~ Pr. 12
14	X14	PID 控制有效端子	Pr. 127 ~ Pr. 134, Pr. 575 ~ Pr. 577
15	BRI	制动开放完成信号	Pr. 278 ~ Pr. 285
16	X16	PU – 外部运行切换	Pr. 79, Pr. 340
17	X17	适用负载选择正转反转提升	Pr. 14
18	X18	V/f 切换（X18 = ON 时 V/f 控制）	Pr. 80, Pr. 81, Pr. 800
19	X19	负载转矩高速频率	Pr. 270 ~ Pr. 274
20	X20	S 字加减速 C 切换	Pr. 380 ~ Pr. 383
22	X22	定向指令 *4 *6	Pr. 350 ~ Pr. 369
23	LX	预备励磁/伺服 ON *5	Pr. 850
24	MRS	输出停止	Pr. 17
25	STOP	启动自保持选择	
26	MC	控制模式切换	Pr. 800
27	TL	转矩限制选择	Pr. 815
28	X28	启动时调谐开始外部输入	Pr. 95
37	X37	遍历旋转信号	Pr. 592 ~ Pr. 597
42	X42	转矩偏置选择 1 *6	Pr. 840 ~ Pr. 845
43	X43	转矩偏置选择 2 *6	Pr. 840 ~ Pr. 845
44	X44	P/PI 控制切换	Pr. 820, Pr. 821, Pr. 830, Pr. 831
60	STF	正转指令（仅 STF 端子（Pr. 178）可分配）	
61	STR	反转指令（仅 STF 端子（Pr. 179）可分配）	
62	RES	变频器复位	
63	PTO	PTO 热敏电阻输入（仅 AU 端子（Pr. 184）可分配）	Pr. 9
64	X64	PID 正反动作切换	Pr. 127 ~ Pr. 134
65	X65	PU – NET 运行切换	Pr. 79, Pr. 340
66	X66	外部 – NET 运行切换	Pr. 79, Pr. 340
67	X67	指令权切换	Pr. 338, Pr. 339
68	NP	简易位置脉冲列符号 *6	Pr. 291, Pr. 419 ~ Pr. 430, Pr. 464
69	CLR	简易位置累积脉冲清除 *6	Pr. 291, Pr. 419 ~ Pr. 430, Pr. 464
70	X70	直流供电运行许可	Pr. 30, Pr. 70
71	X71	解除直流供电	Pr. 30, Pr. 70
9999		无功能	

注：*1 Pr. 59 遥控功能选择 = "1 或 2"时，RL, RM, RH 信号的功能如表 4-7 所示进行变更。
*2 设定 Pr. 270 挡块定位、负载转矩高速频率控制选择 = "1 或 3"时，RL、RT 信号的功能变更如表 4-7 所示。
*3 OH 信号在继电器接点处于"开"时工作。
*4 定向控制过程中，由外部输入停止位置时，须采取 FR – A7AX（16bit 数据输入）方式。
*5 伺服 ON 只有在矢量控制的位置控制中有效。
*6 安装 FR – A7AP（选件）时有效。

（5）输出端子功能选择（Pr. 190 ~ Pr. 196）。这组参数能够变更集电极开路输出端子及继电器输出端子的功能。输出端子功能选择见表 4-8。

表4-8 输出端子功能选择

参数号	名称		初始值	初始信号	设定范围
190	RUN端子功能选择	集电极开路输出端子	0	RUN（变频器运行中）	0~8, 10~20, 25~28, 30~36, 39, 41~47, 64, 70, 84, 85, 90~99, 100~108, 110~116, 120, 125~128, 130~136, 139, 141~147, 164, 170, 184, 185, 190~199, 9999
191	SU端子功能选择		1	SU（频率到达）	
192	IPF端子功能选择		2	IPF（瞬时停电，欠电压）	
193	OL端子功能选择		3	OL（过负载报警）	
194	FU端子功能选择		4	FU（输出频率检测）	
195	ABC1端子功能选择	继电器输出端子	99	ALM（异常输出）	0~8, 10~20, 25~28, 30~36, 39, 41~47, 64, 70, 84, 85, 90~99, 100~108, 110~116, 120, 125~128, 130~136, 139, 141~147, 164, 170, 184, 185, 190~199, 9999
196	ABC2端子功能选择		9999	无功能	

设定输出端子的功能见表4-9（0~99：正逻辑，100~199：负逻辑）。

表4-9 输出端子参数设定值功能

设定值		信号名	功能	动作	相关参数
正逻辑	负逻辑				
0	100	RUN	变频器运行中	运行期间当变频器输出频率上升到或超过Pr.13启动频率时输出	
1	101	SU	频率到达*1	输出频率到达设定频率时输出	Pr.41
2	102	IPF	瞬时停电电压不足	当瞬时掉电、电压不足时输出	Pr.57
3	103	OL	过负载报警	失速防止功能动作期间输出	Pr.22, Pr.23, Pr.66, Pr.148, Pr.149, Pr.154
4	104	FU	输出频率检测	输出频率达到Pr.42（反转时Pr.43）设定的频率以上时输出	Pr.42, Pr.43
5	105	FU2	第二输出频率检测	输出频率达到Pr.50设定的频率以上时输出	Pr.50
6	106	FU3	第三输出频率检测	输出频率达到Pr.116设定的频率以上时输出	Pr.116
7	107	RBP	再生制动预报警	当再生制动率达到Pr.70定的85%时输出	Pr.70
8	108	THP	电子过电流预报警	电子过电流积分达到85%时进行输出，并且达到100%则电子过电流保护（E.THT/E.THM）动作	Pr.9
10	110	PU	PU运行模式	当选择PU运行模式时输出	Pr.79

· 69 ·

续表

设定值		信号名	功　能	动　作	相关参数
正逻辑	负逻辑				
11	111	RY	变频器运行准备完毕	当变频器能够由启动信号启动或当变频器运行时输出	
12	112	Y12	输出电流检测	输出电流比 Pr. 150 设定值高的状态并且持续到 Pr. 151 设定时间以上时输出	Pr. 150，Pr. 151
13	113	Y13	零电流检测	输出电流比 Pr. 152 设定值低的状态并且持续到 Pr. 153 设定时间以上时输出	Pr. 152，Pr. 153
14	114	FDN	PID 下限	达到 PID 控制的下限时输出	Pr. 127 ~ Pr. 134，Pr. 575 ~ Pr. 577
15	115	FUP	PID 上限	达到 PID 控制的上限时输出	
16	116	RL	RL	PID 控制时，正转时输出	
17	117	MC1	工频切换 MC1	使用工频运行切换功能时使用	Pr. 135 ~ Pr. 139，Pr. 159
18	118	MC2	工频切换 MC2		
19	119	MC3	工频切换 MC3		
20	120	BOF	制动开放要求	制动序列模式时进行输出	Pr. 278 ~ Pr. 285，Pr. 292
25	125	FAN	风扇故障输出	风扇故障时输出	Pr. 244
26	126	FIN	风扇过热预报警	冷却风扇的温度在风扇过热保护动作温度的 85% 时输出	
27	127	ORA	定向完成	定向有效时[*3]	Pr. 350 ~ Pr. 360，Pr. 369，Pr. 393，Pr. 396 ~ Pr. 399
28	128	ORM	定向错误		
30	130	Y30	正转输出	电机正转输出[*3]	
31	131	Y31	反转输出	电机反转输出[*3]	
32	132	Y32	再生状态输出	矢量控制时，进入再生状态时输出[*3]	
33	133	RY2	运行准备完成 2	在实时无传感器矢量控制时，预备励磁中、运行中进行输出	
34	134	LS	低速输出	输出频率为 Pr. 865 设定值以下时输出	Pr. 865
35	135	TU	转矩检测	电机转矩超过 Pr. 864 设定值时输出	Pr. 864
36	136	Y36	定位完成	残留脉冲数量比设定值少时，进行输出	Pr. 426
39	139	Y39	启动时调谐完成信号	启动时的调谐完成时输出	Pr. 95，Pr. 574
41	141	FB	速度检测	到达电机实际转速（实际转速推断值）时输出	Pr. 42，Pr. 50，Pr. 116
42	142	FB2	第 2 速度检测		
43	143	FB3	第 3 速度检测		

70

续表

设定值		信号名	功　能	动　作	相 关 参 数
正逻辑	负逻辑				
44	144	RUN2	变频器运行中 2	正转或反转信号 ON 时输出即使正转或者反转信号 OFF，也能在减速过程中输出（预备励磁 LX - ON 的状态下不输出）。定向指令（X22）信号启动时输出。位置控制中，伺服启动（LX - ON）时启动（伺服关闭（LX - OFF）时关闭。）	
45	145	RUN3	变频器运行中及启动指令 ON	变频器运行中和启动指令为 ON 时输出	
46	146	Y46	掉电减速中（保持到解除前）	停电时减速功能工作时输出	Pr. 261 ~ Pr. 266
47	147	PID	PID 控制动作中	PID 控制中输出	Pr. 127 ~ Pr. 134，Pr. 575 ~ Pr. 577
64	164	Y64	再试中	再试中输出	Pr. 65 ~ Pr. 69
70	170	SLEEP	PID 输出中断中	PID 输出中断功能工作时输出	Pr. 127 ~ Pr. 134，Pr. 575 ~ Pr. 577
84	184	RDY	位置控制准备完成	伺服启动（LX - ON），在可以运行的状态下输出信号	Pr. 419，Pr. 428 ~ Pr. 430
85	85	Y85	直流供电中	交流电流停电，电压不足时输出	Pr. 30，Pr. 70
90	190	Y90	寿命报警	控制回路电容器，主回路电容器，突入电流抑制回路的电容器中的任意一个和风扇的寿命相近则进行输出	Pr. 255 ~ Pr. 259
91	191	Y91	异常输出 3（电源断路信号）	由于变频器的电路故障及接线异常导致发生错误时输出	
92	192	Y92	省电平均值更新时机	使用省电监视时，每次更新省电平均值，都反复 ON 和 OFF	Pr. 52，Pr. 54，Pr. 158，Pr. 891 ~ Pr. 899
93	193	Y93	电流平均值监视器信号	输出电流平均值和维修计时器值。不能在 Pr. 195，Pr. 196（继电器输出端子）中设定	Pr. 555 ~ Pr. 55794
94	194	ALM2 [*3]	异常输出 2	变频器的保护功能工作，停止输出时（严重故障时）输出	变频器复位中，继续输出信号，解除复位后，停止信号的输出 [*2]
95	195	Y95	定时器时钟信号	Pr. 503 如果达到 Pr. 504 的设定值以上时输出	Pr. 503，Pr. 504

续表

设定值		信号名	功　能	动　作	相关参数
正逻辑	负逻辑				
96	196	REM	遥控输出	通过给参数设定值,进行端子输出	Pr. 495 ~ Pr. 497
97	197	ER	轻故障输出2	变频器的保护功能动作后停止输出时(重故障时)输出	Pr. 875
98	198	LF	轻故障输出	轻故障(风扇故障及通讯错误报警)时输出	Pr. 121,Pr. 244
99	199	ALM	异常输出	变频器的保护功能工作,停止输出后(严重故障时)输出。复位处于ON时停止信号的输出	
99999			无功能		

注：*1 通过模拟信号或者操作面板（FR – DU07）的 ⊙ 键变化频率设定时,根据其变化速度和加减速时间设定变化速度的时机,反复将 SU（频率到达）信号的输出置于 ON、OFF（加减速时间的设定值设定为 [0s] 时,没有此反复过程）。

*2 电源复位时,电源 OFF 的同时,异常输出2信号（ALM2）也变为 OFF。

*3 安装 FR – A7AP（选件）时有效。

4.1.3　变频器参数设定及现场常见问题

1. 操作面板及键盘控制

(1) 面板配置（FR – DU07）及键盘简介。面板配置如图 4.22 所示。

① 显示。FR – A700 系列变频器 LED 显示屏可以显示给定频率、运行电流和电压等参数。显示屏旁有单位指示及状态指示。

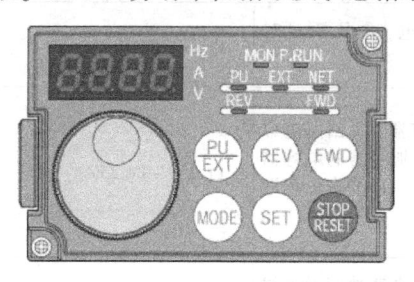

图 4.22　FR – DU07 操作面板图

a. 单位显示。

Hz——显示频率时灯亮。

A——显示运行电流时灯亮。

V——显示运行电压时灯亮。

b. 显示转动方向。

FWD——正转时灯亮。

REV——反转时灯亮。

注意：亮灯表示正在正转或反转。

闪烁表示有正转或反转指令,但无频率指令的情况。

c. 运行模式显示。

PU——PU 运行模式显示时灯亮。

EXT——外部运行模式显示时灯亮。

NET——网络运行模式显示时灯亮。

注意：组合模式 1、2 时 PU、EXT 同时灯亮。

d. 监视器显示。

MON——监视模式状态显示时灯亮。

② 键盘。键盘各键的功能如下：

(MODE)键——用于选择运行模式或设定模式。

(SET)键——用于进行频率和参数的设定。在运行过程中按下,监视器将循环显示运行频率、输出电流、输出电压。

○ M 旋钮——在设定模式中旋转 M 旋钮,则可连续设定参数。用于连续增加或降低运行频率。

(FWD)键——用于给出正转指令。

(REV)键——用于给出反转指令。

(STOP/RESET)键——用于停止运行变频器及当变频器保护功能动作使输出停止时复位变频器。

(PU/EXT)键——用于运行模式切换(PU 运行模式与外部运行模式间的切换)。

(2) 键盘控制过程

① 接通电源。合上电源后,LED 显示屏将显示"0.00"。

② 开始运行控制。

a. 按(MODE)键,切换到频率设定模式。

b. 旋转○ M 旋钮,使给定频率调至所需数值。

c. 按(SET)键,写入给定频率。

d. 按(FWD)键或(REV)键,变频器的输出频率即按预置的升速时间开始上升到给定频率,电动机的运行方向由所按键决定。

③ 查看运行参数。在运行状态下,可以通过按(SET)键更改 LED 显示屏的显示内容,以便查看在运行过程中变频器的输出电流或电压。

④ 停止变频器。按(STOP/RESET)键,输出频率按预置的降速时间下降至 0。

2. 功能结构及预置流程

(1) 功能结构。FR – A700 系列变频器将各种功能分成许多功能组。这些功能组的名称即功能码范围,如表 4-10 所示。

表 4-10　三菱 FR – A700 系列变频器的功能结构

使 用 目 的		参 数 编 号
关于控制模式	想要变更控制方法	Pr. 80,Pr. 81,Pr. 451,Pr. 800
基于实时无传感器矢量控制,矢量控制的速度控制	速度控制时的转矩限制水平的设定	Pr. 22,Pr. 803,Pr. 810 ~ Pr. 817,Pr. 858,Pr. 868,Pr. 874
	想要实施高精度、高响应的控制	Pr. 818 ~ Pr. 821,Pr. 830,Pr. 831,Pr. 880
	速度前馈控制,模型适应速度控制	Pr. 828,Pr. 877 ~ Pr. 881
	转矩偏置	Pr. 840 ~ Pr. 848
	防止电机失速	Pr. 285,Pr. 853,Pr. 873
	陷波滤波器	Pr. 862,Pr. 863

续表

使用目的		参数编号
基于实时无传感器矢量控制、矢量控制的转矩控制	关于转矩指令	Pr. 803 ~ Pr. 806
	关于速度限制	Pr. 807 ~ Pr. 809
	转矩控制的增益调整	Pr. 824, Pr. 825, Pr. 834, Pr. 835
基于矢量控制的位置控制	基于接点输入的简易位置传送功能	Pr. 419, Pr. 464 ~ Pr. 494
	基于本体脉冲列输入的位置控制	Pr. 419, Pr. 428 ~ Pr. 430
	电子齿轮的设定	Pr. 420, Pr. 421, Pr. 424
	定位调整参数的设定	Pr. 426, Pr. 427
	位置控制的增益调整	Pr. 422, Pr. 423, Pr. 425
调整电机的输出转矩（电流）	手动转矩提升	Pr. 0, Pr. 46, Pr. 112
	先进磁通矢量控制	Pr. 80, Pr. 81, Pr. 89, Pr. 453, Pr. 454, Pr. 569
	转差率补偿	Pr. 245 ~ Pr. 247
	失速防止动作	Pr. 22, Pr. 23, Pr. 48, Pr. 49, Pr. 66, Pr. 114, Pr. 115, Pr. 148, Pr. 149, Pr. 154, Pr. 156, Pr. 157, Pr. 858, Pr. 868
限制输出频率	上下限频率	Pr. 1, Pr. 2, Pr. 18
	避免机械共振点（频率跳变）	Pr. 31 ~ Pr. 36
	速度限制	Pr. 807 ~ Pr. 809
设定 V/f 曲线	基准频率，电压	Pr. 3, Pr. 19, Pr. 47, Pr. 113
	适合用途的 V/f 曲线	Pr. 14
	V/f 5 点可调整	Pr. 71, Pr. 100 ~ Pr. 109
基于端子（接点输入）的频率设定	多段速度设定运行	Pr. 4 ~ Pr. 6, Pr. 24 ~ Pr. 27, Pr. 232 ~ Pr. 239
	点动运行	Pr. 15, Pr. 16
	多段速度，多段速输入补偿	Pr. 28
	遥控设定功能（电动电位器功能）	Pr. 59
调整加减速时间和加减速曲线	加减速时间的设定	Pr. 7, Pr. 8, Pr. 20, Pr. 21, Pr. 44, Pr. 45, Pr. 110, Pr. 111
	启动频率	Pr. 13, Pr. 571
	加减速曲线与齿隙补偿	Pr. 29, Pr. 140 ~ Pr. 143, Pr. 380 ~ Pr. 383, Pr. 516 ~ Pr. 519
	对于最短，最佳的加减速时间进行自动设定（自动加减速）	Pr. 61 ~ Pr. 64, Pr. 292, Pr. 293
	减速时的再生制动防止功能	Pr. 882 ~ Pr. 886
电机的选择及保护	电机的过热保护（电子过电流保护）	Pr. 9, Pr. 51
	使用恒转矩电机（适用电机）	Pr. 71, Pr. 450
	离线自动调谐	Pr. 82 ~ Pr. 84, Pr. 90 ~ Pr. 94, Pr. 96, Pr. 455 ~ Pr. 463, Pr. 684, Pr. 859, Pr. 860
	在线自动调谐	Pr. 95, Pr. 574
	简单增益调谐	Pr. 818, Pr. 819

续表

使 用 目 的		参 数 编 号
电机的制动与停止动作	直流制动	Pr. 10 ~ Pr. 12, Pr. 850
	再生制动选择直流供电	Pr. 30, Pr. 70
	电机停止方法和启动信号的选择	Pr. 250
	停电时让电机减速后停止	Pr. 261 ~ Pr. 266, Pr. 294
	挡块定位控制	Pr. 6, Pr. 270, Pr. 275, Pr. 276
	制动开启功能	Pr. 278 ~ Pr. 285, Pr. 292
外部端子的功能分配与控制	输入端子的功能分配	Pr. 178 ~ Pr. 189
	启动信号的选择	Pr. 250
	输出停止信号（MRS）的逻辑选择	Pr. 17
	第2(3)功能（RT（X9））的动作条件的选择	Pr. 155
	输出端子的功能分配	Pr. 190 ~ Pr. 196
	输出频率的检测 （SU，FU，FU2，FU3，FB，FB2，FB3，LS信号）	Pr. 41 ~ Pr. 43, Pr. 50, Pr. 116, Pr. 865
	输出电流的检测（Y12信号） 零电流的检测（Y13信号）	Pr. 150 ~ Pr. 153, Pr. 166, Pr. 167
	远程输出功能（REM信号）	Pr. 495 ~ Pr. 497
面板显示及模拟量输出信号	转速显示与转速设定	Pr. 37, Pr. 144
	DU/PU监视内容的变更 清除累计监视值	Pr. 52, Pr. 170, Pr. 171, Pr. 563, Pr. 564, Pr. 891
	端子CA，AM输出的监视器变更	Pr. 54 ~ Pr. 56, Pr. 158, Pr. 866, Pr. 867
	端子CA，AM的调整（校正）	C0（Pr. 900），C1（Pr. 901）
	节能监视器	Pr. 891 ~ Pr. 899
输出频率、电流、转矩的检测	输出频率的检测 （SU，FU，FU2，FU3，FB，FB2，FB3，LS信号）	Pr. 41 ~ Pr. 43, Pr. 50, Pr. 116, Pr. 865
	输出电流的检测（Y12信号） 零电流的检测（Y13信号）	Pr. 150 ~ Pr. 153, Pr. 166, Pr. 167
	转矩检测（TU信号）	Pr. 864
停电，瞬时停电的动作选择	瞬停再启动动作/非强制驱动功能（高速起步）	Pr. 57, Pr. 58, Pr. 162 ~ Pr. 165, Pr. 299, Pr. 611
	停电时减速后停止	Pr. 261 ~ Pr. 266, Pr. 294
发生异常时的动作设定	报警发生时的再试功能	Pr. 65, Pr. 67 ~ Pr. 69
	报警代码的输入功能	Pr. 76
	输入输出缺相保护选择	Pr. 251, Pr. 872
	故障定义	Pr. 875
	再生制动防止功能	Pr. 882 ~ Pr. 886
节能运行	节能控制选择	Pr. 60
	能节省多少能量（节能监视器）	Pr. 891 ~ Pr. 899

· 75 ·

续表

使用目的		参数编号
降低电机的噪音，防干扰，防漏电的对策	载波频率和 Soft–PWM 选择	Pr. 72, Pr. 240
	模拟量输入时的抗干扰	Pr. 74, Pr. 822, Pr. 826, Pr. 832, Pr. 836, Pr. 849
通过模拟量输入的频率设定	模拟量输入选择	Pr. 73, Pr. 267
	比例补偿功能（Over ride）	Pr. 73, Pr. 252, Pr. 253
	模拟量输入时的抗干扰	Pr. 74, Pr. 822, Pr. 826, Pr. 832, Pr. 836, Pr. 849
	变更模拟量输入的对应频率电压，电流输入，调整频率（校正）	Pr. 125, Pr. 126, Pr. 241, C2～C7（Pr. 902～Pr. 905）
	模拟量输入补偿	Pr. 242, Pr. 243
防止误操作，参数设定的限制	重启选择，PU 脱落检测	Pr. 75
	防止参数值被意外改写	Pr. 77
	电机的反转限制	Pr. 78
	只显示必要的参数（用户参数组）	Pr. 160, Pr. 172～Pr. 174
	通过通讯写入参数的控制	Pr. 342
运行模式与操作源的选择	运行模式的选择	Pr. 79
	电源置为 ON 时的运行模式	Pr. 79, Pr. 340
	通讯操作时的操作指令权与速度指令权	Pr. 338, Pr. 339
	网络模式操作权的选择	Pr. 550
	PU 模式操作权的选择	Pr. 551
通讯运转的设定	RS–485 通讯初始设定	Pr. 117～Pr. 124, Pr. 331～Pr. 337, Pr. 341
	通过通讯写入参数的控制	Pr. 342
	ModbusRTU 通讯规范	Pr. 343
	通讯操作时的操作指令权与速度指令权	Pr. 338, Pr. 339
	使用安装软件（USB 通讯）	Pr. 547, Pr. 548
	网络模式操作权的选择	Pr. 550
	ModbusRTU 通讯协议（通讯协议选择）	Pr. 549
特殊的运行与频率控制	PID 控制	Pr. 127～Pr. 134, Pr. 575～Pr. 577
	变频器操作与商用运行切换	Pr. 135～Pr. 139, Pr. 159
	轻负载时以高速运行（负载转矩高速频率控制）	Pr. 4, Pr. 5, Pr. 270～Pr. 274
	偏差控制	Pr. 286～Pr. 288
	基于脉冲列输入的频率控制	Pr. 291, Pr. 384～Pr. 386
	三角波功能	Pr. 592～Pr. 597
便利的功能	自由参数	Pr. 888, Pr. 889
	延长冷却风扇的寿命	Pr. 244
	想知道零件的寿命	Pr. 255～Pr. 259, Pr. 503, Pr. 504
	能节省多少能量（节能监视器）	Pr. 60, Pr. 891～Pr. 899
参数单元，操作面板的设定	参数单元的语言选择	Pr. 145
	操作面板的动作选择	Pr. 161
	控制操作面板的蜂鸣器音	Pr. 990

（2）功能预置流程。功能预置的基本操作流程如图4.23所示。

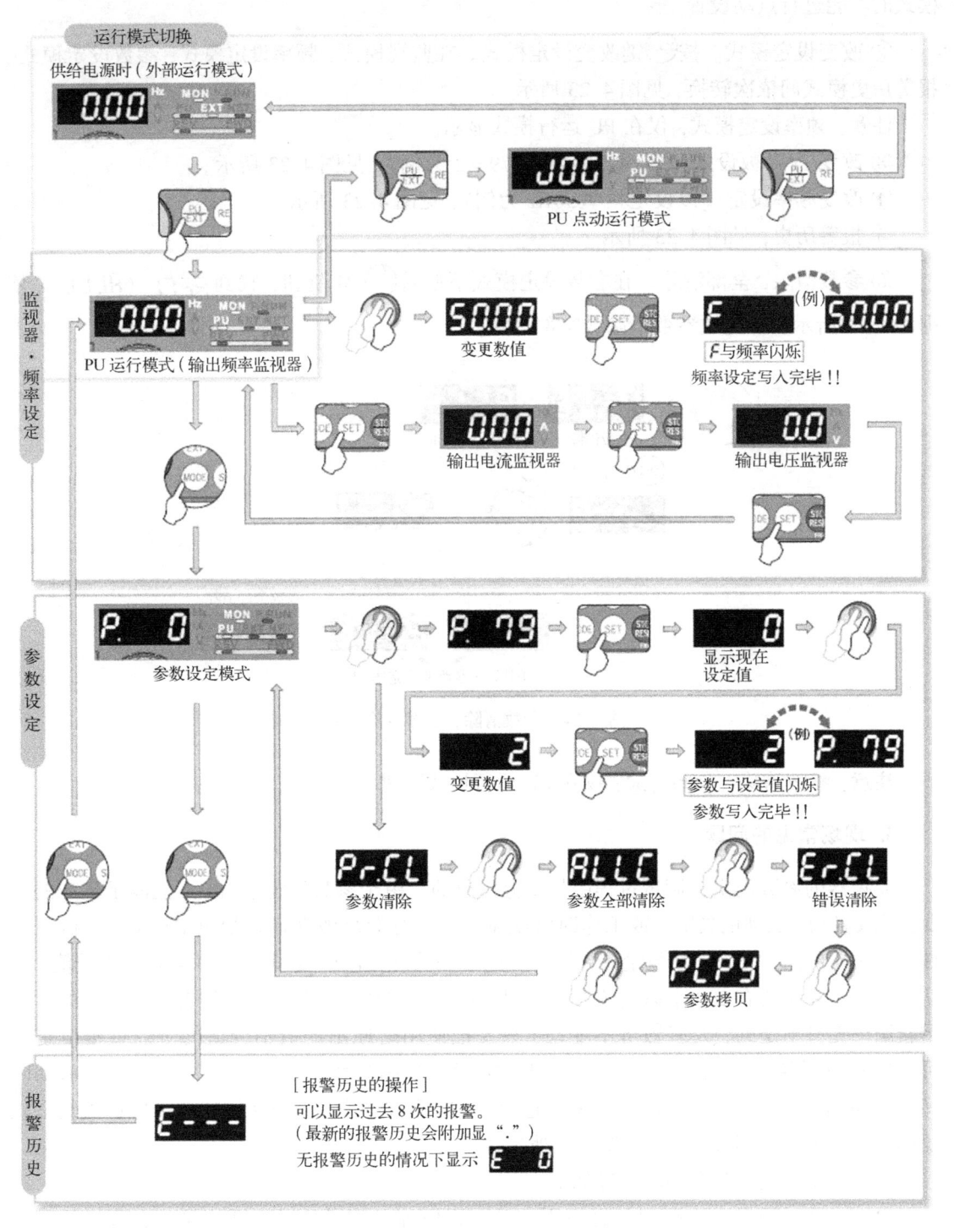

图4.23 基本操作流程

① 运行模式切换。如图4.23上部所示为将外部运行模式切换到PU运行模式，并进行

PU 点动运行模式设置。显示屏显示为 JOG 表示 PU 点动运行模式。当运行模式为外部运行模式时不能进行点动设置。

② 改变设定模式。按 MODE 键改变设定模式。在监视模式、频率设定模式、参数设定模式、报警历史模式间依次转换，见图 4.23 所示。

注意：频率设定模式，仅在 PU 运行模式显示。

③ 改变 Pr 参数设定（以调节参数 Pr.79 = 2 为例），见图 4.23 所示。

④ 改变频率设定（以设定频率 50Hz 为例），见图 4.23 所示。

⑤ 报警历史，见图 4.23 所示。

⑥ 参数清除，全部清除。在参数设定模式下旋转 M 旋钮，找到 $Pr.CL$（$ALLC$），依据图 4.24 所示步骤完成参数清除或全部清除。

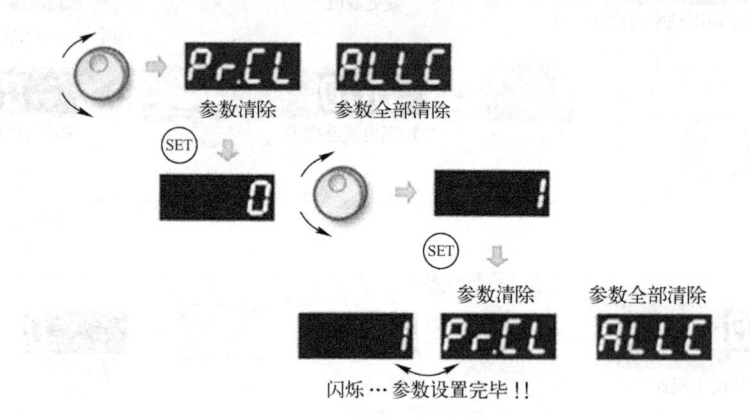

图 4.24 参数清除，全部清除步骤

注意：参数清除，全部清除，仅在 PU 运行模式下进行。

3. 现场常见的问题

变频器的参数设定在调试过程中是十分重要的。由于参数设定不当，不能满足生产的需要，导致启动、制动的失败，或工作时常跳闸，严重时会烧毁功率模块 IGBT 或整流桥等器件。变频器的品种不同，参数量亦不同。一般单一功能控制的变频器约 50~60 个参数值，多功能控制的变频器有 200 个以上的参数。但不论参数多或少，在调试中是否要把全部的参数重新调正呢？不是的，大多数可不变动，只要把使用时原出厂值不合适的予以重新设定就可，例如，外部端子操作、模拟量操作、基底频率、最高频率、上限频率、下限频率、启动时间、制动时间（及方式）、热电子保护、过流保护、载波频率、失速保护和过压保护等是必须要调正的。当运转不合适时，再调整其他参数。

现场调试常见的几个问题处理如下。

（1）启动时间设定。原则是宜短不宜长。过电流整定值过小，适当增大，可加至最大 150%。经验值 1.5~2s/kW，小功率取大些；大于 30kW，取 >2s/kW。按下 FWD 键或 REV 键，电动机堵转。说明负载转矩过大，启动转矩太小（设法提高）。这时要立即按 STOP/RESET 键停车，否则时间一长，电动机会被烧毁。因为电动机不转就是工作在堵转状态，反电势 $E=0$，这时，交流阻抗值 $Z=0$，只有很小的直流电阻，那么，电流会增大到足以引起极大的危险，此时就会跳闸动作。

（2）制动时间设定。原则是宜长不宜短，易产生过压跳闸。对水泵风机以自由制动为宜，实行快速强力制动易产生严重"水锤"效应。

（3）启动频率设定。启动频率设定值大，对加速启动有利，尤以轻载时更适用。但对重载负载宜造成启动电流过大，特别在低频段更易产生较大的过电流，一般启动频率设定从 0 开始比较合适。

（4）启动转矩设定。启动转矩设定值小对加速启动有利，对轻载时更适用。对重载负载启动转矩值大，造成启动电流加大，在低频段更易出现过电流。因此，对于启动转矩大的变频调速系统来说，应首先考虑设置合适的启动频率参数，然后再根据负载实际情况设置合理的启动转矩。

（5）基底频率设定。基底频率标准是 50Hz 时 380V，即 $V/f=380/50=7.6$。但因重载负载（如挤出机、洗衣机、甩干机、混炼机、搅拌机、脱水机等）往往启动不了，而调其他参数往往无济于事，那么调基底频率是个有效的方法。即将 50Hz 设定值下降，可减小到 30Hz 或以下。这时，$V/f>7.6$，即在同频率下尤其低频段时输出电压增高（即转矩 $\propto U_2$）。故一般重载负载都能较好地启动。

（6）制动时过电压处理。制动时过电压是由于制动时间短，制动电阻值过小所引起的，通过适当增长时间，增加电阻值就可避免。

（7）制动方法的选择。

① 能耗制动。这种制动方法能量消耗在电阻上，以发热形式损耗。在较低频率时，制动力矩过小，会产生爬行现象。

② 直流制动。适用于精确停车或停位，无爬行现象，可与能耗制动联合使用，一般频率 ≤20Hz 时用直流制动，频率 >20Hz 时用能耗制动。

③ 回馈制动。适用 ≥100kW，调速比 $D≥10$，高低速交替或正反转交替，周期时间亦短。这种情况下，适用回馈制动，回馈能量可达 20% 的电动机功率。

（8）空载（或轻载）的过电流跳闸。在空载（或轻载）时，电流是不大的，不应产生过电流跳闸。如发生过电流跳闸，其原因往往是补偿电压过高，启动转矩过大，使励磁饱和严重，导致励磁电流畸变严重，引起尖峰电流过大而跳闸，此时应适当减小或恢复出厂值或置于 0 位。

对于启动时，在 $f≤20Hz$ 时过电流跳闸，原因往往是由于过补偿，启动转矩大，启动时间短，保护值过小（包括过流值及失速过流值），减小基频频率就可。

（9）启动困难，启动不了。对于一般的设备，转动惯量过大，阻转矩过大，又重载启动，会发生启动困难，甚至启动不了的现象，如大型风机、水泵等常发生类似情况。解决方法为：减小基底频率；适当提高启动频率；适当提高启动转矩；减小载波频率值 2.5~4kHz，增大有效转矩值；减小启动时间；提高保护值；使电机由带负载启动转化为空载或轻载启动，如对风机可关小进口阀门。

（10）使用变频器后电动机温升提高，振动加大，噪声增高。一般情况下，载波频率设定值通常是 2.5kHz，目的是从使用安全着眼，但会出现电动机温升提高，振动加大，噪声增高等现象，这时可适当增高载波频率值。

（11）送电后按启动键 RUN 没反应。

① 面板频率没设置。

② 电动机不动，出现这种情况要立即按"停止 STOP"并检查下列各条：再次确认线路的正确性；再次确认所设定的参数值（尤其对与启动有关的部分）；运行方式设定是否正确；测量 R、S、T 三相输入电压值；测量直流 PN 电压值；测量开关电源各组电压值；检查驱动电路插件接触情况；检查面板电路插件接触情况。全面检查后方可再次通电。

4.2 应用实例

4.2.1 输出频率跳变

1. 机械谐振及其消除

任何机械都有一个固有的振荡频率，它取决于机械结构。其运动部件的固有振荡频率常常和运动部件与基座之间以及各运动部件之间的紧固情况有关。而机械在运行过程中的实际振荡频率则与运动的速度有关。在对机械进行无级调速的过程中，机械的实际振荡频率也不断地变化。当机械的实际振荡频率和它的固有频率相等时，机械将发生谐振。这时，机械的振动将十分剧烈，可能导致机械损坏。

消除机械谐振的途径如下：

（1）改变机械的固有振荡频率。

（2）避开可能导致谐振的速度。

在变频器调速的情况下，设置回避频率 f，使拖动系统"回避"可能引起谐振的转速。

2. 预置回避频率的具体方法

预置回避频率的方法是通过设置回避频率区域实现的，即设置回避频率区的上下限频率。

回避区的下限频率 f_L，是在频率上升过程中开始进入回避区的频率；回避区的上限频率 f_H 是在频率上升过程中退出回避区的频率。当不使用频率跳变功能时，设定参数 Pr. 31 ~ Pr. 36 = 9999。参数 Pr. 31 ~ Pr. 36 = 0 ~ 400Hz 最多可设置三个区域，如图 4.25 所示。

例如，在 PU 操作模式（Pr. 79 = 1）下，设定 Pr. 34 为 35Hz，Pr. 33 为 30Hz，则电动机在 Pr. 33 和 Pr. 34（30Hz 和 35Hz）之间固定在 30Hz 运行。频率跳变示意图如图 4.25 所示。操作步骤如下所示。

Pr.34:35Hz
Pr.33:30Hz

Pr.33:35Hz
Pr.34:30Hz

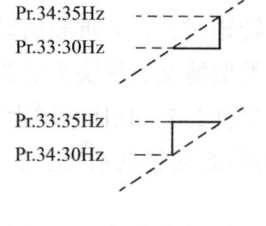

图 4.25 频率跳变示例

（1）先设 Pr. 79 = 1，然后设 Pr. 33 = 30，Pr. 34 = 35。

（2）按 MODE 键，至频率设定模式，再按 ○ 键。

（3）按 SET 键，设定频率 f 为 33Hz。

（4）按 FWD 或 REV，使电动机运行，按 MODE 键至监视模式。此时，面板显示运行频率为30Hz。

（5）重复（2）~（4）在36Hz至28Hz之间改变运行频率，观察频率的变化规律（运行频率显示到35Hz时跳变到30Hz，无小于35Hz、大于30Hz的频率显示）。

仿上例步骤（1）~（5），设定Pr.33为35Hz，Pr.34为30Hz，使电动机在Pr.34和Pr.33（30Hz和35Hz）之间时固定在35Hz运行。

当用外部操作模式进行操作时，将Pr.79设为2，设定Pr.34为35Hz，Pr.33为30Hz（或设定Pr.33为35Hz，Pr.34为30Hz），按照图4.5所示接好线。调节电位器，同样在面板上有上述频率跳变的结果。

4.2.2 多段速度运行

1. 七段速度运行

如果不使用REX信号，则可通过RH、RM、RL的开关信号，最多可以选择七段速度，按图4.26接线。

例如，设置下列各段速度参数：Pr.4=45Hz一段，Pr.5=40Hz二段，Pr.6=35Hz三段，Pr.24=30Hz四段，Pr.25=25Hz五段，Pr.26=20Hz六段，Pr.27=15Hz七段，Pr.7=加速时间，Pr.8=减速时间，Pr.9=过流保护（电动机额定电流），Pr.79=3。合SA1，SA2，则电动机按速度1（45Hz）运转，合SA1，SA2，SA3，则电动机按速度6（20Hz）正转运行等。通过操作面板可以看到频率的变化，运转速度挡对应接点接通（各输入端状态）关系如表4-11所示。

表4-11 运转速度段对于接点及参数表

速度段	频率（Hz）	接点（ON）	参数号
速度1	45	RH	Pr.4
速度2	40	RM	Pr.5
速度3	35	RL	Pr.6
速度4	30	RM、RL	Pr.24
速度5	25	RH、RL	Pr.25
速度6	20	RH、RM	Pr.26
速度7	15	RH、RM、RL	Pr.27

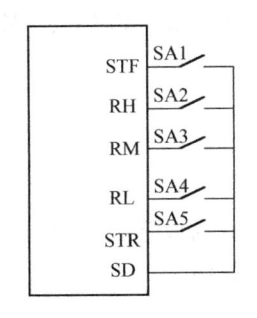

图4.26 七段速度运行接线

2. 十五段速度运行

如果需设置的速度超过七段，则需使用REX信号。按图4.27所示接线。

十五段速度运行还要涉及其他参数。通常增加Pr.180~Pr.186和Pr.232~Pr.239（8~15档转速频率设定）的参数设定。例如，设Pr.184=8，将AU端作为REX端子使用，并分别设置Pr.4~Pr.6、Pr.24~Pr.27、Pr.232~Pr.239的参数，分别为5、8、10、15、18、20、25、28、30、35、38、40、45、48、50Hz，则电动机即可按相应的速度运行。运转速度对应接点及参数如表4-12所示。

表4–12 运转速度段对于接点及参数表

速度段	频率（Hz）	接点（ON）	参数号
速度1	5	RH	Pr. 4
速度2	8	RM	Pr. 5
速度3	10	RL	Pr. 6
速度4	15	RM、RL	Pr. 24
速度5	18	RH、RL	Pr. 25
速度6	20	RH、RM	Pr. 26
速度7	25	RH、RM、RL	Pr. 27
速度8	28	REX	Pr. 232
速度9	30	REX、RH	Pr. 233
速度10	35	REX、RM	Pr. 234
速度11	38	REX、RL	Pr. 235
速度12	40	REX、RM、RL	Pr. 236
速度13	45	REX、RH、RL	Pr. 237
速度14	48	REX、RH、RM	Pr. 238
速度15	50	REX、RH、RM、RL	Pr. 239

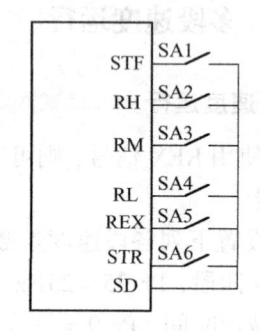

图4.27 十五段速度运行接线图

3. 两段速度运行

有时候经常用到两段速度的情况，如电梯运行和检修时要用到两段速度，洗衣机的脱水和洗衣旋转也要用两段速度。两段速度可以用基准频率（Pr. 1 = 50）和RH、RM或RL任意接点组成两段速度。

在多段速度运行方式下，应注意以下几点：

（1）多段速度比主速度（端子2—5，4—5）优先。

（2）多段速度在PU和外部运行模式下都可设定。

（3）3速度设定的场合，2速以上同时被选择时，低速信号的设定频率优先。

（4）Pr. 24 ~ Pr. 27和Pr. 232 ~ Pr. 239之间的设定没有优先级。

（5）运行期间参数值可以被改变。

（6）当用Pr. 180 ~ Pr. 186改变端子分配时，其他功能肯定会受影响。设定前要检查相应的端子功能。

4.2.3 工频电源切换

在变频器中内置"工频运行/变频器运行切换"的控制功能。因此，仅输入启动、停止、自动切换选择信号，就能简单地进行电磁接触器的切换。

1. 参数

工频电源切换参数见表4–13。

表 4-13 工频电源切换参数

参数号	名称	初始值	设定范围		内容
Pr. 57	再启动自由运行时间	9999	0		1.5k 以下 …… 0.5s 2.2k~7.5k …… 1s 11k~55k …… 3.0s 75k 以上 …… 5.0s
			55k 以下	0.1~5s	从瞬间停电到恢复正常供电后,设定通过变频器进行再启动的等待时间
			75k 以上	0.1~30s	
			9999		无再启动
Pr. 58	再启动起步时间	1s	0~60s		设定再启动时的电压起步时间
Pr. 135	工频切换顺序输出端子选择	0	0		无工频切换顺序
			1		有工频切换顺序
Pr. 136	MC 切换互锁时间	1s	0~100s		设定 MC2 和 MC3 的动作互锁时间
Pr. 137	启动开始等待时间	0.5s	0~100s		设定值应比信号输入到变频器时到 MC3 实际接通的时间稍微长点(大约 0.3 至 0.5s)
Pr. 138	异常时工频切换选择	0	0		变频器发生故障时,变频器停止输出(电机自由运行)
			1		变频器发生故障时,自动切换到工频运行(外部热继电器输入错误时不切换)
Pr. 139	变频-工频自动切换频率	9999	0~60Hz		设定从变频器运行切换到工频运行的频率 从启动到 Pr. 139 变频器运行,输出频率在 Pr. 139 以上,自动切换到工频运行
			9999		无自动切换
Pr. 159	工频-变频器自动切换动作范围	9999	0~10Hz		自动切换运行时(Pr. 139≠9999),从变频器运行切换到工频运行后,频率如果未满(Pr. 139 - Pr. 159),自动切换到变频器运行,并以频率指令的频率运行。变频器启动指令(STF/STR)置于 OFF 时,也切换到变频器运行
			9999		自动切换运行时(Pr. 139≠9999),从变频器运行切换到工频运行后,变频器启动指令(STF/STR)置于 OFF 后,切换到变频器运行,并减速停止

电机在 50Hz(或者 60Hz)的频率下运行时,以工频电源运行效率更高。另外,变频器维护检修时,为使电机不长时间停止,建议同时设置工频电源电路。切换变频器运行和工频电源运行时,为使变频器不进行过电流报警,必须采取互锁措施,一旦电机停止后,通过变频器开始启动。如果使用工频切换时序功能,能够通过变频器与复杂的工频电源进行切换。

2. 工频电源切换接线

如图 4.28 所示为工频切换接线的典型电路。

输入/输出端子设定:漏型逻辑,Pr. 185 = "7",Pr. 186 = "6",Pr. 192 = "17",Pr. 193 = "18",Pr. 194 = "19"。

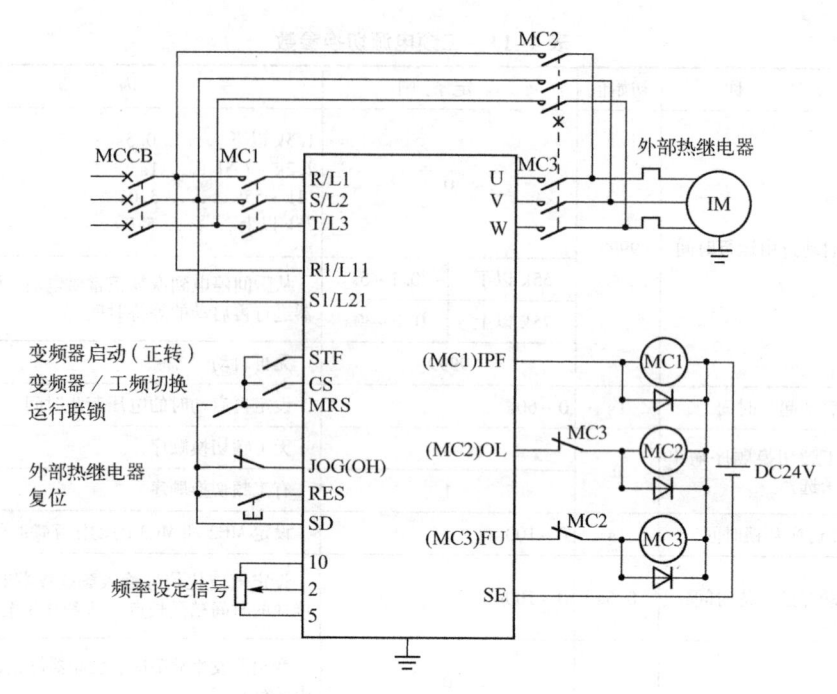

图 4.28 工频电源切换接线图

图中工频电源切换是在外部运行模式下运行的。另外，接线的端子 R1/L11，S1/L21 如果不是另外的电源（不通 MC1 的电源）将无法正常动作，必须通过另外的电源进行接线。MC2，MC3 必须采取机械式的互锁。

电磁接触器（MC1，MC2，MC3）的作用见表 4-14。

表 4-14　电磁接触器（MC1，MC2，MC3）的作用

电磁接触器	安装位置	作用
MC1	在电源与变频器输入端之间	正常时闭合，除非变频器发生故障时断开（复合后再闭合）
MC2	在电源与电机之间	工频运行时闭合，变频运行时断开。当变频器发生故障时闭合（通过参数设定选择，除非外部热继电器动作）
MC3	在变频器输出端与电机之间	变频运行时闭合，工频运行时断开 当变频器发生故障时断开

当使用工频电源切换功能时（Pr.135 = 1），各输入点的信号功能关系如表 4-15 所示。如果不将 MRS 信号置于 ON，不管是工频运行还是变频器运行都无法运行。CS 信号仅在 MRS 信号置于 ON 时有效。

STF（STR）仅在 MRS 信号、CS 信号都置于 ON 时有效。

RES 信号可以通过 Pr.75（复位选择/PU 脱离检测/PU 停止）进行设定，实现复位输入接收选择。

变频器异常时，MC1 置于 OFF。

输出信号的输出状态如表 4-16 所示。

表 4–15　I/O 信号

信号	使用端子	功能	动作	MC 动作		
				MC1	MC2	MC3
MRS	MRS	允许与不允许运行选择	ON——允许工频–变频器运行	○	…	…
			OFF——不允许工频–变频器运行	○	×	不变
CS	CS	变频器与工频切换	ON——变频器运行	○	×	○
			OFF——工频运行	○	○	×
STF (STR)	STF (STR)	变频器运行指令（工频时无效）	ON——正转（反转）	○	×	○
			OFF——停止	○	×	×
OH	将 Pr.180～Pr.189 中的某一个设定为 "7"。	外部热继电器输入	ON——电机正常	○	…	…
			OFF——电机异常	×	×	×
RES	RES	运行状态初始化	ON——初始化	不变	×	不变
			OFF——通常运行	○	…	…

注：MC 动作说明
　　○：MC – ON
　　×：MC – OFF
　　…：变频器运行时，MC2 – OFF，MC3 – ON
　　　　工频运行时，MC2 – ON，MC3 – OFF
　　不变：保持信号 ON，OFF 变更前的状态。

表 4–16　输出信号

信　号	使用端子（Pr.190～Pr.196 设定值）	内　容
MC1	17	变频器输入端电磁接触器 MC1 的操作信号输出
MC2	18	工频运行用电磁接触器 MC2 的操作信号输出
MC3	19	变频器输出侧电磁接触器 MC3 的操作信号输出

3. 动作过程

（1）运行的操作过程。运行的操作过程如图 4.29 所示。

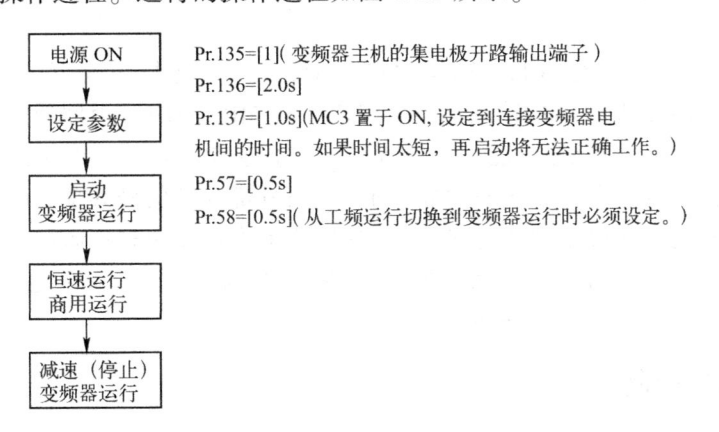

电源 ON → 设定参数 → 启动变频器运行 → 恒速运行商用运行 → 减速（停止）变频器运行

Pr.135=[1]（变频器主机的集电极开路输出端子）
Pr.136=[2.0s]
Pr.137=[1.0s]（MC3 置于 ON，设定到连接变频器电机间的时间。如果时间太短，再启动将无法正确工作。）
Pr.57=[0.5s]
Pr.58=[0.5s]（从工频运行切换到变频器运行时必须设定。）

图 4.29　运行的操作过程

(2) 参数设定后的信号动作。参数设定后的信号动作见表 4-17。

表 4-17 参数设定后的信号动作

端子 状态	MRS	CS	STF	MC1	MC2	MC3	备　注
电源接通	OFF (OFF)	OFF (OFF)	OFF (OFF)	OFF→ON (OFF→ON)	OFF (OFF)	OFF→ON (OFF→ON)	外部运行模式 (PU 运行模式)
启动时（变频器）	OFF→ON	OFF→ON	OFF→ON	ON	OFF	ON	
恒速时 （工频）	ON	ON→OFF	ON	ON	OFF→ON	ON→OFF	MC3 置 OFF 后， MC2 置 ON 等待时 间为 2s
为减速切换到变 频器（变频器）	ON	OFF→ON	ON	ON	ON→OFF	OFF→ON	MC2 置 OFF 后， MC3 置 ON 等待时 间为 4s
停止	ON	ON	ON→OFF	ON	OFF	ON	

① 控制电源（R1/L11，S1/L21）应连接到输入侧 MC1 的前面。输入侧 MC1 的后面如果连接控制电源，工频切换顺序功能将不动作。

② 工频切换顺序功能仅在 Pr.135 = "1" 且外部运行或者组合运行模式（PU 速度指令，外部运行指令，即 Pr.79 = "3"）时有效。在上述以外的运行模式下，MC1 和 MC3 置于 ON。

③ MRS、CS 信号置于 ON，STF（STR）信号置于 OFF 时，MC3 置于 ON，电动机从工频运行切换到自由运行停止时，在等待 Pr.137 设定的时间后，会重新开始启动。

④ 在 MRS、STF（STR）、CS 信号置于 ON 时能够进入变频器运行状态。除此之外（MRS 信号为 ON）将进行工频运行。

⑤ 将 CS 信号置于 OFF 时，电机切换到工频运行。但是，将 STF（STR）信号置于 OFF 时，通过变频器运行减速停止。

⑥ MC2 和 MC3 均处于 OFF 的状态下，将 MC2 或者 MC3 置于 ON 时，有 Pr.136 设定的等待时间。

⑦ 当工频切换顺序有效（Pr.135 = "1"）时，在 PU 运行模式下，可以忽略 Pr.136，Pr.137 的设定。另外，变频器的输入端子（STF，CS，MRS，OH）返回通常的功能。

⑧ 同时使用工频切换顺序功能（Pr.135 = "1"）和 PU 运行互锁功能（Pr.79 = "7"）时，如果不能分配 X12 信号，MRS 信号将与 PU 运行外部互锁信号共享。（MRS、CS 信号 ON 时，变频器能够运行。应设定加速时间，使失速防止动作在加速时不运行。

⑨ 如果通过 Pr.178 ~ Pr.189，Pr.190 ~ Pr.196 变更端子功能，有可能会对其他的功能产生影响。应确认各端子的功能后再进行设定。

4.2.4 PID 控制

PID 控制属于闭环控制，是使控制系统的被控量在各种情况下，都能够迅速而准确地无限接近控制目标的一种手段。具体地说，是随时将传感器测量的实际信号（称为反馈信号）

与被控量的目标信号相比较，以判断是否已经达到预定的控制目标。如尚未达到，则根据两者的差值进行调整，直到达到预定的控制目标为止。

图 4.30 所示为基本 PID 控制框图，X_T 为目标信号，X_F 为反馈信号，变频器输出频率 f_X 的大小由合成信号 ($X_T - X_F$) 决定。一方面，反馈信号 X_F 应无限接近目标信号 X_T，即 ($X_T - X_F$)→0；另一方面，变频器的输出频率 f_X 又是由 X_T 和 X_F 相减的结果来决定的。图 4.30（a）表示偏差信号输入方式，比较在变频器外部完成，将偏差值从端子 1 输入。图 4.30（b）表示测量信号输入方式，比较在变频器内部完成，将测量值从端子 4 输入，目标信号从端子 2 输入或由参数 Pr.133 设定。

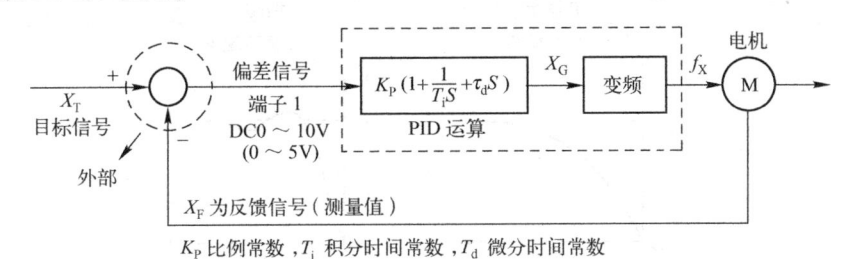

（a）偏差值信号输入方式

（b）测量值信号输入方式

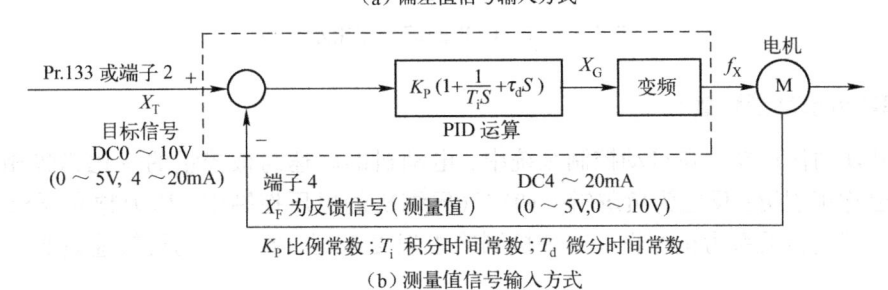

图 4.30　基本 PID 控制框图

为了使变频器输出频率 f_X 维持一定，就要求有一个与此相对应的给定信号 X_G，这个给定信号既需要有一定的值，又要与 $X_T - X_F = 0$ 相联系。

1. PID 调节功能

（1）比例增益环节 P。为了使 X_G 这个给定信号既有一定的值，又与 $X_T - X_F = 0$ 相关联，所以将 ($X_T - X_F$) 进行放大后再作为频率给定信号，如图 4.31 所示。即：

$$X_G = K_P (X_T - X_F)$$

式中，K_P 为放大倍数，也叫比例增益。

定义静差 $\varepsilon = X_T - X_F$，当 X_G 保持一定的值，比例增益 K_P 越大，静差 ε 越小，如图 4.32（a）所示。

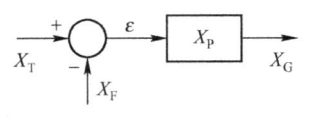

图 4.31　比例放大前后各量间的关系

为了使静差 ε 减小，就要使 K_P 增大。如果 K_P 太大，一旦 X_T 和 X_F 之间的差值变大，$X_G = K_P (X_T - X_F)$ 一下子增大或减小了许多，很容易使变频器输出频率发生超调，又容易引起被控量的振荡，如图 4.32（b）所示。

（2）积分环节 I。积分环节能使给定信号 X_G 的变化与 $K_P (X_T - X_F)$ 对时间的积分成正比。既能防止振荡，也能有效地消除静差，如图 4.32（c）所示。但积分时间太长，又会产生当目标信号急剧变化时,被控量难以迅速恢复的情况。

(3) 微分环节 D。微分环节可根据偏差的变化趋势,提前给出较大的调节动作,从而缩短调节时间,克服了因积分时间太长而使恢复滞后的缺点,如图 4.32(d)所示。

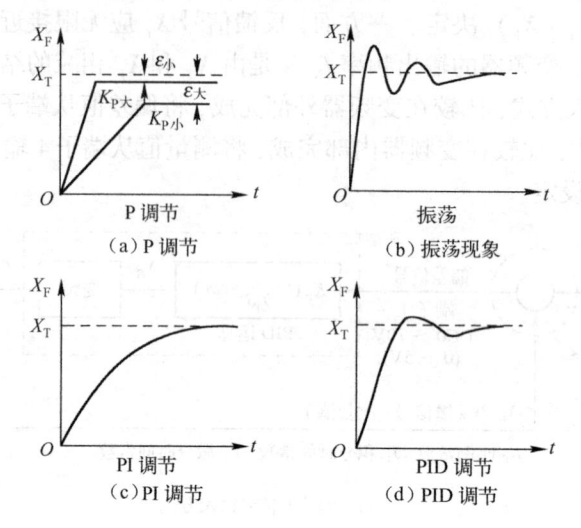

图 4.32　P、I、D 的综合作用示意图

2. PID 调节功能预置

(1) PID 动作选择。在自动控制系统中,电动机的转速与被控量的变化趋势相反,称为负反馈,也称正逻辑;反之为负逻辑。如空气压缩机的恒压控制中,压力越高要求电动机的转速越低,其逻辑关系为正逻辑。空调机制冷中温度越高,要求电动机转速越高,其逻辑关系为负逻辑。

正逻辑:当偏差 $X=$(目标信号-测量信号)为正时,增加执行量(输出频率);如果偏差为负,则减小执行量。简单地说就是:测量信号(反馈量)越大,要求给定信号越小,转速越低,如图 4.33(a)所示。

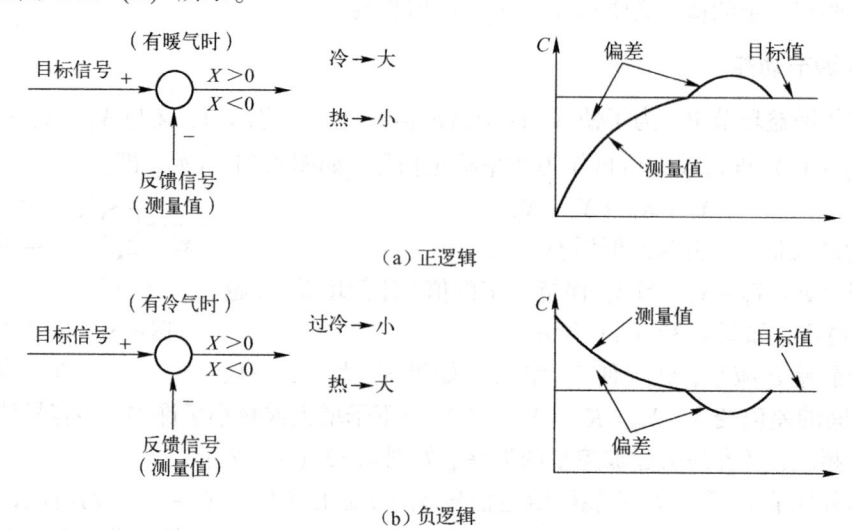

图 4.33　正逻辑和负逻辑

负逻辑：当偏差 $X=$（目标信号-测量信号）为负时，增加执行量（输出频率）；如果偏差为正，则减小执行量。简单地说就是：测量信号（反馈量）越大，要求给定信号越大，转速越高，如图 4.33（b）所示。

反馈量的逻辑关系如图 4.34 所示。

PID 动作选择参数（Pr.128 = 10，11，20，21，50，51，60，61）的设定方式如下：

① 个位上的"0"或"1"表示。

"0"——PID 正逻辑（负反馈、负作用）。

"1"——PID 负逻辑（正反馈、正作用）。

② 十位上的数字表示。

"1"——偏差量信号输入方式，见图 4.30（a）。

"2"——测量量信号输入方式，见图 4.30（b）。

"5"——偏差量信号输入方式（Lonworks，CC - Link 通讯）。

"6"——测量量信号输入方式（Lonworks，CC - Link 通讯）。

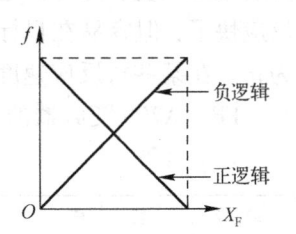

图 4.34 反馈量的逻辑关系

参数 Pr.128 的值根据具体情况进行预置。当预置变频器 PID 功能有效时，变频器完全按 P、I、D 调节规律运行，其工作特点是：

- 变频器的输出频率（f_X）只根据反馈信号（X_F）和目标信号（X_T）比较的结果进行调整，故频率的大小与被控量之间并无对应关系。
- 变频器的加、减速的过程将完全取决于 P、I、D 数据所决定的动态响应过程，而原来预置的"加速时间"和"减速时间"将不再起作用。
- 变频器的输出频率（f_X）始终处于调整状态，因此，其显示的频率常不稳定。

（2）目标值的给定。

① 键盘给定法。由于目标信号是一个百分数，所以可由键盘直接给定。

② 电位器给定法。目标信号从变频器的频率给定端输入。由于变频器已经预置为 PID 运行方式，所以，在通过调节目标值时，显示屏上显示的是百分数，如图 4.35 所示。

③ 变量目标值给定法。在生产过程中，有时要求目标值能够根据具体情况进行调整，如图 4.36 所示。变量目标值为分挡类型。

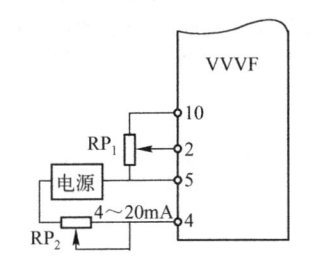

图 4.35 PID 参数手动模拟调试　　　　图 4.36 变量目标值给定

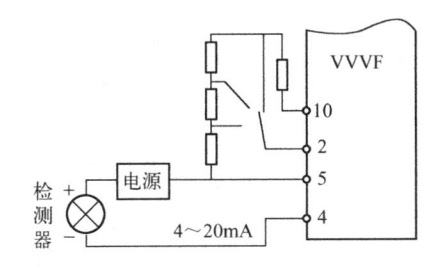

（3）PID 参数设定。在系统运行之前，可以先用手动模拟的方式对 PID 功能进行初步调试（以负反馈为例）。先将目标值预置到实际需要的数值（可以通过图 4.35 中 RP_1 调节）；将一个可调的电流信号（图 4.35 中通过 RP_2 的电流）接至变频器的反馈信号输入端，缓慢地调节反馈信号。正常情况是：当反馈信号超过目标信号时，变频器的输出频率将不断上

升,直至最高频率;反之,当反馈信号低于目标信号时,变频器的输出频率将不断下降,直至频率0Hz。上升或下降的快慢,反映了积分时间的长短。

在许多要求不高的控制系统中,微分功能D可以不用。当系统运行时,被控量上升或下降后难以恢复,说明反应太慢,应加大比例增益K_p,直至比较满意为止;在增大K_p后,虽然反应快了,但容易在目标值附近波动,说明系统有振荡,应加大积分时间,直至基本不振荡为止。在某些对反应速度要求较高的系统中,可考虑增加微分环节D。

FR-A700变频器的PID参数设置及范围如表4-18所示。

表4-18 PID参数设置及范围

参数号	名称	初始值	设定范围	内容	
127	PID控制自动切换频率	9999	0~400Hz	设定自动切换到PID控制的频率	
			9999	无PID控制自动切换功能	
128	PID动作选择	10	10	PID负作用	偏差量信号输入(端子1)
			11	PID正作用	
			20	PID负作用	测量值(端子4) 目标值(端子2或Pr.133)
			21	PID正作用	
			50	PID负作用	偏差值信号输入 (LONWORKS,CC-Link通讯)
			51	PID正作用	
			60	PID负作用	测量值,目标值输入 (LONWORKS,CC-Link通讯)
			61	PID正作用	
129 *1	PID比例常数	100%	0.1~1000%	如果比例常数范围较窄(参数设定值较小),反馈量的微小变化会引起执行量的很大改变。因此,随着比例范围变窄,响应的灵敏性(增益)得到改善,但稳定性变差,例如,发生振荡。增益K_p=1/比例常数	
			9999	无比例控制	
130 *1	PID积分时间	1s	0.1~3600s	在偏差步进输入时,仅在积分动作中得到与比例动作相同的操作量所需要的时间。随着积分时间的减少,到达设定值就越快,但也容易发生振荡	
			9999	无积分控制	
131	PID上限	9999	0.1~100%	设定上限。如果反馈量超过此设定,就输出FUP信号。测定值(端子4)的最大输入(20mA/5V/10V)等于100%	
			9999	功能无效	
132	PID下限	9999	0.1~100%	设定下限。如果反馈量超过此设定,就输出FUP信号。测定值(端子4)的最大输入(20mA/5V/10V)等于100%	
			9999	功能无效	
133 *1	PID目标设定	9999	0.1~100%	设定PID控制时的设定值	
			9999	端子2输入为目标值	
134 *1	PID微分时间	9999	0.01~10.00s	在偏差指示灯输入时,得到仅比例动作的操作量所需要的时间。随着微分时间的增大,对偏差的变化的反应也加大	
			9999	无微分控制	

续表

参数号	名称	初始值	设定范围	内容
575	输出中断检测时间		0~3600s	PID运算后的输出频率未满Pr.575设定值的状态持续到Pr.576设定时间以上时,中断变频器的运行
			9999	无输出中断功能
576	输出中断检测电平	0Hz	0~400Hz	设定实施输出中断处理的频率
577	输出中断解除电平	1000%	900~1100%	设定解除PID输出中断功能的水平（Pr.577=1000%）

注：*1 Pr.129, Pr.130, Pr.133, Pr.134可以在运行中设定。设定与运行模式无关。

（4）I/O信号。为了进行PID控制,将X14信号置于ON（接通）。该信号置于OFF时,不进行PID动作,而为通常的变频器运行。但是,通过LONWORKS通讯进行PID控制时,没有必要将X14信号置于ON。

在变频器的端子2—5间或者Pr.133中输入目标值、在变频器的端子4—5间输入测量值信号时,Pr128应设定为"20或者21"。输入外部计算的偏差信号时,应在端子1—5间输入。此时,Pr.128则应设定为"10或者11"。

I/O信号使用功能见表4-19所示。

表4-19 I/O信号使用功能表

信号		使用端子	功能	内容	参数设定
输入	X14	通过Pr.178~Pr.189	PID控制选择	进行PID控制时将X14置于ON	Pr.178~Pr.189中的任意一个设定14
	X64		PID正负作用切换	将X64置于ON, PID负作用时（Pr.128=10, 20）能够切换到正作用,正作用时（Pr.128=11, 21）时能够切换到负作用	Pr.178~Pr.189中的任意一个设定64
	2	2	目标值输入	输入PID控制的目标值	Pr.128=20, 21;Pr.133=9999
				0~5V——0~100%	Pr.73=1, 3, 5, 7, 11, 13, 15
				0~10V——0~100%	Pr.73=0, 2, 4, 8, 10, 14
				4~20mA——0~100%	Pr.73=6, 7
	PU	——	目标值输入	从操作面板,参数单元中设定目标值（Pr.133）	Pr.128=20, 21Pr.133=0~100%
	1	1	偏差信号输入	输入在外部计算的偏差信号	Pr.128=10, 11
				-5~+5V——-100%~+100%	Pr.73=2, 3, 5, 7, 12, 13, 15, 17
				-10~+10V——-100%~+100%	Pr.73=0, 1, 4, 6, 10, 11, 14, 16
	4	4	测量值输入	输入检测器发出的信号（测量值信号）	Pr.128=20, 21
				4~20mA——0~100%	Pr.267=0
				0~5V——0~100%	Pr.267=1
				0~10V——0~100%	Pr.267=2
	通讯	——	偏差值输入	从LONWORKS, CC-Link通讯输入偏差值	Pr.128=50, 51
			目标值、测量值输入	从LONWORKS, CC-Link通讯输入目标值和测量值	Pr.128=60, 61

续表

信号		使用端子	功能	内　容	参　数　设　定
输出	FUP	按照 Pr.190 ~ Pr.196 的设定	上限输出	测量信号超出上限值（Pr.131）时输出	Pr.128 = 20, 21, 60, 61 Pr.131 ≠ 9999 Pr.190 ~ Pr.196 中的任意一个设定为 15 或者 115
	FDN		下限输出	测量信号超出下限值（Pr.132）时输出	Pr.128 = 20, 21, 60, 61 Pr.132 ≠ 9999 Pr.190 ~ Pr.196 中的任意一个设定为 14 或者 114
	RL		正转（反转）方向输出	参数单元的输出显示为正转（FWD）时输出 [Hi]，反转（REV），停止（STOP）时输出 [Low]	Pr.190 ~ Pr.196 中的任意一个设定为 16 或者 116
	PID		PID 控制动作中	PID 控制中置于 ON	Pr.190 ~ Pr.196 中的任意一个设定为 47 或者 147
	SLEEP		PID 输出中断中	PID 输出中断功能动作时置于 ON	Pr.575 ≠ 9999 Pr.190 ~ Pr.196 中的任意一个设定为 70 或者 170
	SE	SE	输出公共端子	端子 FUP, FDN, RL, PID, SLEEP 公共端子	

（5）PID 控制接线实例。PID 控制接线如图 4.37 所示，参数设定如下：
Pr.128 = 20，Pr.183 = 14，Pr.191 = 47，Pr.192 = 16，Pr.193 = 14，Pr.194 = 15。

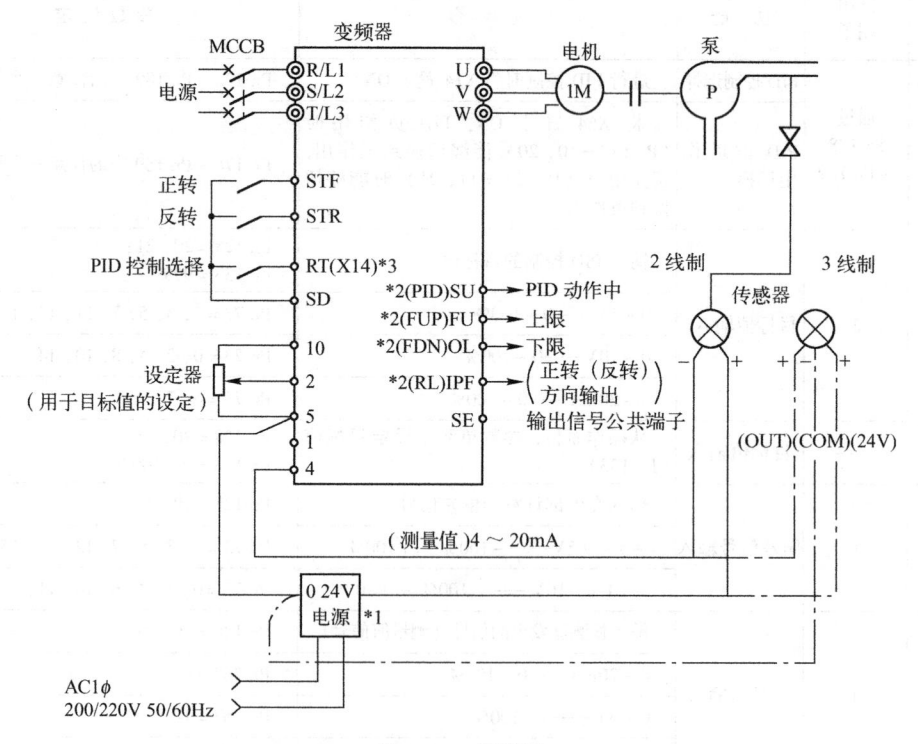

图 4.37 接线图

*1：按传感器规格选择电源
*2：输出信号端子根据 Pr.190 ~ Pr.196（输出端子选择）设定不同而不同
*3：输入信号端子根据 Pr.178 ~ Pr.189（输入端子选择）设定不同而不同

（6）PID 参数设置顺序。PID 参数设置顺序如图 4.38 所示。

参数的设定 → 调整 Pr.127～Pr.134，Pr.575～Pr.577 的 PID 控制参数

端子的设定 → 设定 PID 控制用的输入输出端子（Pr.178～Pr.189）（输入端子功能选择），Pr.190～Pr.196（输出端子功能选择）

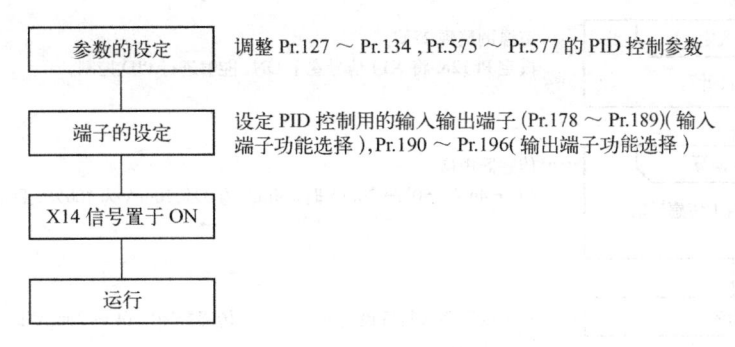

X14 信号置于 ON

运行

图 4.38　设置顺序

（7）PID 校准实例。PID 控制下，使用一个 4mA 对应 0℃，20mA 对应 50℃ 的传感器调节房间温度，设定值通过变频器的 2 和 5 端子（0～5V）给定的。变频器参数设定如表 4-20 所示，变频器 PID 设置流程图如图 4.39 所示。

表 4-20　PID 实例变频器参数设置表

参 数 号	设 定 值	注　　解
Pr.128	20	PID 控制 4 端输入，起负作用
Pr.130	0.5	PID 积分常数时间设定为 0.5s。（出厂设定值为 1s）
Pr.183	14	RT 端子功能设置为 "PID 控制有效值"
Pr.193	4	OL 端子功能设置为 "Pr.42 的频率检测"（下限频率）
Pr.194	5	FU 端子功能设置为 "Pr.50 的频率检测"（上限频率）
Pr.42	10	下限为 10Hz
Pr.50	48	上限为 48Hz

① 目标值输入的校正。
- 端子 2—5 间外加目标设定 0% 的输入电压（例如，0V）。
- C2（Pr.902）的偏差为 0% 时，输入变频器必须输出的频率（例如，0Hz）。
- C3（Pr.902）设定 0% 时的电压值。
- 端子 2-5 间外加设定值设定 100% 的输入电压（例如，5V）。
- Pr.125 的偏差为 100% 时，输入变频器必须输出的频率（例如，50Hz）。
- C4（Pr.903）设定 100% 时的电压值。

② 传感器输出的校正。
- 端子 4—5 间外加检测器设定 0% 的输出电流（例如，4mA）。
- 通过 C6（Pr.904）进行校正。
- 端子 4-5 间外加检测器设定的 100% 的输出电流（例如，20mA）。
- 通过 C7（Pr.905）进行校正。

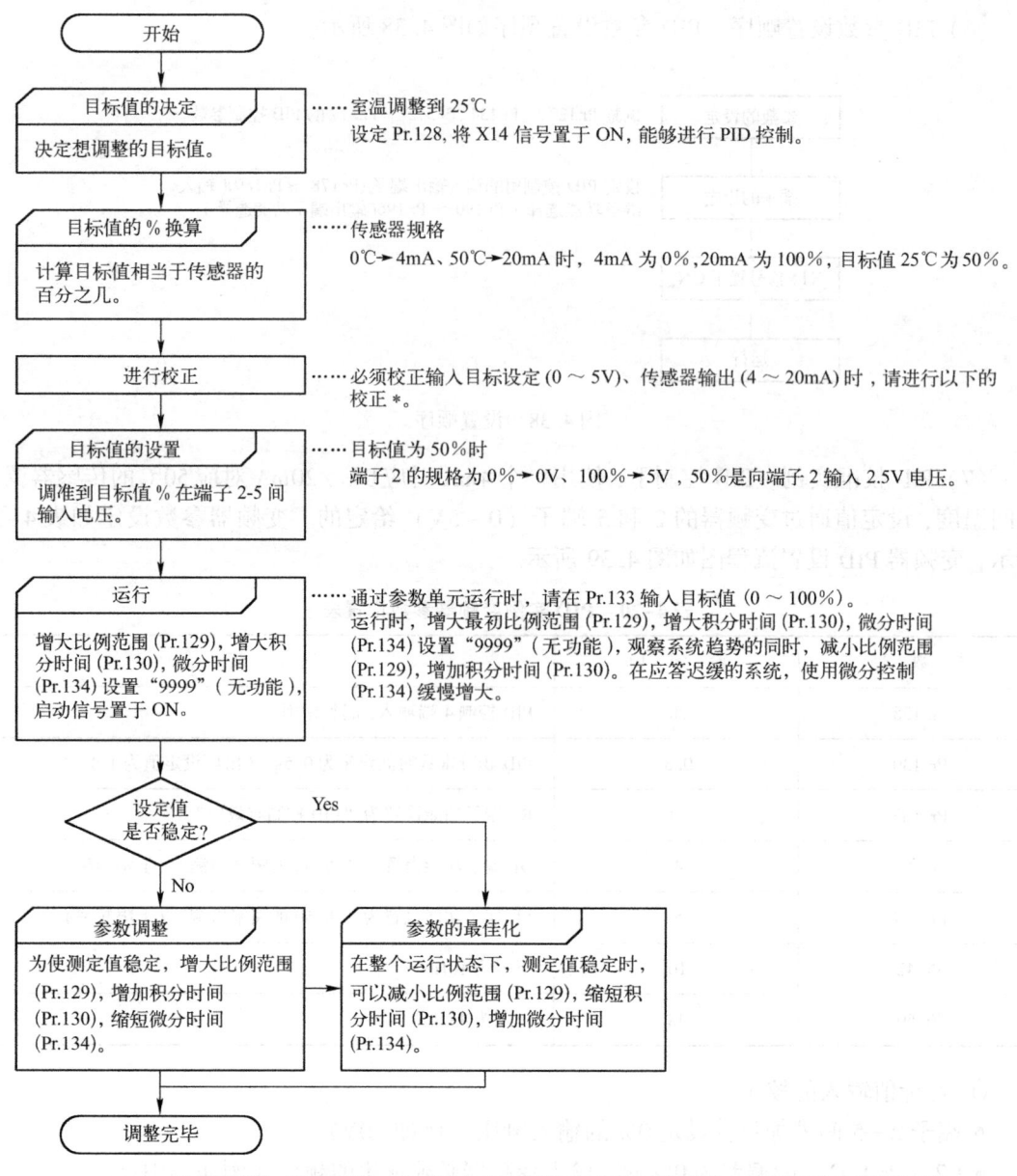

```
开始
  ↓
目标值的决定        ……室温调整到 25℃
决定想调整的目标值。    设定 Pr.128,将 X14 信号置于 ON,能够进行 PID 控制。
  ↓
目标值的 % 换算      ……传感器规格
计算目标值相当于传感器的  0℃→4mA、50℃→20mA 时,4mA 为 0%,20mA 为 100%,目标值 25℃为 50%。
百分之几。
  ↓
进行校正          ……必须校正输入目标设定 (0~5V)、传感器输出 (4~20mA) 时,请进行以下的
                校正*。
  ↓
目标值的设置        ……目标值为 50% 时
调准到目标值 % 在端子 2-5 间  端子 2 的规格为 0%→0V、100%→5V,50% 是向端子 2 输入 2.5V 电压。
输入电压。
  ↓
运行            ……通过参数单元运行时,请在 Pr.133 输入目标值 (0~100%)。
增大比例范围 (Pr.129),增大积    运行时,增大最初比例范围 (Pr.129),增大积分时间 (Pr.130),微分时间
分时间 (Pr.130),微分时间      (Pr.134) 设置 "9999"(无功能),观察系统趋势的同时,减小比例范围
(Pr.134) 设置 "9999"(无功能),  (Pr.129),增加积分时间 (Pr.130)。在应答迟缓的系统,使用微分控制
启动信号置于 ON。          (Pr.134) 缓慢增大。
  ↓
设定值          Yes
是否稳定? ────────┐
  │ No         ↓
参数调整         参数的最佳化
为使测定值稳定,增大比例范围  在整个运行状态下,测定值稳定时,
(Pr.129),增加积分时间    可以减小比例范围 (Pr.129),缩短积
(Pr.130),缩短微分时间    分时间 (Pr.130),增加微分时间
(Pr.134)。           (Pr.134)。
  ↓
调整完毕
```

* 必须校正时　通过校正 Pr.902 以及 Pr.903(端子 2) 或者 Pr.904 以及 Pr.905(端子 4) 进行传感器
　　　　　　　输出以及目标测量输入的校正。
　　　　　　　校正在变频器停止中的 PU 模式下进行。

图 4.39　变频器 PID 设置流程图

③ 注意事项。
- X14 信号处于 ON 状态时,如果输入多段速度(RH,RM,RL 信号)及点动运行(点动信号),不进行 PID 控制,而进行多段速度或者点动运行。
- 进行以下设定时,PID 控制无效。Pr.79 运行模式选择 = "6"(切换模式);Pr.858 端子 4 功能分配、Pr.868 端子 1 功能分配 = "4"(转矩指令)。
- 请注意 Pr.128 的设定值设定为 "20 或者 21" 的状态下,变频器的端子 1~5 间的输入

作为目标值,叠加到端子 2~5 间的目标值。
- PID 控制方式下使用端子 4（测量值输入）、端子 1（偏差输入）时,请设定 Pr. 858 端子 4 功能分配 ="0"（初始值）、Pr. 868 端子 1 功能分配 ="0"（初始值）。
- 如果通过 Pr. 178~Pr. 189, Pr. 190~Pr. 196 变更端子功能,有可能会对其他的功能产生影响。请确认各端子的功能后再进行设定。
- 选择 PID 控制时,下限频率为 Pr. 902 的频率,上限频率为 Pr. 903 的频率（Pr. 1 上限频率、Pr. 2 下限频率的设定也有效）。
- PID 运行中,遥控操作功能无效。

4.2.5 PLG 反馈控制

变频器的 PU 闭环运行是使用选件 FR – A7AP。利用速度检测器（PLG）检测电机的旋转速度,反馈到变频器,构成闭环矢量控制系统,控制变频器的输出频率,使电机的速度相对于负载变动保持稳定,取得良好的动态和静态特性。

1. 相关参数

PLG 反馈控制相关参数见表 4-21 所示。

表 4-21 PLG 反馈控制相关参数表

参数号	名 称	初始值	设 定 范 围	内 容
144	旋转速度设定切换	4	0, 2, 4, 6, 8, 10, 12, 102, 104, 106, 108, 110, 112	通过 V/f 控制进行 PLG 反馈控制时,设定电机极数
285	过速检测频率	9999	0~30Hz	进行 PLG 反馈控制时,检测频率与输出频率的差超过设定值时,变频器报警（E. MB1）
			9999	不进行过速检测
359	PLG 旋转方向	1	0	从 A 点看 顺时针方向为正转
			1	从 A 点看 逆时针方向为正转
367	速度反馈范围	9999	0~400Hz	设定速度反馈控制的范围
			9999	PLG 反馈控制无效
368	反馈增益	1	0~100	旋转不稳定时或灵敏度差时进行设定
369	PLG 脉冲数量	1024	0~4096	设定 PLG 的脉冲数 设定 4 倍频前的脉冲数

安装 FR – A7AP,进行矢量控制时,Pr. 285 成为速度偏差过大检测频率。Pr. 359、Pr. 367、Pr. 368、Pr. 369 参数在安装 FR – A7AP（选件）时进行设定。

2. 外部接线

FR – A7AP 的端子与 PLG 的连接按表 4–22 接线，接线图如图 4.40 所示。

表 4–22　FR – A7AP 的端子与 PLG 的连接

端子记号	端子名称	用途说明
PA1	PLG A 相信号输入端子	输入源于 PLG 的 A 相、B 相、Z 相信号
PA2	PLG A 相反转信号输入端子	
PB1	PLG B 相信号输入端子	
PB2	PLG B 相反转信号输入端子	
PZ1	PLG Z 相信号输入端子	
PZ2	PLG Z 相反转信号输入端子	
PG	PLG 电源（+侧）输入端子	PLG 用电源输入端子。请连接外部电源 (5V, 12V, 15V, 24V) 及 PLG 的电源线
SD	PLG 电源接地端子	
PIN	不使用	
P		

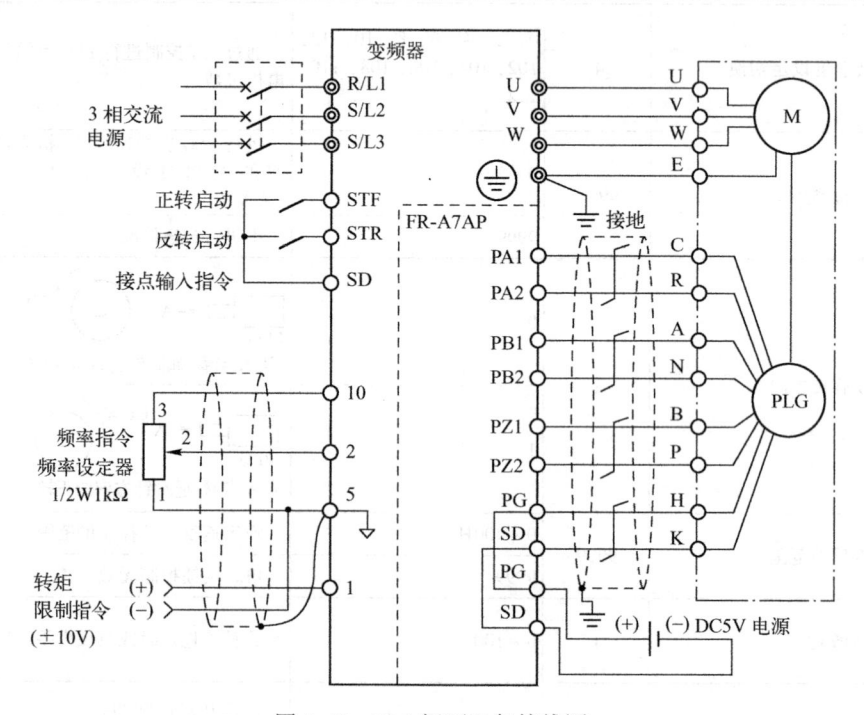

图 4.40　PLG 闭环运行接线图

（1）PLG 在与电机轴相同的轴上没有机械故障，应使速度比为 1∶1。
（2）在加速和减速过程中，为了防止出现损伤等不稳定现象，不实施 PLG 反馈控制。

(3) 等到输出频率达到"设定速度"±"速度反馈范围"时,实施 PLG 反馈控制。

(4) 在 PLG 反馈控制运行过程中,如果发生断线等情况,来自 PLG 的脉冲信号消失时;感应噪声等原因,不能正确检测脉冲信号时;强大的外力,电机被强制性加速(再生运行)或减速(电机锁定等)时;变频器将不会停止报警,输出频率为"设定速度"±"速度反馈范围",不追随电机的速度。

(5) 打开带制动器电机的制动器时,应使用 RUN(运行中)信号。注意:若使用了 FU(输出频率检测)信号时,可能不能打开制动器。

(6) 在 PLG 反馈控制过程中,不要关闭 PLG 的外部电源,否则不能正常进行 PLG 反馈控制。连接时应确保与电机同轴且无晃动,速度比为 1:1。

4.2.6 多电动机同步调速系统

多台电动机的同步应用较为广泛,尤其在生产流水线中及驱动同一负载或系统时居多,但在设计和操作过程中常会遇到不少问题。而采用变频器及相关产品可有效地实现这些功能。

1. 并接运行方式 1

多台变频器中同时给予主速设定,各台之间可以相同或相互间以成比例的速度运行,并同时启动和停止。若有某台变频器发生故障,则其他不受影响。因各变频器的 2、5、10 端子并接,故并接台数勿超过 2 台,否则可能会降低其输入阻抗而影响性能。2 台以上且不超过 4 台时,可用同轴双联电位器作为 2 台变频器的速度给定,如图 4.41 所示。4 台以上并接时,可采用并接运行 2 的方式。

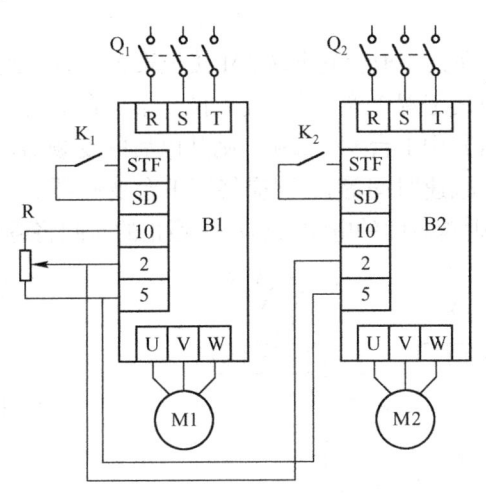

图 4.41 并接运行方式 1

2. 并接运行方式 2

在多电动机运行中也可选用变频器比率设定模块 FR – FH 来实现它们的同步。该模块可连接 5 台变频器,在主速度给定后,通过模块操作面板上的电位器能分别设定每一路的速度偏置和增益。若变频器超过 5 台,可在模块中任选一路通道作为另一个模块的主速输入,以此类推，可做到最多控制 9 台变频器，如图 4.42 所示。

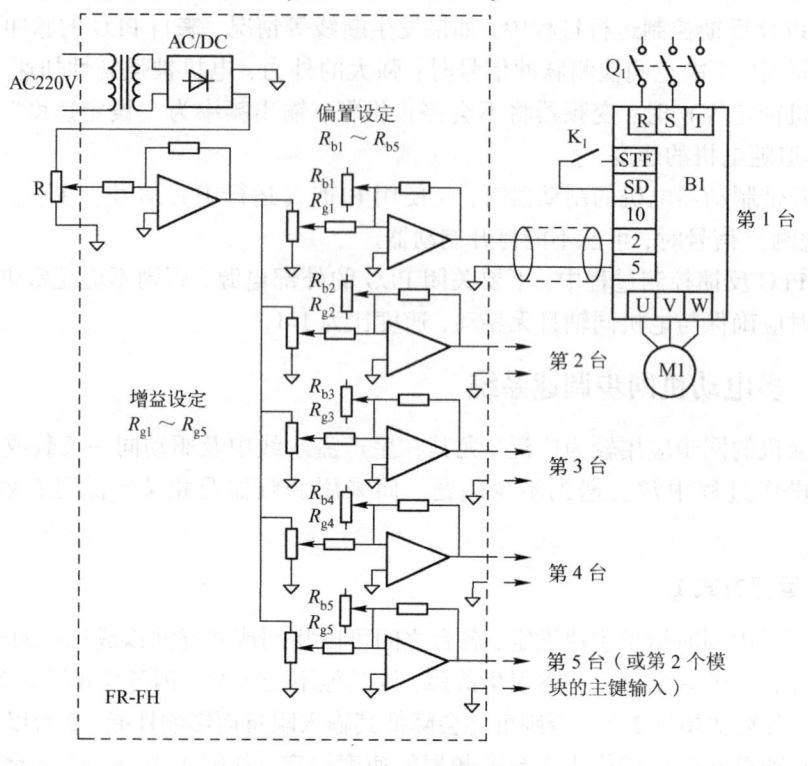

图 4.42 并接运行方式 2

3. 首尾相连方式

主速设定于第 1 台，并在其模拟量输出端 AM 接至第 2 台的主速设定端 2，再将其模拟量输出端 AM 接至第 3 台的主速设定端 2 等，并以此类推。第 1 台运行后其他变频器也以相同或相互间成比例的速度运行。若其中 1 台发生故障，则其以后的变频器均停止运行。如每台电动机的运行要求相同的话（加、减速时间等），则应将第 1 台变频器后的各变频器的加、减速时间 Pr. 7 和 Pr. 8 均设为零。否则越后面的电动机启动和停止的时间将越长。如图 4.43 所示。

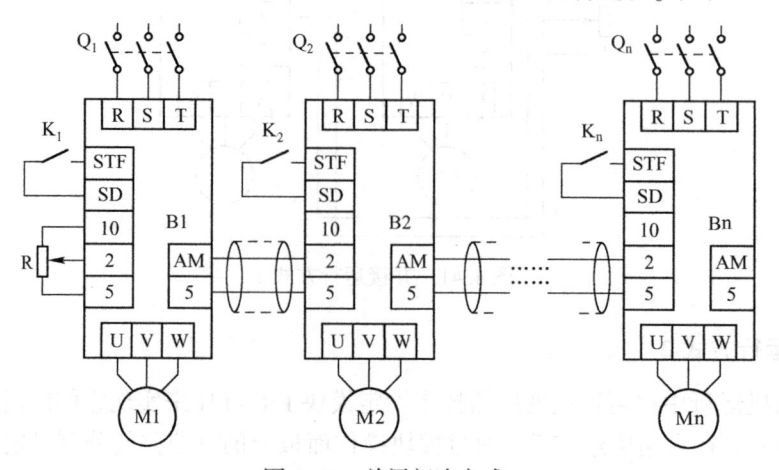

图 4.43 首尾相连方式

以上三种方法由于各电动机（变频器）之间不存在相互的负载关系，故并非真正意义上的同步，充其量只能算电气同步。如果其中某台电动机由于负载变化而影响其速度时，整个系统不能作出反应来重新调整，只做到同时启动、停止和调速，可适用于对负载要求不高的简易场合。

4. 主-从两台运行方式1

将2台变频器分别设为主机和从机，主机侧电动机轴端套装一编码器，从机侧需加装测速反馈选件FR－A7AP。连接至主机侧电动机轴端的编码器，将从机设为接受脉冲信号输入运行模式。设备运行时，从机依照主机编码器发出的脉冲频率随动运行。主机侧若由于负载原因而使转速变化，可直接反映到编码器的脉冲输出频率，进而及时调整从机的跟踪速度，即主机启动→从机启动→主机提升（降低）速→从机提升（降低）速→主机停止→从机停止，保证了系统的一致性。由于从机变频器只需接受单相脉冲，故也可用接近开关取代编码器。该方法最为简易、经济，如图4.44所示。

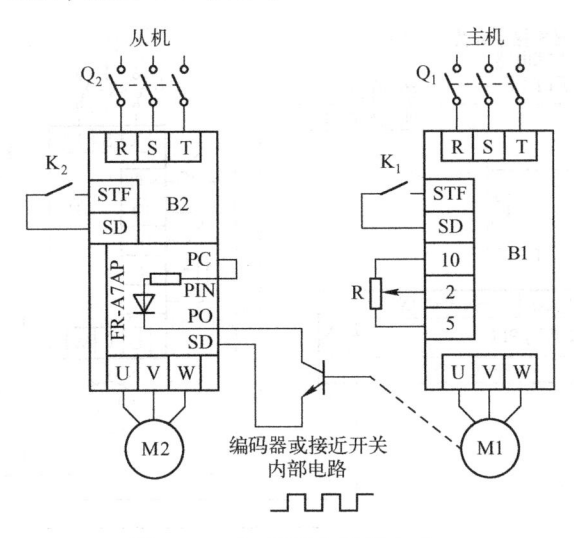

图4.44　主-从两台运行方式1

5. 主-从两台运行2

用位移检测箱FR－FD和自整角机与变频器构成控制系统。自整角机主轴安装于主机侧，从轴安装于从机侧，并将FR－FD的模拟量输出端接于从机的主速设定端。当主从二轴的相对角度发生变化时，利用自整角机的角位移检测信号通过位移检测箱对变频器速度即时调节，达到2台电动机的同步。该方法成本稍高，安装和调试较复杂，如图4.45所示。

6. 主-从两台运行3

两台电动机轴端各装一编码器或接近开关，并将它们的输出信号送至PLC，运用测速或计数功能判别二者间转速误差后，进行偏差调节控制，如图4.46所示。正常运行时速度检测1与速度检测2的偏差值应为零或某恒定值，设速度检测1-速度检测2＝偏差值，若任一方负载发生变化则有以下过程：

（1）主机速度增大（减小）→偏差值增大（减小）→D/A输出随之增大（减小）→从

机提升（降低）速度。

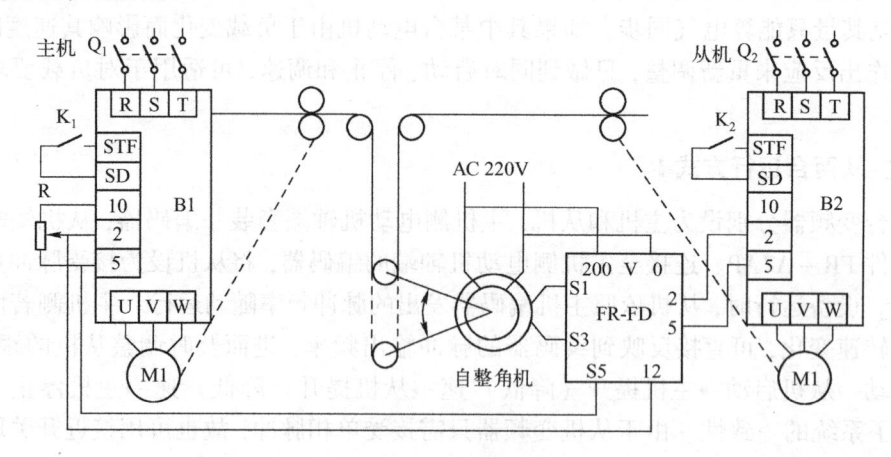

图 4.45　主-从两台运行 2

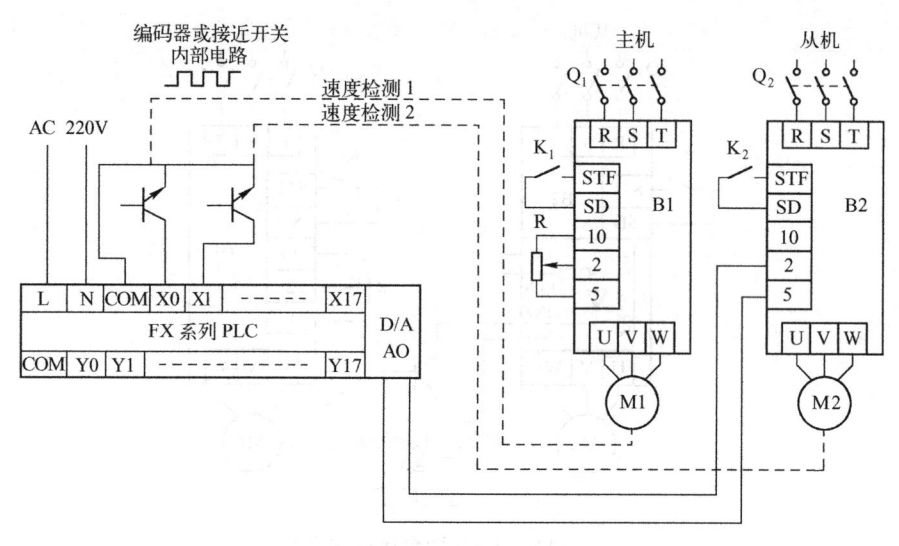

图 4.46　主-从两台运行 3

（2）从机速度增大（减小）→偏差值减小（增大）→D/A 输出随之减小（增大）→从机降低（提升）速度。

与前两种方式相比，主从双方发生速度变化，均能进行调节。当随动要求较高时，由于 PLC 程序的编制水平和执行时间等因素的影响，调试较为费时，需进行多次的调整后才能确定有关数据的准确、合理与否。从此例中可看出，采用 PLC 后解决问题的余地明显增加。

7. 多台同步（速）运行

主从不分，各电动机的轴端均套装编码器、各变频器中加装测速反馈选件 FR – A7AP，并将编码器输出端与测速反馈选件输入端相连，使每台电动机和编码器各自构成闭环装置，可按照它们不同的速度增益比例同时给予变频器主速设定，实现同时启动和停止。虽然在系统中相对独立，并无负载上的关联，但由于同时给定主速信号，在此大前提下，可根据各自的负载情况进行闭环型的速度调整，也能达到多台同速的要求，如图 4.47 所示。

图 4.47 多台同步（速）运行

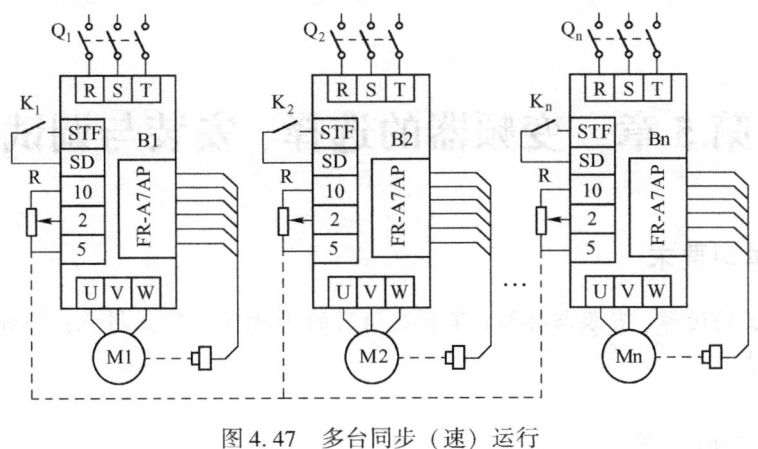

习 题 4

4.1 三菱 FR－A700 系列变频器的接线端有哪些？

4.2 三菱 FR－A700 系列变频器的参数如何设定？

4.3 消除机械谐振的途径有哪些？在变频器调速的情况下选用哪种方式？

4.4 说明制动时加入直流制动方式的目的。

4.5 变频器是如何进行过电流保护的？

4.6 变频器是如何进行 PID 参数设定的？

4.7 三菱 FR－A700 系列变频器有哪几种操作模式？各操作模式有什么异同？

4.8 三菱 FR－A700 系列变频器中如何实现多速段运行？

4.9 三菱 FR－A700 系列变频器中如何实现工频电源切换？

4.10 三菱 FR－A700 系列变频器中如何实现 PLG 闭环运行？

第5章 变频器的选择、安装与调试

内容提要与学习要求

掌握变频器的选择、安装与接线;了解变频器的干扰及其防止措施;了解变频器的一般故障及检修方法。

5.1 变频器的选择

因电力拖动系统的稳态工作情况取决于电动机和负载的机械特性,不同负载的机械特性和性能要求是不同的。故在选择变频器时,首先要了解负载的机械特性。

5.1.1 对恒转矩负载变频器的选择

在工矿企业中应用比较广泛的带式输送机、桥式起重机等都属于恒转矩负载类型。提升类负载也属于恒转矩负载类型,其特殊之处在于正转和反转时有着相同方向的转矩。

1. 恒转矩负载及其特性

(1) 转矩特点。在不同的转速下,负载的转矩基本恒定:

$$T_L = 常数$$

即负载转矩 T_L 的大小与转速 n_L 的高低无关,其机械特性曲线如图 5.1(b) 所示。

(2) 功率特点。负载的功率 P_L (单位为 kW)、转矩 T_L (单位为 N·m),与转速 n_L 之间的关系是:

$$P_L = \frac{T_L n_L}{9550} \tag{5-1}$$

即负载功率与转速成正比,其功率曲线如图 5.1(c) 所示。

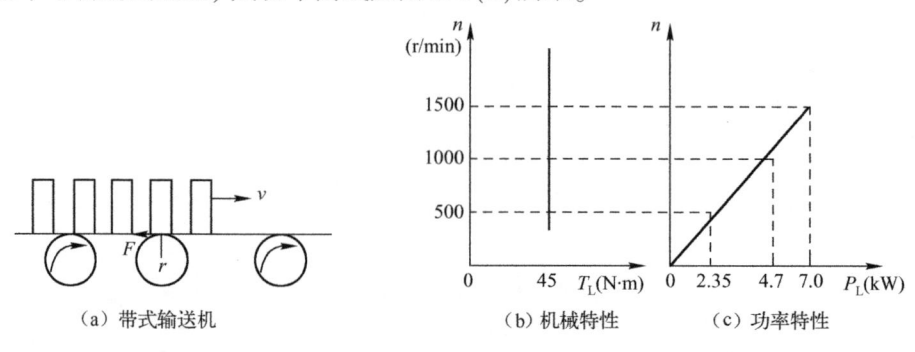

(a) 带式输送机 (b) 机械特性 (c) 功率特性

图 5.1 恒转矩负载及其特性

(3) 典型实例。带式输送机基本结构和工作情况如图 5.1(a) 所示。当带式输送机运动时,其运动方向与负载阻力方向相反。其负载转矩的大小与阻力的关系为:

$$T_L = Fr$$

式中，F 为传动带与滚筒间的摩擦阻力，单位为牛顿(N)；

r 为滚筒的半径，单位为米(m)。

由于 F 和 r 都和转速的快慢无关，所以在调节转速 n_L 的过程中，转矩 T_L 保持不变，即具有恒转矩的特点。

2. 变频器的选择

在选择变频器类型时，需要考虑的因素有以下几个：

(1) 调速范围。在调速范围不大、对机械特性的硬度要求也不高的情况下，可考虑选择较为简易的、只有 V/f 控制方式的变频器，或无反馈的矢量控制方式的变频器。当调速范围很大时，应考虑采用有反馈的矢量控制方式的变频器。

(2) 负载转矩的变动范围。对于转矩变动范围不大的负载，首先应考虑选择较为简易的只有 V/f 控制方式的变频器。但对于转矩变动范围较大的负载，由于 V/f 控制方式不能同时满足重载与轻载时的要求，故不宜采用 V/f 的控制方式。

(3) 负载对机械特性的要求。如负载对机械特性要求不是很高，则可考虑选择较为简易的只有 V/f 控制方式的变频器，而在要求较高的场合，则必须采用矢量控制方式的变频器。如果负载对动态响应性能也有较高要求，还应考虑采用有反馈的矢量控制方式的变频器。

5.1.2 对恒功率负载变频器的选择

各种卷取机械是恒功率负载类型，如造纸机械等。

1. 恒功率负载及其特性

(1) 功率特点。在不同的转速下，负载的功率基本恒定，有

$$P_L = 常数$$

即负载功率的大小与转速的高低无关，其功率特性曲线如图 5.2(c) 所示。

(2) 转矩特点。由式(5-1)知：

$$T_L = \frac{9550 P_L}{n_L}$$

即负载转矩的大小与转速成反比，如图 5.2(a) 所示。

(3) 典型实例。各种薄膜的卷取机械如图 5.2(a) 所示。其工作特点是：随着"薄膜卷"的卷径不断增大，卷取辊的转速应逐渐减小，以保持薄膜的线速度恒定，从而也保持了张力的恒定。

而负载转矩的大小 T_L 为：

$$T_L = Fr$$

式中，F——卷取物的张力，在卷取过程中，要求张力保持恒定；

r——卷取物的卷取半径，随着卷取物不断地卷绕到卷取辊上，r 将越来越大。

由于具有以上特点，因此在卷取过程中，拖动系统的功率是恒定的，为：

$$P_L = Fv = 常数$$

式中，v——卷取物的线速度。

随着卷绕过程的不断进行，被卷物的直径则不断加大，负载转矩也不断加大，如图 5.2(a) 所示。

2. 变频器的选择

变频器可选择通用型的，采用 V/f 控制方式已经足够。但对动态性能有较高要求的卷取机械，则必须采用具有矢量控制功能的变频器。

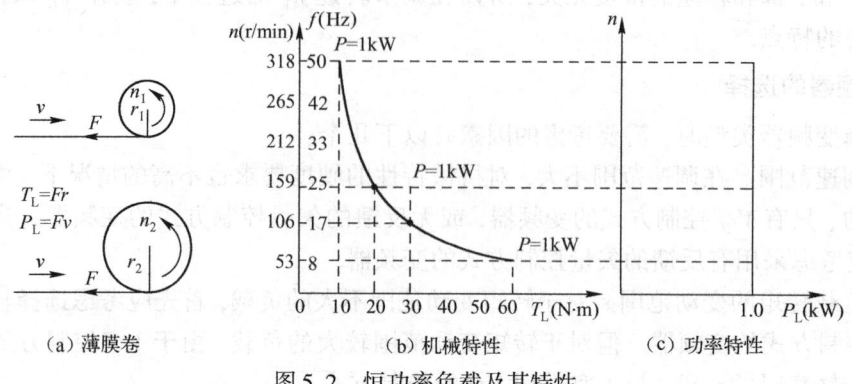

图 5.2 恒功率负载及其特性

5.1.3 对二次方律负载变频器的选择

离心式风机和水泵都属于典型的二次方律负载。

1. 二次方律负载及其特性

（1）转矩特点。负载的转矩 T_L 与转速 n_L 的二次方成正比，即

$$T_L = K_T n_L^2$$

式中，K_T 为负载转矩常数。

其机械特性曲线如图 5.3（b）所示。

（2）功率特点。将上式代入式（5-1）中，可得负载的功率 P_L 与转速 n_L 的三次方成正比，即

$$P_L = \frac{K_T n_L^2 n_L}{9550} = K_P n_L^3$$

式中，K_P 为二次方律负载的功率常数。

其功率特性曲线如图 5.3（c）所示。

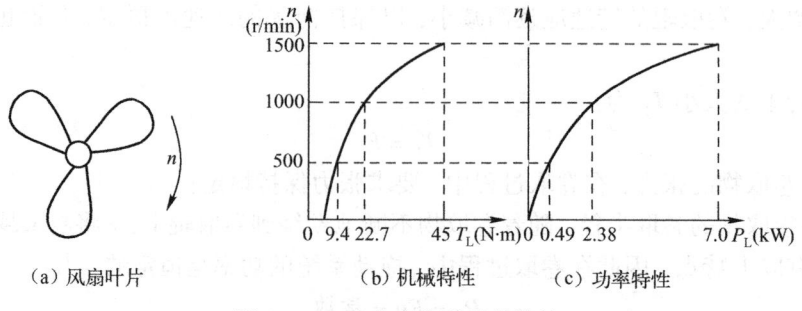

图 5.3 二次方率负载及其特性

（3）典型实例。以风扇叶为例，如图 5.3（a）所示。事实上，即使在空载的情况下，电动机的输出轴上也会有损耗转矩 T_0，如摩擦转矩等。因此，严格地讲，其转矩表达式应为：

$$T_L = T_0 + K_T n_L^2 \tag{5-2}$$

功率表达式为:

$$P_L = P_0 + K_P n_L^3 \tag{5-3}$$

式中,P_0——空载损耗;
n_L——风扇转速;
K_P——负载功率常数。

2. 变频器的选择

大部分生产变频器的工厂都提供了"风机、水泵用变频器",可以选用。其主要特点是:

(1) 风机和水泵一般不容易过载,所以,这类变频器的过载能力较低,为120%,1min(通用变频器为150%,1min),在进行功能预置时必须注意。由于负载的转矩与转速的平方成正比,当工作频率高于额定频率时,负载的转矩有可能大大超过变频器额定转矩,使电动机过载。所以,其最高工作频率不得超过额定频率。

(2) 配置了进行多台控制的切换功能。

(3) 配置了一些其他专用的控制功能,如"睡眠"与"唤醒"功能、PID调节功能。

5.1.4 对直线律负载变频器的选择

轧钢机和辗压机等都是直线负载。

1. 直线律负载及其特性

(1) 转矩特点。负载阻转矩 T_L 与转速 n_L 成正比:

$$T_L = K'_T n_L$$

其机械特性曲线如图 5.4(b)所示。

(2) 功率特点。将上式代入式(5-1)中,可知负载的功率 P_L 与转速 n_L 的二次方成正比:

$$P_L = K'_T n_L n_L / 9550 = K'_P n_L^2$$

式中,K'_T 和 K'_P——直线律负载的转矩常数和功率常数。

功率特性曲线如图 5.4(c)所示。

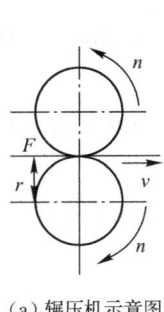

(a) 辗压机示意图　(b) 机械特性　(c) 功率特性

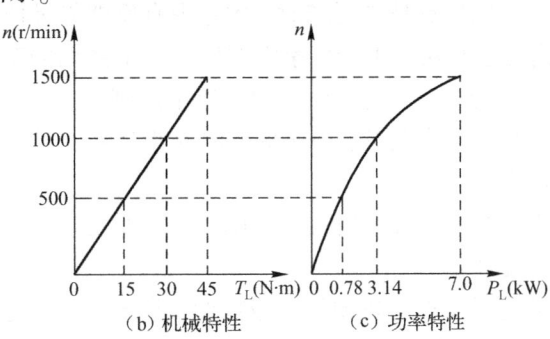

图 5.4　直线律负载及其特性

(3) 典型实例。辗压机工作情况如图 5.4(a)所示。负载转矩的大小决定于:

$$T_L = Fr$$

式中,F——辗压辊与工件间的摩擦阻力,单位为牛顿(N);

r——辗压辊的半径，单位为米(m)。

在工件厚度相同的情况下，要使工件的线速度 v 加快，必须同时加大上下辗压辊间的压力（从而也加大了摩擦力 F），即摩擦力与线速度 v 成正比，故负载的转矩与转速成正比。

2. 变频器的选择

直线律负载的机械特性虽然也有典型意义，但在考虑变频器时的基本要点与二次方律负载相同，故不作为典型负载来讨论。

5.1.5 对混合特殊性负载变频器的选择

大部分金属切削机床是混合特殊性负载的典型例子。

1. 混合特殊性负载及其特性

金属切削机床中的低速段，由于工件的最大加工半径和允许的最大切削力相同，故具有恒转矩性质；而在高速段，由于受到机械强度的限制，将保持切削功率不变，属于恒功率性质。以某龙门刨床为例，其切削速度小于 25m/min 时，为恒转矩特性区，切削速度大于 25m/min 时，为恒功率特性区。其机械特性如图 5.5(a) 所示，而功率特性则如图 5.5(b) 所示。

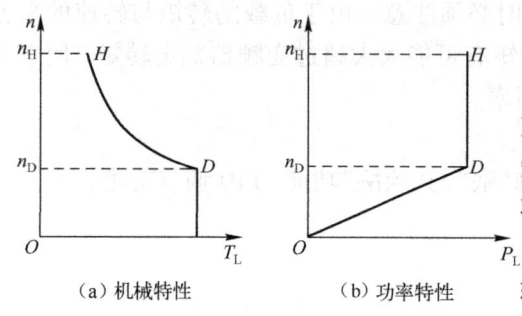

图 5.5 混合负载的机械特性和功率特性
(a) 机械特性　　(b) 功率特性

2. 变频器的选择

金属切削机床除了在切削加工毛坯时，负载大小有较大变化外，其他切削加工过程中，负载的变化通常是很小的。就切削精度而言，选择 V/f 控制方式能够满足要求。但从节能角度看并不理想。

矢量变频器在无反馈矢量控制方式下，已经能够在 0.5Hz 时稳定运行，完全可以满足要求。而且无反馈矢量控制方式能够克服 V/f 控制方式的缺点。

当机床对加工精度有特殊要求时，才考虑有反馈矢量控制方式。

目前，国内外已有众多生产厂家定型生产多个系列的变频器，使用时应根据实际需要选择满足使用要求的变频器。选用时应遵循以下原则：

(1) 对于风机和泵类负载，由于低速时转矩较小，对过载能力和转速精度要求较低，故选用价廉的变频器。

(2) 对于希望具有恒转矩特性，但在转速精度及动态性能方面要求不高的负载，可选用无矢量控制型的变频器。

(3) 对于低速时要求有较硬的机械特性，并要求有一定的调速精度，在动态性能方面无较高要求的负载，可选用不带速度反馈的矢量控制型变频器。

(4) 对于某些对调速精度及动态性能方面都有较高要求，以及要求高精度同步运行的负载，可选用带速度反馈的矢量控制型变频器。

当然，在选择变频器时，除了考虑以上因素以外，价格和售后服务等其他因素也应考虑。

5.2 变频器容量计算

变频器的容量一般用额定输出电流(A)、输出容量(kVA)、适用电动机功率(kW)表示。其中,额定输出电流为变频器可以连续输出的最大交流电流有效值。输出容量是指额定输出电流与额定输出电压乘积的三相视在输出功率。适用电动机功率是以2、4极的标准电动机为对象,表示在额定输出电流以内可以驱动的电动机功率。应注意:6极以上的电动机和变极电动机等特殊电动机的额定电流比标准电动机大,不能根据适用电动机功率选择变频器容量。因此,用标准2、4极电动机拖动的连续恒定负载,变频器的容量可根据适用电动机的功率选择;对于用6极以上和变极电动机拖动的负载、变动负载、断续负载和短路负载,变频器的容量应按运行过程中可能出现的最大工作电流来选择。

5.2.1 根据电动机电流选择变频器容量

采用变频器驱动异步电动机调速时,在异步电动机确定后,通常应根据异步电动机的额定电流来选择变频器,或者根据异步电动机实际运行中的电流值(最大值)来选择变频器。

1. 连续运行的场合

由于变频器供给电动机是脉动电流,其脉动值比工频供电时的电流要大。因此须将变频器的容量留有适当的裕量。

一般令变频器的额定输出电流≥(1.05~1.1)倍的电动机额定电流(铭牌值)或电动机实际运行中的最大电流。即:

$$I_{1NV} \geqslant (1.05 \sim 1.1) I_N \text{ 或 } I_{1NV} \geqslant (1.05 \sim 1.1) I_{max} \tag{5-4}$$

式中,I_{1NV}——变频器额定输出电流(A);

I_N——电动机额定电流(A);

I_{max}——电动机实际最大电流(A)。

如按电动机实际运行中的最大电流来选定变频器时,变频器的容量可以适当减小。

2. 加减速时变频器容量的选定

变频器的最大输出转矩是由变频器的最大输出电流决定的。一般情况下,对于短时间的加减速而言,变频器允许达到额定输出电流的130%~150%(依变频器容量而定)。因此,在短时加减速时的输出转矩也可以增大。反之,如只需要较小的加减速转矩时,也可降低选择变频器的容量。由于电流的脉动原因,此时应将变频器的最大输出电流降低10%以后再进行选定。

3. 频繁加减速运转时变频器容量的选定

如果是图5.6所示的频繁加减速运行曲线,可根据加减速、恒速等各种运行状态下的电流值,按下式进行选定:

$$I_{1NV} = K_0 \frac{I_1 t_1 + I_2 t_2 + \cdots + I_n t_n}{t_1 + t_2 + \cdots + t_n} \tag{5-5}$$

式中,I_{1NV}——变频器额定输出电流(A);

I_1、I_2、…——各运行状态下的平均电流(A);

t_1、t_2、…——各运行状态下的时间(s);

K_0——安全系数(运行频繁时 K_0 取 1.2,一般 K_0 取 1.1)。

4. 电流变化不规则的场合

在运行中,如果电动机电流不规则变化,此时不易获得运行特性曲线。这时可根据使电动机在输出最大转矩时的电流限制在变频器的额定输出电流内的原则,选择变频器容量。

5. 电动机直接启动时所需变频器容量的选定

通常,三相异步电动机直接用工频启动时,启动电流为其额定电流的 5~7 倍,直接启动时按下式选取变频器的额定输出电流:

$$I_{1NV} \geqslant I_K/K_g \tag{5-6}$$

式中,I_K——在额定电压、额定频率下电动机启动时的堵转电流(A);

K_g——变频器的允许过载倍数,K_g = 1.3~1.5。

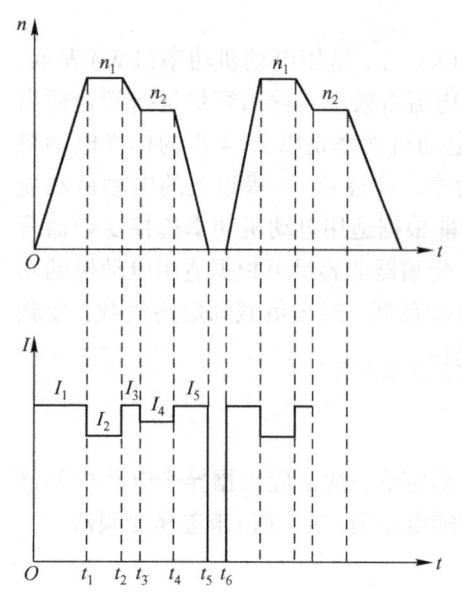

图 5.6 频繁加减速运转时的运行曲线图

6. 多台电动机共用一台变频器供电

上述 1~5 仍适用,但还应考虑以下几点:

(1) 在电动机总功率相等的情况下,由多台小功率电动机组成的一方,比由台数少但电动机功率较大的一方电动机效率低。因此两者电流总值并不相等,因此可根据各电动机的电流总值来选择变频器。

(2) 有多台电动机依次进行直接启动,到最后一台电动机启动时,其启动条件最不利。

(3) 在确定软启动、软停止时,一定要按启动最慢的那台电动机进行确定。

(4) 如有一部分电动机直接启动时,可按下式进行计算:

$$I_{1NV} \geqslant [N_2 I_K + (N_1 + N_2) I_N]/K_g \tag{5-7}$$

式中,N_1——电动机总台数;

N_2——直接启动的电动机的台数;

I_K——电动机直接启动时的堵转电流(A);

I_N——电动机额定电流(A);

K_g——变频器允许过载倍数,为 1.3~1.5;

I_{1NV}——变频器额定输出电流(A)。

5.2.2 选择容量时注意事项

1. 并联追加投入启动

用 1 台变频器使多台电动机并联运转时,如果所有电动机同时启动加速可按上一小节第 6 点内容选择容量;但是对于一小部分电动机开始启动后再追加启动其他电动机的场合,此时变频器的电压、频率已经上升,变频器的额定输出电流可按下式确定:

$$I_{1NV} \geqslant \sum_{}^{N_1} KI_m + \sum_{}^{N_2} I_{ms} \tag{5-8}$$

式中，I_{1NV}——变频器额定输出电流(A)；

N_1——先启动的电动机台数；

N_2——追加投入启动的电动机台数；

I_m——先启动的电动机的额定电流(A)；

I_{ms}——追加启动电动机的启动电流(A)；

K——安全系数(一般 K 取 1.2)。

2. 大过载容量

根据负载的种类往往需要过载容量大的变频器。但通用变频器过载容量通常多为 125%、60s 或 150%、60s，需要超过此值的过载容量时，必将增大变频器的容量。例如，对于 150%、60s 的变频器要求 200% 的过载容量时，必须按式(5-4)计算出的额定电流的 1.33 倍选择变频器容量。

3. 轻载电动机

电动机的实际负载比电动机的额定输出功率小时，可选择与实际负载相称的变频器容量。但对于通用变频器，即使实际负载小，如果选择的变频器容量比按电动机额定功率选择的变频器容量小，其效果并不理想。

4. 启动转矩和低速区转矩

电动机使用通用变频器启动时，其启动转矩与用工频电源启动时相比，多数变小。根据负载的启动转矩特性有时不能启动。另外，在低速运转区的转矩通常比额定转矩小。若选用的变频器和电动机不能满足负载所要求的启动转矩和低速转矩时，变频器和电动机的容量还需要再加大。例如，在低速运转区某一速度下，如果需要输出变频器和电动机的额定转矩的 70% 时，而输出转矩特性曲线只能得到 50% 的转矩，则变频器和电动机的容量要重新选择，为最初选定容量的 1.4(70/50) 倍以上。

5. 输出电压

变频器输出电压可按电动机额定电压选定。按国家标准，可分成 220V 系列和 400V 系列两种。对于 3kV 的高电压电动机使用 400V 等级的变频器，可在变频器的输入侧装设输入变压器，在输出侧安装输出变压器，将 3kV 先降为 400V，再将变频器的输出升到 3kV。

6. 输出频率

变频器的最高输出频率根据机种的不同而有很大的不同，有 50Hz/60Hz、120Hz、240Hz 或更高。50Hz/60Hz 通常在额定速度以下范围进行调速运转，大容量的通用变频器大多为这类。最高输出频率超过工频的变频器多为小容量，在 50Hz/60Hz 以上区域，由于输出电压不变，为恒功率特性。要注意变频器在高速区转矩的减小，但是车床等机床可根据工件的直径和材料改变速度，在恒功率的范围内使用。轻载时采用高速可以提高生产率，但要注意不要超过电动机和负载的容许最高速度。

综合以上各点，可根据变频器的使用目的所确定的最高输出频率来选择变频器。

7. 保护结构

变频器内部产生的热量大，考虑到散热的经济性，除小容量变频器外几乎都是开启式结构，采用风扇进行强制冷却。变频器设置场所在室外或周围环境恶劣时，最好装在独立盘上，采用具有冷却用热交换装置的全封闭式结构。

对于小容量变频器，在粉尘、油雾多的环境或者棉绒多的纺织厂也可采用全封闭式结构。

8. V/f 模式

V/f 模式作为变频器独特的输出特性，用于表示随输出频率(f)改变的输出电压(V)的变化特性。控制 V/f 模式可使电动机产生与负载转矩特性相适应的转矩，从而可高效率地利用电动机。

9. 电网与变频器的切换

把用工频电网运转中的电动机切换到变频器运转时，一旦断开工频电网，必须等电动机完全停止以后，再切换到变频器侧启动。但从电网切换到变频器时，对于无论如何也不能一下子完成停止的设备，需要选择具有不使电动机停止就能切换到变频器侧的控制装置(选用件)的机种。这种控制装置可使电动机从电网切换后与变频器同步，然后再使变频器输出功率。

10. 瞬时停电再启动

发生瞬时停电使变频器停止工作后，一旦恢复通电变频器也不能马上开始工作，需要等电动机完全停止后，再启动。这是因为变频器再次开机时的频率不适当，会引起过电压、过电流保护动作，造成故障而停止。但是对于生产流水线等，由于设备上的关系，有时会因瞬间停电而使由变频器传动的电动机停转而影响生产，此时，应选择在电动机瞬间停电中有自行开始工作的控制装置的变频器。

5.3 变频器的外围设备及其选择

变频器的运行离不开某些外围设备，选用外围设备常是为了下述目的：①提高变频器的某种性能；②变频器和电动机的保护；③减小变频器对其他设备的影响等。这些外围设备通常都是选购配件，分常规配件和专用配件两类，接线如图5.7所示。

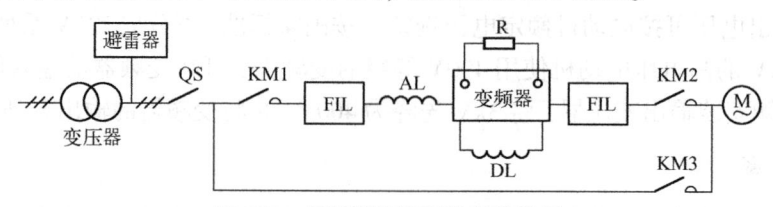

图5.7 变频器的外围设备接线图

5.3.1 常规配件的选择原则

1. 电源变压器

(1) 选用目的。如果电网电压不是变频器所需要的数量等级，使用电源变压器可以将高压电源变换到通用变频器所需的电压等级。即使电网电压是变频器所需要的数量等级，为了减小变频器对电网的影响,也可以加变压器隔离,隔离变压器的输入电压和输出电压相同。

(2)电源变压器的容量确定方法。变频器的输入电流含有一定量的高次谐波,使电源侧的功率因数降低,若再考虑变频器的运行效率,则变压器的容量常按下式考虑:

$$变压器的容量(KVA) = \frac{变频器的输出功率}{变频器的输入功率因数 \times 变频器效率}$$

其中,变频器功率因数在有输入交流电抗器 AL 时取 0.8~0.85,无输入电抗器 AL 时则取 0.6~0.8。变频器效率可取 0.95,变频器输出功率应为所接电动机的总功率。变压器容量的参考值,常按经验取变频器容量的 130% 左右。若负载较重,可适当加大变压器的容量。

2. 避雷器

避雷器用来吸收由电源侵入的浪涌电压,可选专用避雷器或用三个压敏电阻代替避雷器。

3. 电源侧断路器

(1)选用目的。电源侧断路器用于变频器、电动机与电源回路的通断,并且在出现过电流或短路事故时能自动切断变频器与电源的联系,以防事故扩大。如果需要进行接地保护,也可以采用漏电保护式开关。

(2)选择方法。断路器的额定电流大于变频器的额定输入电流。

4. 电源侧电磁接触器

(1)选用目的。电源一旦断电后,电磁接触器自动将变频器与电源脱开,以免在重新供电时变频器自行工作,以保护设备及人身安全;在变频器内部保护功能起作用时,通过接触器使变频器与电源脱开。

(2)选择方法。交流接触器主触点的额定电流大于变频器的额定输入电流。

5. 电动机侧电磁接触器和工频电网切换用接触器

变频器和工频电网之间的切换运行是互锁的,这可以防止变频器的输出端接到工频电网上。一旦出现变频器输出端误接到工频电网的情况,将损坏变频器。对于具有内置工频电源切换功能的通用变频器,应选择变频器生产厂家提供或推荐的接触器型号;对于变频器用户自己设计的工频电源切换电路,应按照接触器常规选择原则选择。

6. 热继电器

变频器都具有内部电子热保护功能,不需要热继电器保护电动机,但遇到下列情况时,应使用热继电器:

(1) 10Hz 以下或 60Hz 以上连续运行。

(2) 一台变频器驱动多台电动机。

(3) 需要变频和工频之间的切换。

热继电器热元件的额定电流应大于被保护电动机的额定电流,整定为被保护电动机的额定电流。

7. 导线的选取

主电路的导线按变频器使用说明书要求的规格选用,也可以根据电动机电流(参考附录

B）选用。附录 A 所示的载流量是导线温度为 70℃ 的载流量，选用时应留有余量；还可以参照附录 B 选用导线。

在变频器的功率不是很大时，导线可按经验值 5A/mm² 估算，导线较细时可稍大于 5A/mm²，导线较粗时应小于 5A/mm²，并且导线越粗，单位面积的载流量越小。一般主回路最细选用 2.5mm² 的导线，控制回路选用 1mm² 的导线。但控制线较多时，变频器或 PLC 的出线孔可能装不下，可使用 0.75mm² 或 0.5mm² 的导线。导线标称截面有 0.5、0.75、1、1.5、2.5、4、6、10、16、25、35、50mm² 等规格。

5.3.2 专用配件的选择

1. 无线电噪声滤波器 FIL

无线电噪声滤波器 FIL 用于限制变频器因高次谐波对外界的干扰，可酌情选用，输入输出侧都可用。

2. 交流电抗器 AL 和直流电抗器 DL

交流电抗器 AL 用于抑制变频器输入侧的谐波电流，改善功率因数。选用与否视电源变压器与变频器容量的匹配情况及电网电压允许的畸变程度而定。一般情况以采用为好。

直流电抗器 DL 用于改善变频器输出电流的波形，减低电动机的噪声。

3. 制动电阻

制动电阻用于吸收电动机再生制动的再生电能，可以缩短大惯量负载的自由停车时间；还可以在位能负载下放时，实现再生运行。

变频器内部配有制动电阻，但当内部制动电阻不能满足工艺要求时，可选用外部制动电阻。制动电阻阻值及功率计算比较复杂，一般用户可以根据经验并参照表 5-1 的最小制动电阻选取，也可以由试验来确定。一般选 200W 管型电阻（可调）或磁盘电阻。

表 5-1 最小制动电阻表

电动机功率（kW）	0.4	0.75	2.2	3.7	5.5	7.5	11	15	18.5~45
最小制动电阻（Ω）	96	96	64	32	32	32	20	20	12.8

5.4 变频器的安装

变频器是全晶体管设备，所以它对周围环境的要求也和其他晶体管设备一样。为了使变频器能稳定地工作，发挥其具有的性能，必须确保设置环境能充分满足 IEC 标准及国标对变频器所规定环境的容许值。

5.4.1 设置场所

装设变频器的场所应具备以下条件：
(1) 电气室应湿气少，无水浸入。
(2) 无爆炸性、燃烧性或腐蚀性气体和液体、粉尘少。

(3) 装置容易安装。
(4) 应有足够的空间，便于维修检查。
(5) 应备有通风口或换气装置以排出变频器产生的热量。
(6) 应与易受变频器产生的高次谐波和无线电干扰影响的装置隔离。
(7) 安装在室外的变频器必须单独按照户外配电装置设置。

5.4.2 使用环境

下面叙述变频器长期稳定运行所必须的环境条件。

1. 周围温度

变频器运行中周围温度的允许值多为0℃~40℃或-10℃~+50℃，避免阳光直射。

（1）上限温度。对于单元型变频器装入配电柜或控制盘内使用时，考虑柜内预测温升10℃，则上限温度多定为50℃。变频器为全封闭结构，上限温度为40℃的壁挂用单元型变频器装入配电柜内使用时，为了减少温升，可以装设通风管（选用件）或者取下单元外罩。

（2）下限温度。周围温度的下限值多为0℃或-10℃，以不结霜为前提条件。

2. 周围湿度

变频器要注意防止水或水蒸汽直接进入变频器内，以免引起漏电，甚至打火、击穿。而周围湿度过高，也会使电气绝缘降低、使金属部分被腐蚀。为此，变频柜安装平面应高出水平地面0.8m以上。

3. 周围气体

作为室内设置，其周围不可有腐蚀性、爆炸性或燃烧性气体，还要选择粉尘和油雾少的设置场所。

4. 振动

关于耐振性因机种的不同而不同，设置场所的振动加速度多被限制在0.3~0.6g（振动强度≤5.9m/s²）以下。对于机床、船舶等事先能预测振动的场合，必须选择有耐振措施的机种。

5. 抗干扰

为防止电磁干扰，控制线应有屏蔽措施，母线与动力线要保持不少于100mm的距离。

5.4.3 安装环境

下面主要针对变频器安装场所的温度、湿度和振动等环境进行研究。

1. 温度

由于变频器工作过程中会导致变频器发热，在设计配电柜或设计电气室、设置场所时，必须考虑变频器工作时其周围温度要控制在允许范围以内。

（1）防止配电柜发热。需要采取加大配电柜的尺寸，或增加换气风量等方法。变频器在控制箱内的间隔如图5.8所示，几种安装方式如图5.9所示。

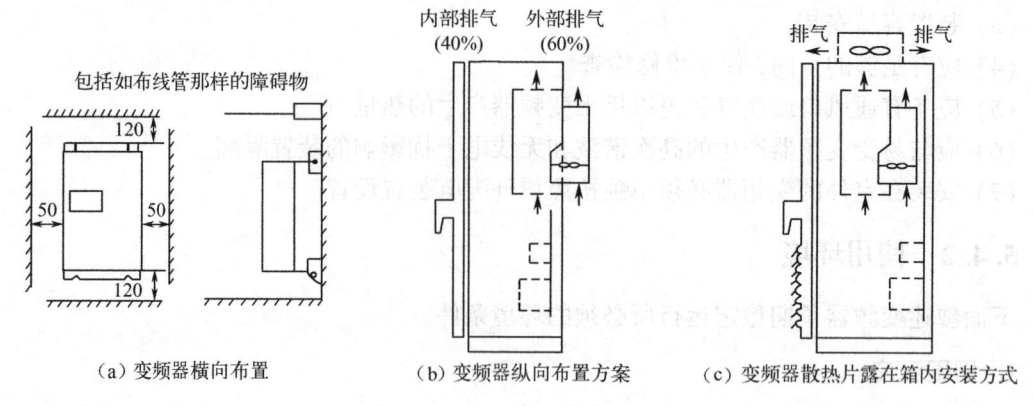

(a) 变频器横向布置　　(b) 变频器纵向布置方案　　(c) 变频器散热片露在箱内安装方式

图 5.8　变频器在控制箱内的布置

配电柜内布置应注意以下几点：

① 考虑到柜内温度的增加，不应将变频器放在密封的小盒中或在其周围空间堆放零件、热源等。

② 配电柜内的温度应不超过50℃。

③ 在配电柜内安装冷却扇时，应设计成使冷却空气能通过热源部分。变频器和风扇安装位置不正确将导致变频器周围的温度超过允许的数值。

④ 将多台变频器安装在同一装置或控制箱里时，为减少相互热影响，建议横向并列安放，如图5.9(a)所示。必须上下(纵向)安装时，为了使下部的热量不至影响上部的变频器，应在变频器之间加入一块隔板，如图5.9(b)所示。

(2) 防止电气室或设置场所过热。因变频器的发热使电气室或设置场所的温度升高时可采取以下对策：

① 设置通风口或换气装置。设置通风口或换气装置时，要注意其构造，充分考虑到不要有湿气的侵入和强风时雨水的侵入。

② 设置冷房装置，强制降低周围温度。冷房装置要根据发热量来选择，选择要领请参考与空调有关的文献。

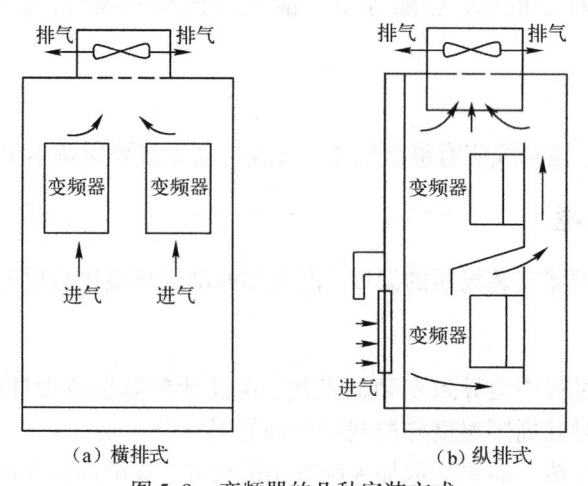

(a) 横排式　　(b) 纵排式

图 5.9　变频器的几种安装方式

2. 湿度

(1) 环境的湿度对策。变频器放置在湿度高的地方，常常发生绝缘劣化和金属部分的腐蚀。如果受设置场所的限制，不得已放置在湿度较高的场所，房屋应尽可能采用密闭式结构，利用冷房装置等进行除湿。为了防止变频器停止时的结露，有时加装空间对流加热器。

(2) 变频器的湿度对策。在设置变频器的配电柜中，作为结露防止对策应装设空间对流加热器。变频器运转时，则切断加热器回路。

3. 振动

在有振动的场所应注意，振动超过变频器的容许值时，在振源一侧需要采取减小振动的对策，而在变频器一侧需要采用防振橡胶或变更设置场所等。在有振动的场所设置的变频器，必须以容易松动的主电路为重点，定期进行加固。

5.4.4 安装方法

(1) 把变频器用螺栓垂直安装到坚固的物体上，而且从正面就可以看见变频器正面的文字位置，不要上下颠倒或平放安装。

(2) 变频器在运行中会发热，为确保冷却风道畅通，按图 5.10 所示的空间安装（电线、配线槽不要通过这个空间）。由于变频器内部热量从上部排出，所以不要安装到不耐热的机器下面。

(3) 变频器在运转中，散热片的附近温度可上升到 90℃，故变频器背面要使用耐温材料。

(4) 变频器安装在控制箱内时，要充分注意换气，防止变频器周围温度超过额定值，且不要将变频器放在散热不良的小密闭箱内。

注意事项：

(1) 变频器和电动机外壳与电缆屏蔽层之间必须保证高频等电位接地，同时每台装置也必须与 PE（黄绿色）保护接地端子一起连接到接地装置上。

(2) 如果使用附加的输入滤波器，则应将其安装在变频器的后面，且要通过非屏蔽电缆直接与主电源相连。

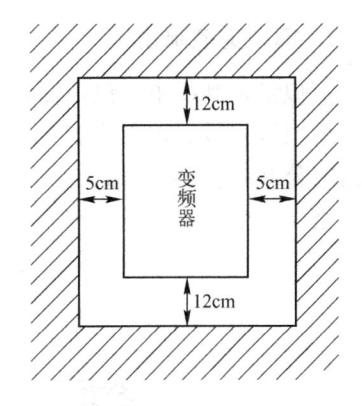

图 5.10 安装方向与周围的空间

5.5 变频器的接线

5.5.1 主电路的接线

主电路的接线方法如图 5.11 所示。图中，Q 是空气断路器，KM 是接触器触点。R、S、T 是变频器的输入端，接电源进线。U、V、W 是变频器的输出端，与电动机相接。变频器与电动机之间的电缆长度应满足规定要求。注意：不能用接触器的触点来控制变频器的运行和停止，应使用控制面板上的操作键或接线端子上的控制信号；变频器的输出端不能接电力电容或浪涌吸收器；电动机的旋转方向如果和生产工艺要求不一致，最好用调换变频器输出相序的方法，不要用调换控制端子 FWD 或 REV 的控制信号来改变电动机的旋转方向。

变频器的输入端和输出端绝对不允许接错。如果输入电源接到了 U、V、W 端，则不管哪个逆变管导通，都将引起两相间的短路而将逆变管迅速烧坏，如图 5.12 所示虚线回路。

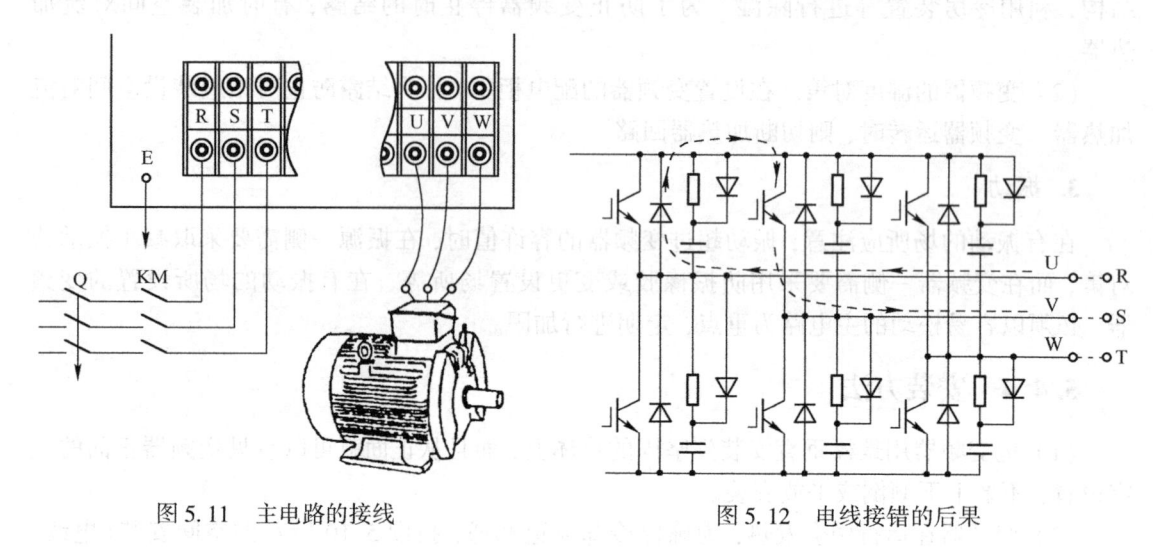

图 5.11 主电路的接线

图 5.12 电线接错的后果

5.5.2 控制电路的接线

1. 模拟量控制线

模拟量控制线主要包括输入侧的给定信号线和反馈线、输出侧的频率信号线和电流信号线。模拟量信号的抗干扰能力较低，必须使用屏蔽线，屏蔽层靠近变频器的一端，应接控制电路的公共端(COM)，而不要接到变频器的地端(E)或大地，如图 5.13 所示。屏蔽层的另一端悬空。

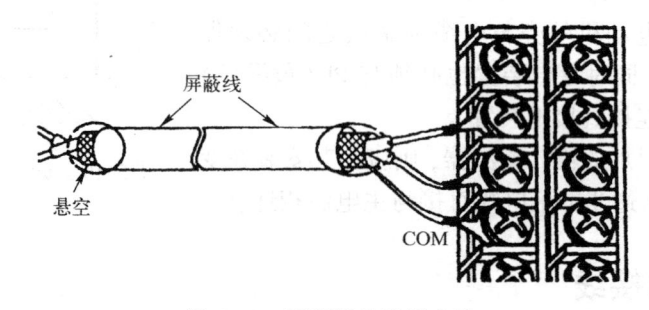

图 5.13 屏蔽线的接线方法

2. 开关量控制线

启动、点动、多挡转速控制等端子所采用的控制线都是开关量控制线。一般来说，模拟量控制线的接线原则也都适用于开关量控制线。开关量的抗干扰能力较强，故在距离不很远时，可以不使用屏蔽线，但同一信号的两根线必须绞合在一起。

3. 变频器的接地

所有变频器都有一个接地端子"E",接线时应将此端子与大地相接。当变频器和其他设备,或多台变频器一起接地时,每台设备都必须分别和大地相接,如图5.14(a)所示。不允许将一台设备的接地端和另一台设备的接地端相接后再接地,如图5.14(b)所示。

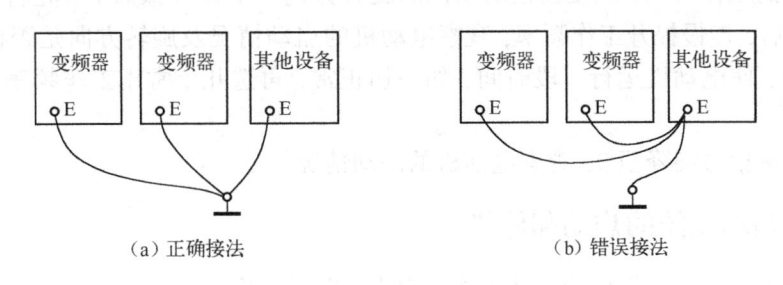

图5.14 变频器和其他设备的接地

5.6 变频调速系统的调试

变频调速系统的调试工作没有规定的步骤,只是一般应遵循"先空载、继轻载、后重载"的规律。

5.6.1 通电前的检查

变频器安装、接线完成后,通电前应进行下列检查。

1. 外观、构造检查

包括检查变频器的型号是否有误、安装环境有无问题、装置有无脱落或破损、电缆直径和种类是否合适、电气连接有无松动、接线有无错误、接地是否可靠等。

2. 绝缘电阻的检查

测量变频器主电路绝缘电阻时,必须将所有输入端(R、S、T)和输出端(U、V、W)都连接起来后,再用500V兆欧表测量绝缘电阻,其值应在10MΩ以上。而控制电路的绝缘电阻应用万用表的高阻挡测量,不能用兆欧表或其他有高电压的仪表测量。

3. 电源电压检查

检查主电路电源电压是否在允许电源电压值以内。

5.6.2 变频器的功能预置

变频器在和具体的生产机械配用时,需根据该机械的特性与要求,预先进行一系列的功能设定(如基本频率、最高频率、升降速时间等),这称为预置设定,简称预置。

功能预置的方法主要有以下两种:
(1)手动设定,也叫模拟设定,是通过电位器和多极开关设定的。
(2)程序设定,也叫数字设定,是通过编程的方式进行设定的。

多数变频器的功能预置采用程序设定,通过变频器配置的键盘实现。

5.6.3 电动机的空载试验

变频器的输出端接上电动机,使电动机尽可能与负载脱开,进行通电试验。观察变频器配上电动机后的工作情况,顺便校正电动机的旋转方向。操作步骤如下:先将频率设置于0位,合上电源后,慢慢提升工作频率,观察电动机的启动情况及旋转方向是否正确。将频率升到额定频率,使电动机运行一段时间,如一切正常,再选几个常用工作频率,也使电动机运行一段时间。

将给定频率信号突降至0,观察电动机的制动情况。

5.6.4 拖动系统的启动和停机

将电动机的输出轴与机械传动装置连接起来,进行试验。

1. 启转试验

使工作频率从0Hz开始慢慢增加,观察拖动系统能否启转,在多大频率下启转。如启转比较困难,应加大启动转矩。具体方法是:加大启动频率以及采用矢量控制等。

2. 启动试验

将给定信号调至最大,按启动键,观察启动电流的变化及整个拖动系统在升速过程中运行是否平稳。如因启动电流过大而跳闸,则应适当延长升速时间。

3. 停机试验

将运行频率调至最高工作频率,按停止键,观察拖动系统的停机过程是否出现过电压或过电流而跳闸,如有则适当延长降速时间。当输出频率为0Hz时,观察拖动系统是否有爬行现象,如有则适当加强直流制动。

5.6.5 拖动系统的负载试验

负载试验的主要内容是:最高频率时的带负载能力试验,观察在正常负载下能否拖动。在负载的最低工作频率下,观察电动机的发热情况。使拖动系统工作在负载所要求的最低转速下,施加最大负载,按负载要求的连续运行时间进行低速连续运行,观察电动机的发热情况。

超载试验,按负载可能出现的超载情况及持续时间进行试验,观察拖动系统能否继续工作。当电动机在工频以上运行时,不能超过电动机规定的最高频率范围。

5.7 变频器的抗干扰技术

5.7.1 变频器的干扰

在变频器的输入和输出电路中,除较低次的谐波成分外,还有许多频率很高的谐波电流。这些谐波电流除了增加输入侧的无功功率、降低功率因数(主要是频率较低的谐波电流)

以外，还将以各种方式把自己的能量传播出去，形成对其他设备的干扰信号，严重的甚至使某些设备无法正常工作。

变频器干扰其他设备的根本原因，是因为其输入和输出电流中具有高次谐波成分。变频器的输入电流中具有很大的高次谐波成分，这些高次谐波电流除了影响功率因数外，也可能对其他设备形成干扰。由于绝大多数逆变桥都采用 SPWM 调制方式，其输出电压为占空比按正弦规律分布的系列矩形波。又由于电动机定子绕组的电感性质，其定子电流十分接近正弦波，但其中与载波频率相等的谐波分量仍较大。

5.7.2 干扰信号的传播方式

大体上说，干扰信号的传播方式有以下几种。

1. 电路传导方式

电路传导方式即通过相关电路传播干扰信号，具体的传播途径有：
(1) 通过电源网络传播。这是变频器输入电流干扰信号的主要传播方式。
(2) 通过漏电流传播。这是变频器输出侧干扰信号的主要传播方式。

2. 感应耦合方式

当变频器的输入电路或输出电路与其他设备的电路在位置上靠得很近时，变频器的高次谐波信号将通过感应的方式耦合到其他设备中去。感应的方式又有如下两种：
(1) 电磁感应方式。这是电流干扰信号的主要传播方式。由于变频器的输入电流和输出电流中的高频成分要产生高频磁场，该磁场的高频磁力线穿过其他设备的控制线路而产生感应干扰电流。
(2) 静电感应方式。这是电压干扰信号的主要传播方式，是指变频器输出的高频电压波通过线路的分布电容传播给主电路的方式。

3. 空中辐射方式

频率很高的谐波分量具有向空中辐射电磁波的能力，从而对其他设备形成干扰。

5.7.3 变频器的抗干扰措施

针对干扰的不同传播方式，可采用各种相应的抗干扰措施，主要有以下方法。

1. 变频器侧

(1) 对于通过感应耦合方式传播的干扰，主要采取正确地布线及采用屏蔽线等措施来削弱。

(2) 对于通过电路传导的干扰，主要通过增大线路在干扰频率下的阻抗来削弱。实际上，可以串入一个小电感，它在基波频率下的阻抗是微不足道的，但对于频率很高的谐波电流，却呈现出较高的阻抗，起到了有效的抑制作用。

(3) 对于通过空中辐射方式传播的干扰，主要采取吸收的方法来削弱。

变频器的输出侧除了和受控电动机相接外，与其他设备之间极少有线路上的联系，因此通过线路传播其干扰的情形可不予考虑。

在变频器的输出侧和电动机之间串入滤波电抗器 LD,可以滤除输出电流中的谐波成分。这样既可以抗干扰,还减小了电动机的谐波电流引起的附加转矩,改善了电动机的运行特性。

2. 仪器侧

(1) 电源隔离法:因为变频器输入侧的谐波电流常常从电源侧进入各种仪器,故在受干扰仪器的电源侧采用有效的隔离和滤波措施。

(2) 信号隔离法:在某些传感器传输线较长,并采用电流信号的场合,还可考虑在信号侧用光耦合器进行隔离。

5.8 变频器的常见故障检修

新一代高性能的变频器具有较完善的自诊断、保护及报警功能,熟悉这些功能对正确使用和维修变频器是极其重要的。当变频调速系统出现故障时,变频器大都能自动停车保护,并给出提示信息(可参照各产品说明书)。检修时应以这些显示信息为线索,查找变频器使用说明书中有关故障原因的内容,分析出现故障的范围,同时采用合理的测试手段确认故障点并进行维修。

通常,变频器的控制核心——微处理器系统与其他电路部分之间都设有可靠的隔离措施,因此出现故障的概率很低。即使发生故障,用常规手段也难以检测发现。所以,当系统出现故障时,应将检修的重点放在主电路及微处理器以外的接口电路部分。变频器常见故障原因及处理方法见表5-2。

表5-2 变频器常见故障原因及处理方法

保护功能		故 障 原 因	处 理 方 法
欠电压保护	主电路电压不足,瞬时停电保护、控制电路电压不足	电源容量不足,线路压降过大造成电源电压过低,变频器电源电压选择不当(11kW以上),处于同一电源系统的大容量电动机启动,用发电机供电的电源进行急速加速,当切断电源时执行的运转操作,电源端电磁接触器发生故障或接触不良	检测电源电压;检测电源容量及电源系统
过电流保护		加减速时间太短,在变频器输出端直接接通电动机电源,变频器输出端发生短路或接地现象,额定值大于变频器容量的电动机的启动,驱动的电动机是高速电动机、脉冲电动机或其他特殊电动机	由于可能引起晶体管故障,须认真检查,排除故障后再启动
对地短路保护		电动机的绝缘劣化,负载侧接线不良	检查电动机或负载侧接线是否与地线之间有短路
过电压保护		减速时间太短,出现负负载(由负载带动旋转),电源电压过高	制动力矩不足时,延长减速时间,若适当延长减速时间,仍不能解决问题时,选用制动电阻或制动电阻单元

续表

保护功能	故障原因	处理方法
熔丝熔断	过电流保护重复动作,过载保护的电源,复位重复动作,过励磁状态下,急速加减速(V/f特性不适),外来干扰	排除故障,确定主电路晶体管无损坏,更换熔丝后再运行
散热片过热	冷却风扇故障,周围温度太高,过滤网堵塞	更换冷却风扇或清理过滤网;将周围温度控制在40℃以下(封闭悬挂式),或者50℃以下(柜内安装式)
过载保护 电动机变频器过转矩	过负载,低速长时间运转,V/f特性不当等,电动机额定电流设定错误,生产机械异常或由于过载使电动机电源超过设定位,因机械设备异常或过载等原因,电动机中记载过设定值以上的电流	查找过负载的原因,核对运转状况、V/f特性、电动机及变频器的容量(变频器过载保护动作后,须找出原因并排除后方可重新通电,否则有可能损坏变频器);将额定电流设定在指定范围内,检查生产机械的使用状况,或者将电流设定值上调到最大允许值
制动晶体管异常	制动电阻器的阻值太小,制动电阻被短路或接地	检查制动电阻的阻值或抱闸的使用率,更换制动电阻或考虑加大变频器容量
制动电阻过热	频繁地启动、停止,连续长时间再生回馈运转	缩短减速时间,再检查制动电阻,或使用附加的制动电阻及制动单元
冷却风扇异常	冷却风扇故障	更换冷却风扇
外部异常信号输入	外部异常条件成立	排除外部异常
控制电路故障,选件接触不良,选件故障,参数写入出错	外来干扰,过强的振动、冲击	重新确认系统参数,记下全部数据后进行初始化,切断电源后,再投入电源,如仍出现异常,则需与厂家联系
通讯错误	外来干扰,过强的振动、冲击,通信电缆接触不良	重新确认系统参数,记下全部数据后进行初始化;切断电源后,再投入电源,如仍出现异常,则需与厂家联系,检查通信电缆线

习 题 5

5.1 变频器接线时应注意什么事项?
5.2 多台变频器的正确接线方法是什么?
5.3 变频器长期稳定运行所需的环境条件是什么?
5.4 简述变频器调速系统的一般步骤调试。
5.5 变频器在运行过程中,有哪些部位可能是对其他设备的干扰源,应采用哪些抗干扰措施?
5.6 简述变频器常见故障原因及处理方法。
5.7 某调速系统用变频器拖动三相交流电动机,当变频器的输出频率达到50Hz时,通常的做法是把变频器脱离系统,直接用工频供电,能否在电动机没有停止时,直接接上工频电源,会出现什么现象?为什么?
5.8 冲天炉鼓风机的变频调速系统控制电路如图5.15所示。
该电路采用高低速控制功能,图中SA为KA2电源控制开关,按钮SB1和SB2用于控制中间继电器KA3,由KA3控制接触器KM,从而控制变频器的通电与断电。ST和SF用于控制继电器KA4,从而控制变频器的运行与停止。KM和KA4之间具有连锁关系:KM未接通之前,KA4不能通电;KA4未断开时,KM也不能断电。SB3为高速按钮,SB4为低速按钮,SB5为复位按钮,KA1为报警控制,KA2为电源控制,KM是变频器通电控制，KA4是启动运行控制，HL1是变频器通电指示，HL2是变频器运行指示，HL3和HA是变频器发生故障时进行声光报警，Hz是频率指示。

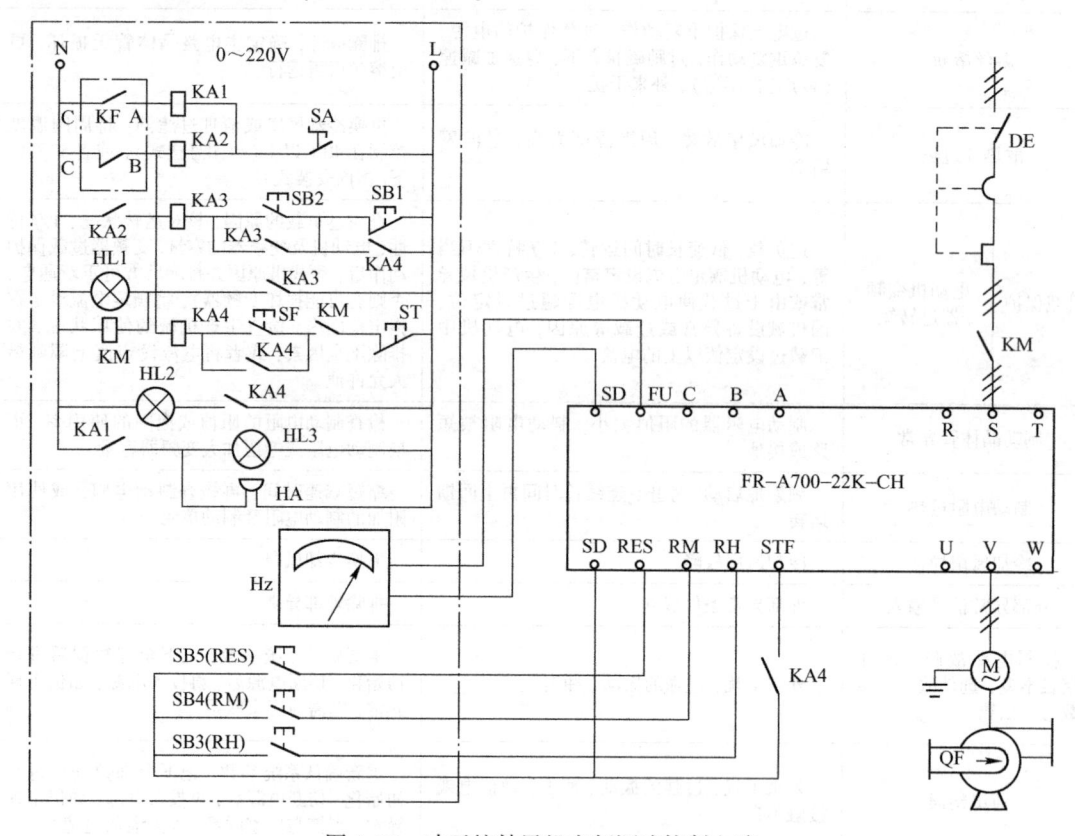

图5.15 冲天炉鼓风机变频调速控制电路

依据冲天炉鼓风机变频调速控制电路图，完成主要器件的选择和变频器参数设置，填写以下表格。
（1）主要电器的选择。主电路及控制电路中各元器件的型号规格分别见表5-3和表5-4。

表5-3 主电路及控制电路中各元器件型号规格及参数

名　称	器件选择要求	型号规格及参数
三相交流电源		
输入侧电缆		
自动空气开关		
交流接触器		
输出侧电缆		
交流电动机		型号：Y-200L2-6 电压380V、电流44.6A 功率22kW、频率50Hz 转速980r/min
罗茨鼓风机		型号 L30X40LD-1 流量21.8m^3/min 功率22kW 转速980r/min 静压34/320Pa 介质密度1.2kg/m^3 振率≤6.3mm/s

表 5-4　主电路及控制电路中各元器件型号规格

名　称	型号规格	数　量
信号灯		
蜂鸣器		
中间继电器		
按钮		

（2）变频器参数。填写表 5-5。

表 5-5　运行参数设定

功能参数	名　称	设　定　值	功能参数	名　称	设　定　值
Pr.0	转矩补偿		Pr.9	电子过电流保护	
Pr.1	上限频率		Pr.14	适用负荷选择	
Pr.2	下限频率		Pr.19	基准频率电压	
Pr.3	基准频率		Pr.59	遥控功能选择	
Pr.7	加速时间		Pr.71	适用电机	
Pr.8	减速时间		Pr.79	外部控制模式	

第6章 触摸屏与变频器

内容提要与学习要求

了解触摸屏的工作原理与分类。掌握 GOT – F940 触摸屏的操作方法及屏幕制作软件的使用。掌握 GOT – F940 触摸屏与变频器的数据通信。

6.1 触摸屏的分类与工作原理

触摸屏作为一种特殊的计算机外设，它是目前最简单、方便、自然的一种人机交互方式。它赋予了多媒体以崭新的面貌，是极富吸引力的全新多媒体交互设备。触摸屏在我国的应用范围非常广阔，主要是公共信息的查询；如电信局、税务局、银行、电力等部门的业务查询；城市街头的信息查询；此外应用于领导办公、工业控制、军事指挥、电子游戏、点歌点菜、多媒体教学、房地产预售等。尤其是公共场合信息查询服务，它的使用与推广大大方便了人们查阅和获取各种信息。

触摸屏的基本原理是用手指或其他物体触摸安装在显示器前端的触摸屏时，所触摸的位置(以坐标形式)由触摸屏控制器检测，并通过接口(如 RS – 232 串行口)送到 CPU，从而确定输入的信息。触摸屏系统一般包括触摸屏控制器和触摸检测装置两个部分。其中，触摸屏控制器的主要作用是从触摸点检测装置上接收触摸信息，并将它转换成触点坐标，再送给 CPU，它同时能接收 CPU 发来的命令并加以执行。触摸检测装置一般安装在显示器的前端，主要作用是检测用户的触摸位置，并传送给触摸屏控制卡。

按照触摸屏的工作原理和传输信息介质的不同，触摸屏可以分为电阻式触摸屏、电容式触摸屏、红外线式触摸屏、表面声波式触摸屏及近场成像(NFI)式触摸屏 5 种。每一类触摸屏都有其各自的优缺点，要了解哪种触摸屏适用于哪种场合，关键就在于要懂得每一类触摸屏技术的工作原理和特点。

6.1.1 电阻式触摸屏

电阻式触摸屏的屏体部分是一块与显示器表面相匹配的多层复合薄膜，由一层玻璃或有机玻璃作为基层，表面涂有一层透明的导电层，上面再盖有一层外表面硬化处理、光滑防刮的塑料层，它的内表面也涂有一层透明导电层，在两层导电层之间有许多细小(小于千分之一英寸)的透明隔离点把它们隔开绝缘。

当手指触摸屏幕时，平常相互绝缘的两层导电层就在触摸点位置有了一个接触，因其中一面导电层接通 Y 轴方向的 5V 均匀电压场，使得侦测层的电压由零变为非零，这种接通状态被控制器侦测到后，进行 A/D 转换，并将得到的电压值与 5V 相比即可得到触摸点的 Y 轴坐标，同理得出 X 轴的坐标，这就是所有电阻技术触摸屏共同的最基本原理。电阻类触摸屏的关键在于材料科技。电阻屏根据引出线数多少，分为四线、五线、六线等多线电阻触摸屏。四线电阻式触摸屏在强化玻璃表面分别涂上两层 ITO（铟锡氧化物）透明氧化金属导电层，最外面的一层 ITO 涂层作为导电体，第二层 ITO 则经过精密的网络附上横竖两个方向的 +5V 至 0V 的电压场，两层 ITO 之间以细小的透明隔离点隔开。当手指接触屏幕时，两层 ITO 导电层就会出现一个接触点，计算机同时检测电压及电流，计算出触摸的位置，反应速度为 10~20ms，如图 6.1 所示。

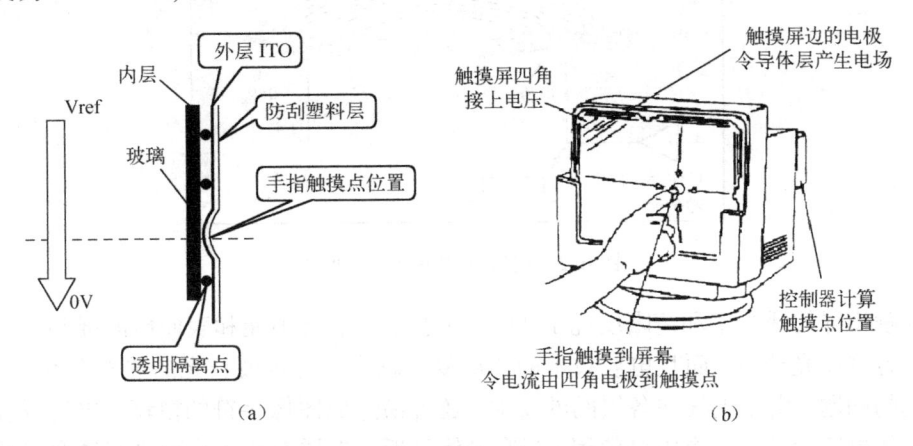

图 6.1 电阻式触摸屏工作原理

五线电阻触摸屏的外层导电层使用的是延展性好的镍金涂层材料，外导电层由于频繁触摸，使用延展性好的镍金材料目的是为了延长使用寿命，但是工艺成本较为高昂。镍金导电层虽然延展性好，但是只能作透明导体，不适合作为电阻触摸屏的工作面，因为它导电率高，而且金属不易做到厚度非常均匀，不宜作电压分布层，只能作探层。

电阻触摸屏是一种对外界完全隔离的工作环境，不怕灰尘和水汽，它可以用任何物体来触摸，可以用来写字画画，比较适合工业控制领域及办公场所使用。其分辨率为 4096×4096，单点触摸次数高达 3000 万次，电阻触摸屏共同的缺点是因为复合薄膜的外层采用塑胶材料，不知道的人太用力或使用锐器触摸可能划伤整个触摸屏而导致报废。不过，在限度之内，划伤只会伤及外导电层，外导电层的划伤对于五线电阻触摸屏来说没有关系，而对四线电阻触摸屏来说是致命的。

6.1.2 电容式触摸屏

早期由美国 3M 公司独占整个电容式触控面板的国际市场，在几年前由于基本专利到期，全球触控面板的生产业者纷纷加入开发电容式触控面板事业领域中。电容式触控产品具防尘、防火、防刮、强固耐用及具有高分辨率等优点，但有价格昂贵、容易因静电或湿度造成误动作等缺点。电容式触摸屏应用范围非常广泛，主要包括：金融系统、医疗卫生系统、公共信息系统、电玩娱乐系统等。

电容式触摸屏是在玻璃屏幕上镀一层透明的薄膜导体层 ITO（铟锡氧化物，是一种透明的导电体），再在导体层外上一块保护玻璃，为了减小角落及边缘效应对电场的影响，通常需要在屏幕的周边加上线性化的金属电极，在导电体内形成一个低电压交流电场。用户触摸屏幕时，由于人体电场、手指与导体层间会形成一个耦合电容，四边电极发出的电流会流向触点，而其强弱与手指及电极的距离成正比，位于触摸屏幕后的控制器便会计算电流的比例及强弱，准确算出触摸点的位置，如图6.2所示。电容触摸屏的双玻璃不但能保护导体及感应器，更有效地防止外在环境因素给触摸屏造成影响，就算屏幕沾有污秽、尘埃或油渍，电容式触摸屏依然能准确算出触摸位置。

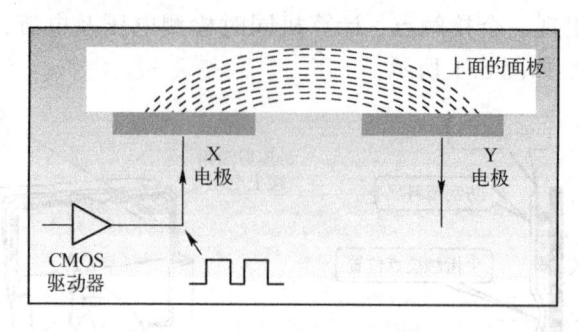

图6.2　电容式触摸屏工作原理

电容触摸屏的透光率和清晰度优于四线电阻屏，当然还不能和表面声波屏和五线电阻屏相比。电容屏反光严重，而且电容技术的四层复合触摸屏对各波长光的透光率不均匀，存在色彩失真的问题，由于光线在各层间的反射，还容易造成图像字符的模糊。电容屏在原理上把人体当作电容元件的一个电极使用，当有导体靠近与夹层ITO工作面之间耦合出足够容量值的电容时，流走的电流就足够引起电容屏的误动作。我们知道，电容值虽然与极间距离成反比，却与相对面积成正比，并且还与介质的的绝缘系数有关。因此，当较大面积的手掌或手持的导体物靠近电容屏而不是触摸时就能引起电容屏的误动作，在潮湿的天气，这种情况尤为严重，手扶住显示器、手掌靠近显示器7cm以内或身体靠近显示器15cm以内就能引起电容屏的误动作。电容屏的另一个缺点用戴手套的手或手持不导电的物体触摸时没有反应，这是因为增加了更为绝缘的介质。电容屏更主要的缺点是漂移。当环境温度、湿度改变时或环境电场发生改变时，都会引起电容屏的漂移，造成不准确。例如，开机后显示器温度上升会造成漂移，用户触摸屏幕的同时另一只手或身体一侧靠近显示器会漂移，电容触摸屏附近较大的物体移动后会漂移，当你触摸的同时有人围过来观看也会引起漂移。电容屏的漂移原因属于技术上的先天不足，环境电势面(包括用户的身体)虽然与电容触摸屏离得较远，却比手指头面积大的多，它们直接影响了触摸位置的测定。此外，理论上许多应该线性的关系实际上却是非线性的，如：体重不同或者手指湿润程度不同的人吸走的总电流量是不同的，而总电流量的变化和4个分电流量的变化是非线性的关系，电容触摸屏采用的这种4个角的自定义极坐标系还没有坐标上的原点，漂移后控制器不能察觉和恢复，而且，4个A/D转换完成后，由4个分流量的值到触摸点在直角坐标系上的X、Y坐标值的计算过程复杂。由于没有原点，电容屏的漂移是累积的，在工作现场也经常需要校准。电容触摸屏最外面的矽土保护玻璃防刮擦性很好，但是怕指甲或硬物的敲击，敲出一个小洞就会伤及夹层ITO，不管是伤及夹层ITO还是安装运输过程中伤及内表面ITO层，电容屏就不能正常工作了。

6.1.3　红外线式触摸屏

红外线触摸屏安装简单，只需在显示器上加上光点距离框，无须在屏幕表面加上涂层或接入控制器。光点距离框的四边排列了红外线发射管及接收管，在屏幕表面形成一个红外线网。用户以手指触摸屏幕某一点，便会挡住经过该位置的横竖两条红外线，计算机便可即时算出触摸点的位置，如图 6.3 所示。任何触摸物体都可改变触点上的红外线而实现触摸屏操作。

早期由于红外触摸屏存在分辨率低、触摸方式受限制和易受环境干扰而误动作等技术上的局限，因而一度淡出市场。此后第二代红外屏部分解决了抗光干扰的问题，第三代和第四代在提升分辨率和稳定性能上亦有所改进，但都没有在关键指标或综合性能上有质的飞跃。但是，了解触摸屏技术的人都知道，红外触摸屏不受电流、电压和静电干扰，适宜恶劣的环境条件，红外线技术是触摸屏产品最终的发展趋势。采用声学和其他材料学技术的触摸屏都有其难以逾越的屏障，如单一传感器的受损、老化，触摸界面怕受污染、破坏性使用，维护繁杂等等问题。红外线触摸屏只要真正实现了高稳定性能和高分辨率，必将替代其他技术产品而成为触摸屏市场主流。过去的红外触摸屏的分辨率由框架中的红外对管数目决定，因此分辨率较低，市场上主要国内产品为 32×32、40×32。最新的技术第五代红外屏的分辨率取决于红外对管数目、扫描频率以及差值算法，分辨率已经达到了 1000×720，可实现多层次自调节和自恢复的硬件适应能力和高度智能化的判别识别，可长时间在各种恶劣环境下任意使用。并且可针对用户定制扩充功能，如网络控制、声感应、人体接近感应、用户软件加密保护、红外数据传输等。

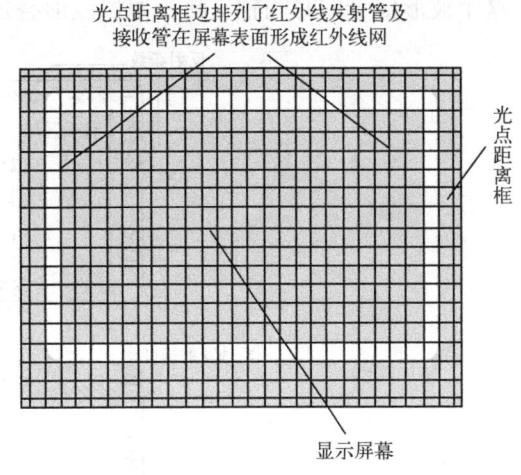

图 6.3 红外线式触摸屏的结构

红外线式触摸屏价格便宜、安装容易、能较好地感应轻微触摸与快速触摸。但是由于红外线式触摸屏依靠红外线感应动作，外界光线变化，如阳光、室内射灯等均会影响其准确度。而且红外线式触摸屏不防水、怕污垢，任何细小的外来物都会引起误差，影响其性能，不适宜置于户外和公共场所使用。

6.1.4 表面声波式触摸屏

表面声波式触摸屏的触摸屏部分可以是一块平面、球面或是柱面的玻璃平板，安装在 CRT、LED、LCD 或是等离子显示器屏幕的前面。这块玻璃平板只是一块纯粹的强化玻璃，与采用其他触摸屏技术的触摸屏相比，没有任何贴膜和覆盖层。玻璃屏的左上角和右下角各固定了竖直和水平方向的超声波发射换能器，右上角则固定了两个相应的超声波接收换能器。玻璃屏的四个周边刻有 45°角由疏到密间隔非常精密的反射条纹，如图 6.4 所示。

表面声波式触摸屏的工作原理如下(以右下角的 X 轴发射换能器为例)：

发射换能器把控制器通过触摸屏电缆传送进来的电信号转化为声波能量，向左方表面传递，然后由玻璃板下边的一组精密反射条纹把声波能量反射成向上的均匀面传递，声波能量经过屏体表面，再由上边的反射条纹聚成向右的线传播给 X 轴接收换能器，接收换能器将返回的表面声波能量转变为电信号。

当发射换能器发射一个窄脉冲后，声波能量历经不同途径到达接收换能器，走最右边的最早到达，走最左边的最晚到达，早到达的和晚到达的这些声波能量叠加成一个较宽的波形信号，不难看出，接收信号集合了所有在 X 轴方向历经长短不同路径回归的声波能量，它们在 Y 轴走过的路程是相同的，但在 X 轴上，最远的比最近的多走了两倍 X 轴最大距离。因此这个波形信号的时间轴反映各原始波形叠加前的位置，也就是 X 轴坐标。

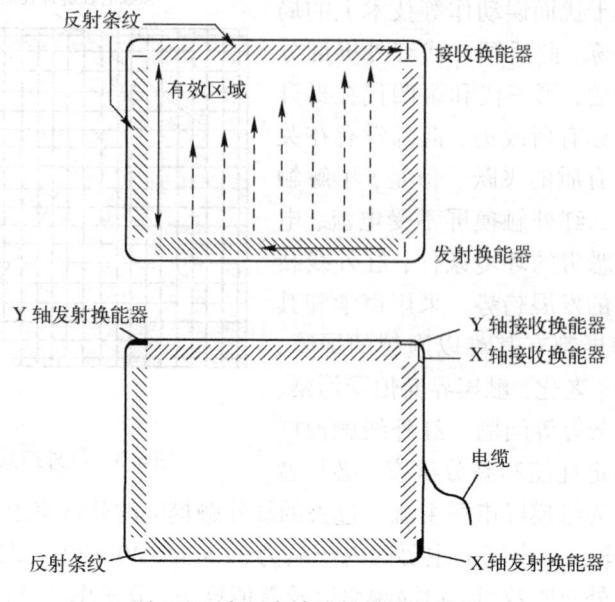

图 6.4　表面声波式触摸屏的结构

发射信号与接收信号波形在没有触摸的时候，接收信号的波形与参照波形完全一样。当手指或其他能够吸收或阻挡声波能量的物体触摸屏幕时，X 轴途经手指部位向上走的声波能量被部分吸收，反应在接收波形上即某一时刻位置上波形有一个衰减缺口，如图 6.5 所示。

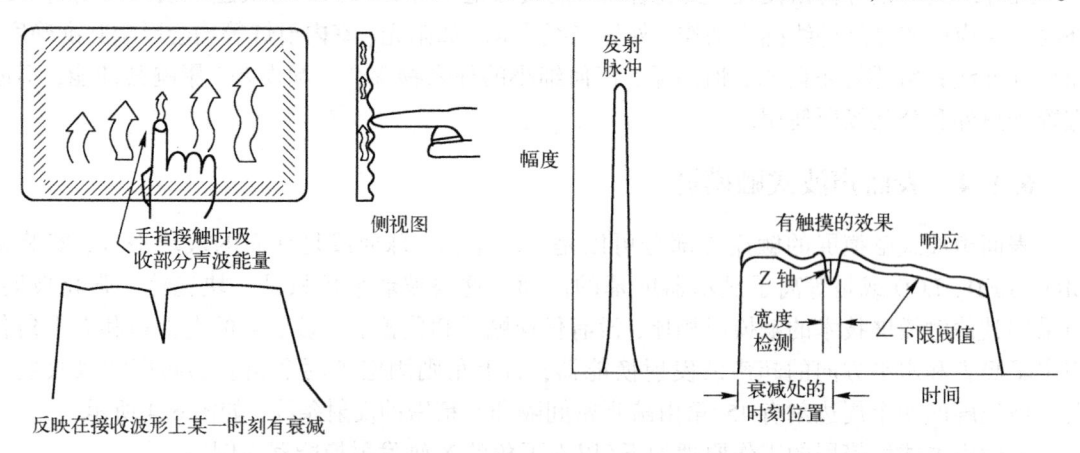

图 6.5　表面声波式触摸屏的工作原理

接收波形对应手指挡住部位信号衰减了一个缺口，计算缺口位置即得触摸坐标。控制器分析到接收信号的衰减并由缺口的位置判定 X 坐标。Y 轴按同样的方法及过程可判定出触摸点的 Y 坐标。除了一般触摸屏都能响应的 X、Y 坐标外，表面声波触摸屏还响应第三轴 Z 轴坐标，也就是能感知用户触摸压力大小值。其原理是由接收信号衰减处的衰减量计算得到的。三轴一旦确定，控制器就把它们传给主机。

表面声波触摸屏一个特点是抗暴,因为表面声波触摸屏的工作面是一层看不见、打不坏的声波能量,触摸屏的基层玻璃没有任何夹层和结构应力(表面声波触摸屏可以发展到直接做在 CRT 表面从而没有任何"屏幕"),因此非常适合使用在要求抗暴力的公共场所。

表面声波第二个特点反应速度快,是所有触摸屏中反应速度最快的,使用时感觉很顺畅。

表面声波第三个特点是性能稳定,因为表面声波技术原理稳定,而表面声波触摸屏的控制器靠测量衰减时刻在时间轴上的位置来计算触摸位置,所以表面声波触摸屏非常稳定,精度也非常高,目前表面声波触摸屏的精度通常是 4096×4096×256 级力度。

表面声波触摸屏的第四个特点是控制卡能知道什么是尘土和水滴,什么是手指,有多少在触摸。我们的手指触摸在 4096×4096×256 级力度的精度下,每秒 48 次的触摸数据不可能是不变的,而尘土或水滴就一点都不会改变,控制器发现一个"触摸"出现后,如果丝毫不变超过三秒钟即自动识别为干扰物。

表面声波触摸屏第五个特点是它具有第三轴 Z 轴,也就是压力轴响应,这是因为用户触摸屏幕的力量越大,接收信号波形上的衰减缺口也就越宽越深。目前在所有触摸屏中只有表面声波触摸屏具有能感知触摸压力这个性能,有了这个功能,每个触摸点就不仅仅是有触摸和无触摸的两个简单状态,而是成为能感知力的一个模拟量值的开关了。这个功能非常有用,比如在多媒体信息查询软件中,一个按钮就能控制动画或者影像的播放速度。

表面声波触摸屏的缺点是触摸屏表面的灰尘和水滴也阻挡表面声波的传递,虽然聪明的控制卡能分辨出来,但尘土积累到一定程度,信号也就衰减得非常厉害,此时表面声波触摸屏变得迟钝甚至不工作,因此,表面声波触摸屏一方面推出防尘型触摸屏,一方面建议别忘了每年定期清洁触摸屏。

6.1.5 近场成像(NFI)式触摸屏

近场成像式(NFI,Near Field Imaging)触摸屏是 3MTouch 公司最新研发并生产出来的一种产品,它满足于恶劣环境下仍需要提供灵敏的触控功能,且随时需要戴手套触摸的场合。近场成像式触摸屏共由 4 层组成:第一层为强化玻璃(最外层),第二层为特殊材料胶层,第三层为底层玻璃(含导电涂层、传导电路),第四层为触摸屏连接电缆。

近场成像式触摸屏的工作原理就是在导电涂层上施加一个交流信号,从而在屏幕表面形成一个静电场,当有手指(带不带手套均可)或其他导体接触到传感器时,静电场就会受到干扰,而与之配套的影像处理控制器就可以探测到这个干扰信号并实时地将信号的位置计算出来,然后将相应的坐标参数传给操作系统。

近场成像式触摸屏具有以下优点:

(1)可以对抗对表面的刮、磨、腐蚀或其他故意破坏。

(2)防撞击及强烈震动。

(3)适用于肮脏、潮湿、露天广场及其他污染的环境下。

(4)识别多点触控和拖放,并支持 TouchSurroundTM 技术(即可同时触摸和拖放两个以上的点)。

(5)具有定制功能(广泛使用在各种工控仪器上),用户可预先创建设定的按键。例如,用户将一片 12.1 寸的近场成像式触摸屏用在一个 10.4 寸的液晶模块上,将触摸屏的一部分供显示区域用,余下部分可印刷各种图形、按键、符号等。因为近场成像式触摸屏支持多点触摸，所以触摸精度、灵敏度等完全不受影响。

由于近场成像式触摸屏抵御任何恶劣环境影响和恶意破坏的能力非常强，又具有免维护性能，是工业控制系统及户外、露天查询系统的最佳选择。维护时不需要擦拭玻璃，不需要拆外壳清扫灰尘，是全球各大商家提供工业控制、公众查询服务的最佳产品。但其不足之处是价格比较昂贵。

以上几种触摸屏的特点见表6-1所示。

表6-1 各种触摸屏的特点

	电阻式触摸屏	电容式触摸屏	红外线式触摸屏	表面声波式触摸屏
透光率	85%	85%	100%	92%
分辨率	4096×4096	1024×1024	977×737	4096×4096
感应轴	X、Y	X、Y	X、Y	X、Y、Z
漂移	无	有	无	无
耐磨损性	好	好	很好	很好
响应速度	<10ms	<3ms	<20ms	<10ms
干扰性	无	电磁干扰	光扰	无
污物影响	无	较小	无	小
稳定性	好	差	高	一般

6.2 三菱 GOT – F940

GOT(Graphic Operation Terminal，图形操作终端)是一种安装在控制面板或操作面板的表面上并连接到可编程控制器的触摸屏，在其监视屏幕上可进行开关操作、指示灯、数据显示、信息显示和其他一些原由操作面板执行的操作，而且可以监视各种设备的状态、改变PLC中的数据，如图6.6所示。

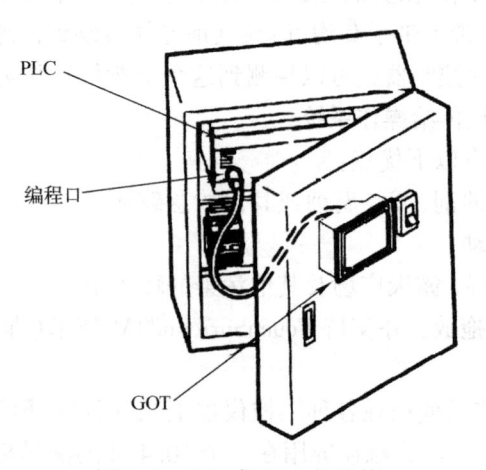

图6.6 GOT与PLC的连接

导入 GOT 的优点如下：

（1）操作盘的小型化。在软件方面设置各种功能，能够减少开关、指示灯等硬件类安装部件，使装置更趋小型化。

（2）布线方面的成本节约。通过软件方面的设置，实现与操作盘内部件间的布线相类似的功能，可以省略繁琐而又耗费成本的布线。

（3）实现操作盘的标准化。即便要求规格发生更改，也可以通过软件方面的画面数据设置更改轻松应对，能够实现操作盘的标准化。

（4）增加了作为 HMI（Human Machine Interface，人机界面）的附加价值。不仅是开关或指示灯显示，还能够轻松地实现图形显示、文本显示、报警显示等，因而可以提高装置整体的附加价值。

三菱 GOT1000 产品系列分为 GT10、GT11、GT15 机型。GT10 外形小巧，表现力丰富，是浓缩了人机界面功能的基本机型；GT11 作为单机使用，是增强了基本性能的标准机型；GT15 从单机使用到网络，是涵盖广泛应用领域的高性能机型。

型号的含义如下：

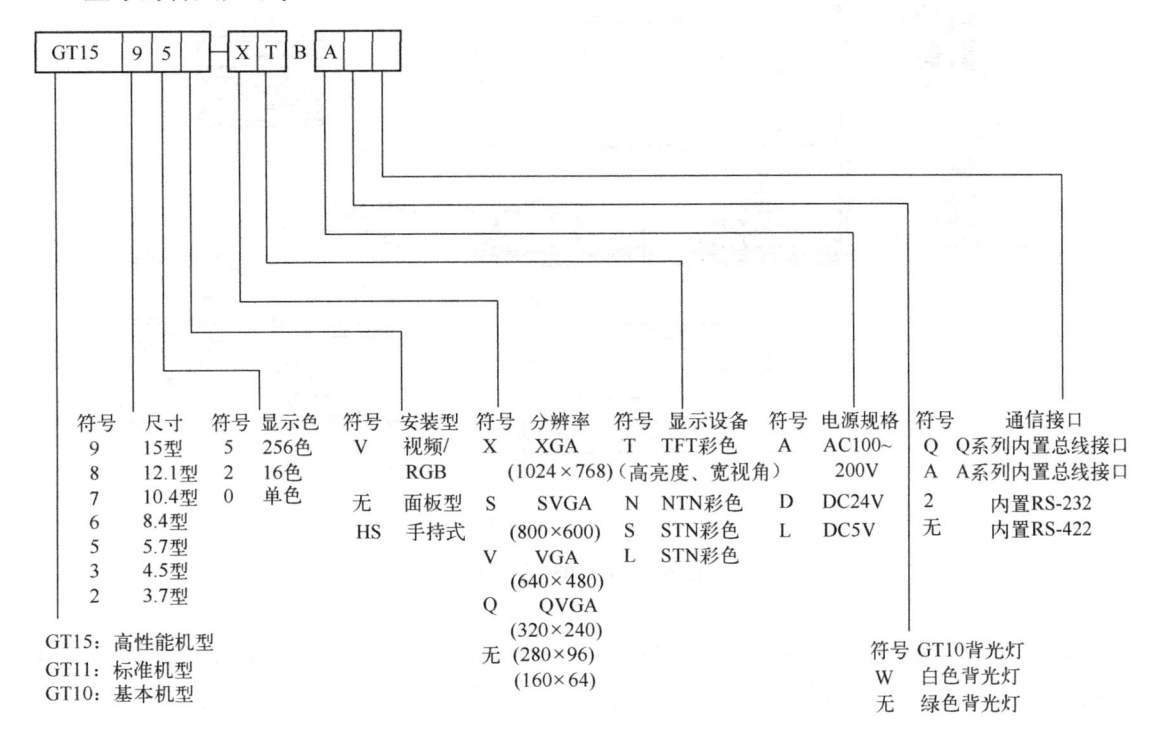

```
GT15 9 5 — X T B A
```

符号	尺寸	符号	显示色	符号	安装型视频/RGB	符号	分辨率	符号	显示设备	符号	电源规格	符号	通信接口
9	15型	5	256色	V	视频/RGB	X	XGA (1024×768)	T	TFT彩色（高亮度、宽视角）	A	AC100~200V	Q	Q系列内置总线接口
8	12.1型	2	16色	无	面板型	S	SVGA (800×600)	N	NTN彩色	D	DC24V	A	A系列内置总线接口
7	10.4型	0	单色	HS	手持式	V	VGA (640×480)	S	STN彩色	L	DC5V	2	内置RS-232
6	8.4型					Q	QVGA (320×240)	L	STN彩色			无	内置RS-422
5	5.7型					无	(280×96)						
3	4.5型						(160×64)						
2	3.7型												

GT15：高性能机型
GT11：标准机型
GT10：基本机型

符号	GT10背光灯
W	白色背光灯
无	绿色背光灯

6.2.1 GT1055 的外形

GT1055 是三菱公司 GOT-1000 系列产品中的一员。如图 6.7(a) 所示，为 GT1055 触摸屏的前面板，它是一块 320×240 点高清渐度液晶显示屏，其显示器尺寸为 5.7 英寸，可以连接三菱、欧姆龙、富士和西门子等多种型号的 PLC、运动控制器及变频器。正面面板左下角为 POWER LED 指示灯，电源正常供应时为绿色灯，屏幕保护时为橙色灯，背光灯熄灭时为橙色/绿色闪烁。

图 6.7(b)所示为 GT1055 触摸屏的背面面板,各部分的名称及规格如下:

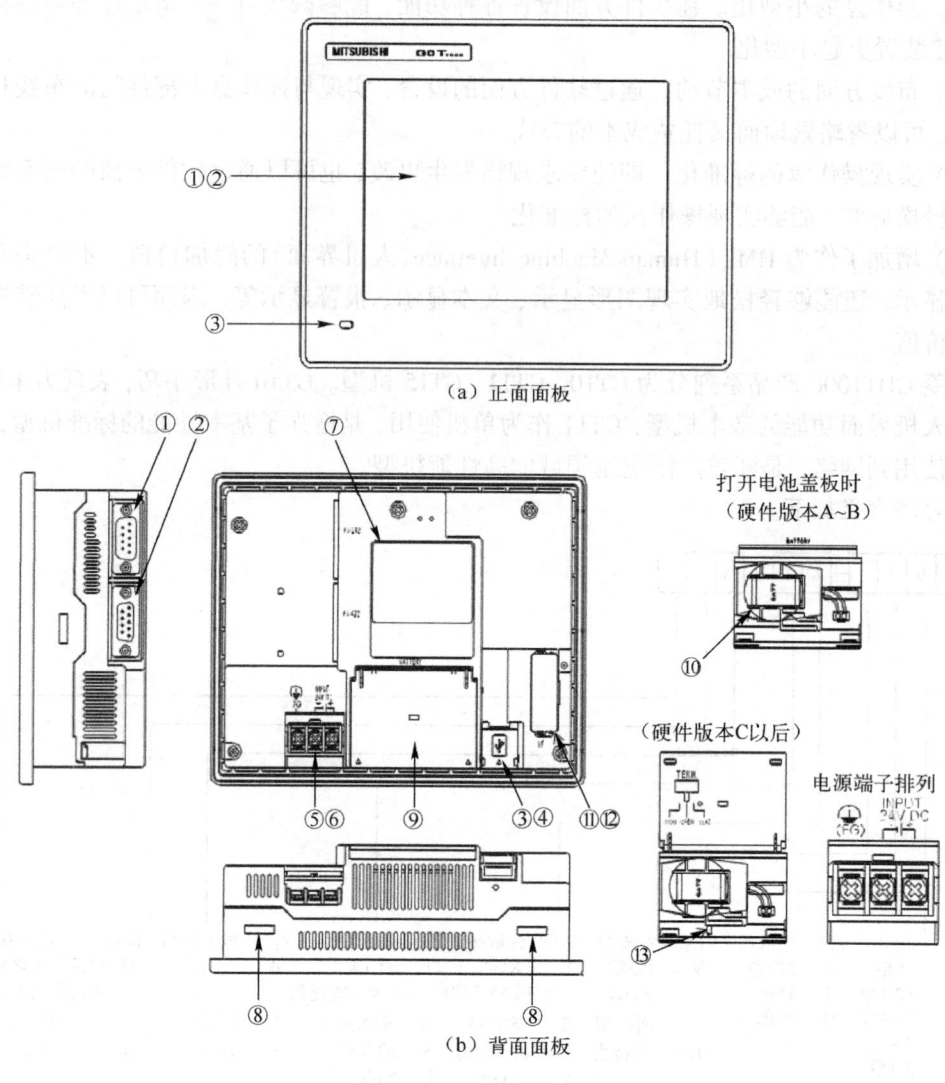

(a) 正面面板

(b) 背面面板

图 6.7　GT1055 的外形

① 可编程控制器连接用接口(RS-232)。用于与设备(可编程控制器、微型计算机、条形码阅读器等)连接,或者与计算机连接(OS 安装、工程数据下载、透明功能)(D-Sub 9 针公)。

② 可编程控制器连接用接口(RS-422)。用于与设备(可编程控制器、微型计算机等)连接(D-Sub 9 针 母)。

③ USB 接口。计算机连接用(OS 安装、工程数据下载、透明功能)(Mini-B)。

④ USB 盖。使用 USB 接口时开、合。

⑤ 电源端子、FG 端子。用于向 GOT 供应电源(DC24V)及连接地线。

⑥ 电源端子盖板。在连接电源端子时进行开、关(颜色:透明)(硬件版本 B 以上)。

⑦ 额定铭牌。

⑧ 固定设备用配件孔。将 GOT 安装到面板上时，用来插入安装配件(附属)的孔(上下 4 个)。

⑨ 电池盖板。更换电池时开、合。

⑩ 电池。GT11-50BAT 型电池，用于保存时钟数据、报警记录、配方数据、时间动作设置值(工程数据利用内置的闪存进行保存)。

⑪ 存储板盖板。使用存储板时，请将盖板卸下。

⑫ 存储板接口。用于将存储板安装到 GOT 的接口。

⑬ 终端电阻切换开关(TERM.)。RS422/485 的终端电阻切换开关(出厂值为 330Ω)。

6.2.2 GT1055 的特点

1. GOT1000 的基本性能

- 多动作开关：同一按键实现多个动作。
- 报警方式多样：可实现报警显示、报警履历、浮动报警。
- 系统监视功能：配方功能和时钟功能。
- 多国语言切换显示。
- 多台连接(2 台)。
- 用软件简便实现新功能升级。

2. GT1055 硬件通用特点

- 小型、中型画面设计尺寸皆可满足，画面布局自由，长寿命背光灯，维护简单。矩阵式触摸屏，触摸开关最小单位 16×16 点，触摸开关最大数量 50 个/画面。
- GT1055 与 GT1050、F940GOT 都是 5.7″型 QVGA 320×240 点液晶显示屏，安装尺寸相同，互换性好。
- FA 透明功能：通过 GOT 背面 USB 或者 RS-232 端口，可以对 PLC 程序进行调试、试运行。
- 多台连接功能：两台 GT10 只需使用电缆即可相连，可以方便地在两处分别进行数据显示。
- 纵向显示：狭小空间也可使用，实现装置小型化，可在狭窄场所安装，另外，利用纵向空间的显示布局，提高数据可视性。
- 可直接与变频器进行连接，操作人员可进行直观操作。
- 可连接条形码阅读器，条形码阅读器可连接到 RS-232 编程口上。

3. GT1055 软件通用特点

- 自定义启动画面：通过 GT Designer3 设定图像画面后，可以在 GOT 启动时生成为初始画面，可以用图案或者照片展示自身公司名称或产品。
- 字体类型丰富：从标准字体到 Windows 字体的各种字体均可使用。指定 Windows 字体时，还可对文字进行斜体、下画线、斜体下画线等修饰。
- 部件库统一设计：可以从部件库中选择指示灯和开关，另外，还可以按颜色显示库图像。
- 多动作开关：可以用一个开关实现多个功能，不必按功能重复设置开关。可根据动作顺序和条件设置，通过延迟、切换、互锁等组合设置减轻顺控程序的负担。
- 可显示数值、数值输入的格式字符串，显示软元件值时，可显示字符（英文、数字、汉字、符号等）。
- 语言切换画面制作简单：可以轻松制作语言切换画面；每条注释可以设定 10 种切换语言；无论何种语言，可以根据用途来设定切换画面；可使用注释组实现语言切换。
- 显示各国文字：面向全球用户，使用 Unicode2.1 编码，轻松显示世界各国、各地区文字。
- 软元件监视功能：可以监视 FX/Q/QnA/A 系列 PLC 内软元件的 ON/OFF 状态和字软元件设定值，变更定时器、计数器等的设定值。
- OS 预装：GOT 在出厂时，OS 已经预装完毕，所以不必再进行 OS 安装作业即可以立即投入使用。出厂时的通信驱动程序适用于 FX 系列 PLC。连接 FX 系列以外的 PLC 时，需要通过 GT Designer3 来安装通信驱动程序。
- FX 指令编辑：可以通过 GOT 对 FX 系列 PLC 的程序进行编辑，便于在生产现场进行设备调试和程序修改。
- 配方功能：GOT 有 4000 点（相当于 16 位字软元件）的存储空间。使用此存储区，可以从 GOT 中将制造种类等的加工数据、基准值等传送给 PLC。
- 报警方式多样：可实现报警显示/报警履历/浮动报警，可进行各种画面的显示设置，另外，还兼容语言切换功能。
- 屏保功能：屏幕保护时间可设置为 1~60 分钟；通过对背光灯的 ON/OFF 设置，可实现操作人员离开时的节能运行；可以用 PLC 进行 ON/OFF 控制，在发生报警时背光灯会点亮，显示报警画面。

6.2.3 GT1055 的画面设计过程

作为可编程控制器的图形操作终端，GOT 必须与 PLC 联机使用，通过操作人员手指与触摸屏上的图形元件的接触发出指令或显示 PLC 运行中的各种信息。显示在 GOT 上的监视屏幕数据是在个人电脑上用专用的画面制作软件（GT Designer3）创建的。为了执行 GOT 的各种功能，首先在画面制作软件上通过粘贴一些开关图形、指示灯图形、数值显示等被称为对象的框图来创建屏幕；然后通过设置 PLC 的 CPU 中的元件（位、字）规定屏幕中的这些对象的动作；最后通过 RS-232C 电缆或 PC 卡（存储卡）将创建的监视屏幕数据传送到 GOT 中，如图 6.8 所示。

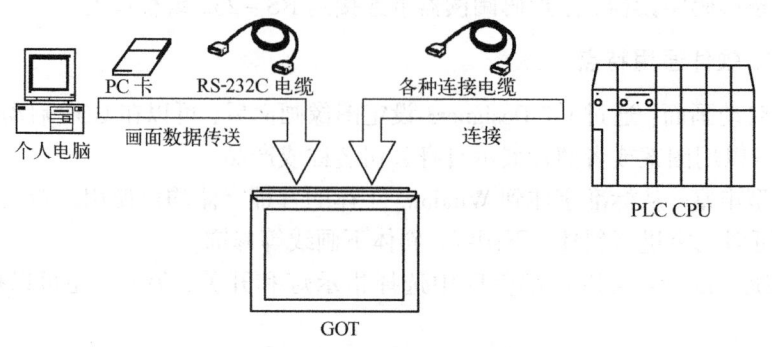

图 6.8　GOT 画面设计连接示意图

GOT 上显示的画面数据是使用专用绘图软件(GT Designer3)在计算机上制作的。使用该绘图软件制作的画面数据以及动作设置等在一台 GOT 上所显示数据的集合被称为工程数据。GOT 中,画面由开关图形、指示灯图形、数值显示等被称为对象的显示框图形贴合而成,并通过在已贴合的对象中设置基于 PLC CPU 的软元件(位、字)的动作功能,使 GOT 的各项功能得以执行。

PLC 中的程序与触摸屏画面中各图形的关系如图 6.9 所示。

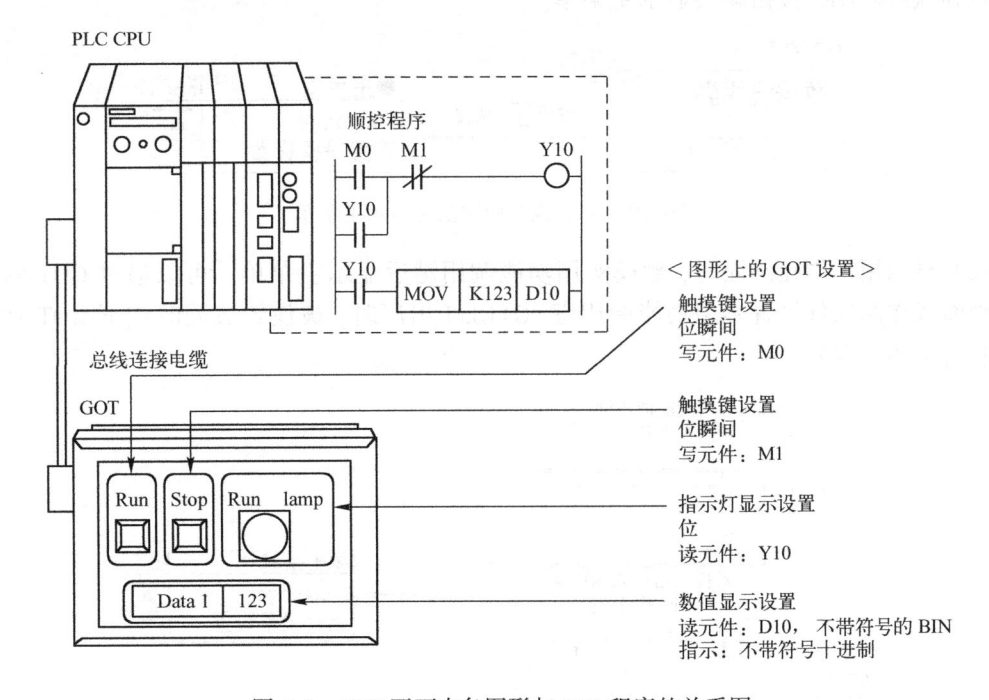

图 6.9 GOT 画面中各图形与 PLC 程序的关系图

当触摸 GOT 的"Run"触摸键时,位元件"M0"闭合,随后位元件"Y10"线圈也接通。如果此处的位元件"Y10"被作为 GOT 指示灯的监视元件图形来预设的话,GOT 指示灯将显示 ON(开启图形)。同时,"Y10"的常开触点闭合,字单位数值"123"被存储至字元件"D10"中,如果监视元件被设置为字元件"D10"的 GOT 数值显示图形处,则会显示"123"。

当触摸 GOT 的"Stop"触摸键时,PLC CPU 的位元件"M1"闭合,则 PLC CPU 的位元件"Y10"被断开,GOT 的指示灯显示也被关闭。

GOT 的画面设计过程主要有以下几步:

(1) 使用绘图软件(GT Designer3)创建用于 GOT 显示的工程数据(画面数据、部件数据、报警设置等)。

(2) 通过 USB 电缆、RS – 232 电缆、以太网电缆或 CF 卡将已创建的工程数据传送至 GOT。

(3) 连接 PLC CPU,开始监视。

6.2.4 GT1055 的基本操作

1. 主菜单的显示操作

可以通过以下 4 种操作显示主菜单。

（1）未下载工程数据时，GOT 的电源一旦开启，通知工程数据不存在的对话框就会显示，显示后触摸"OK"按钮就会显示主菜单。

图 6.10　未下载工程数据时显示主菜单

（2）显示用户创建画面时，触摸实用功能调用键后显示主菜单。可以通过 GOT 的实用功能画面或作图软件设置实用功能调用键（GT1055 出厂时，被设置成同时按下 GOT 画面左上角和右上角 2 点）。

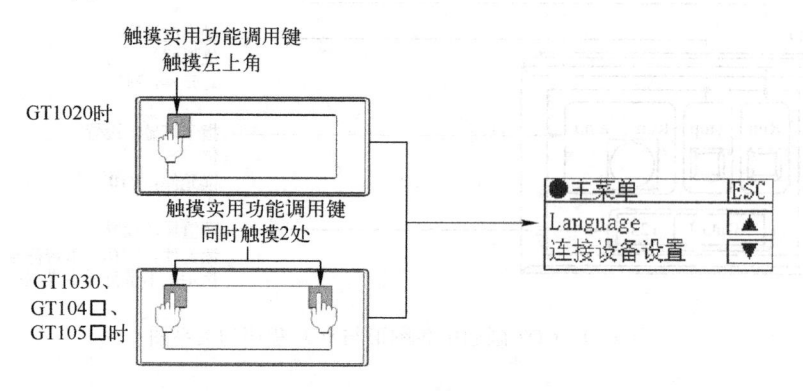

图 6.11　通过实用功能调用键显示主菜单

（3）触摸扩展功能开关时，如果使用了扩展开关，那么在用户编写的画面上，通过扩展功能开关可以显示主菜单。可以使用作图软件，在用户编写的画面中以触摸键的形式设置扩展开关，并分配想要显示的实用功能（对扩展功能开关分配了实用功能的情况下，就显示主菜单）。

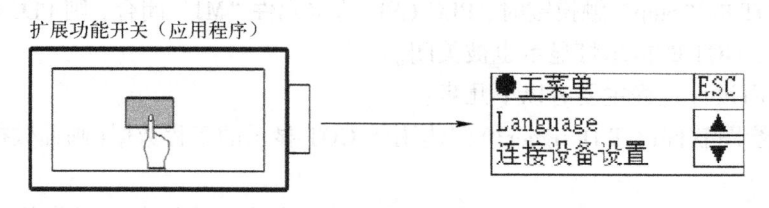

图 6.12　通过扩展功能开关显示主菜单

（4）选择启动模式时，启动模式选择画面，在按住 GOT 的画面左上角接通电源时显示。触摸启动模式选择的"应用程序"后，显示主菜单。

主菜单画面的基本构成如图 6.14 所示。通过 ▲▼ 按键来选择项目。触摸各菜单的项目部分，则会显示各设置画面以及下一项的选择画面。通过 ESC 按键，返回用户画面。
- 标题显示。在标题显示部分，显示该画面的标题名称。
- 关闭/返回按键。显示中间的某个画面时，如果触摸画面右上角的 ESC(关闭/返回)按键，则返回上一级的画面。如果是从用户编写的画面直接切换显示过来时，触摸该按键，则关闭画面并返回用户编写的画面。
- 滚动按键。如果画面中有一幅画面无法容纳的内容，那么在画面的右面会出现滚动按键。通过 ▲▼ 按键逐行或者逐个画面地滚动。

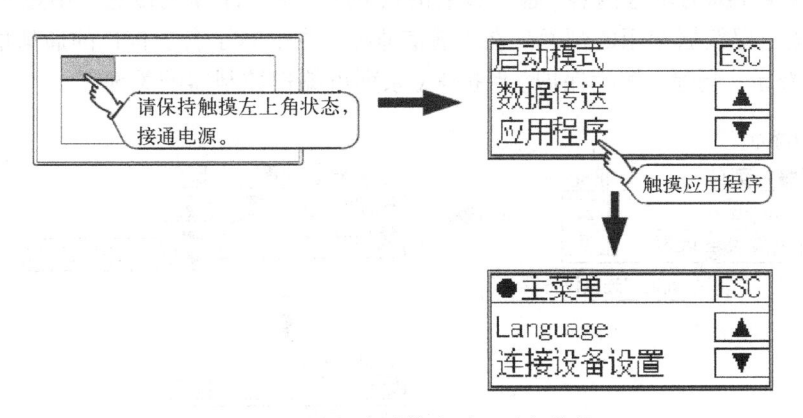

图 6.13 选择启动模式时显示主菜单

2. 语言的设置

可以选择的语言有：中文、英文(出厂设置值：中文)。如图 6.15 所示，语言的设置操作步骤为：

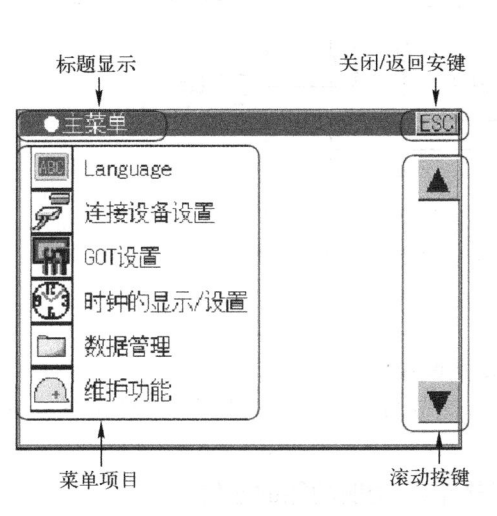

图 6.14 主菜单画面的基本构成

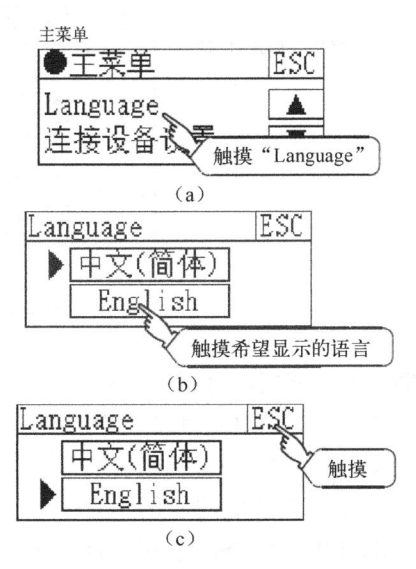

图 6.15 语言设置操作

（1）触摸"Language"，显示设置画面。

（2）触摸希望显示的语言对应的按键。

（3）改变设置后，请触摸 ESC 按键。确定设置并关闭设置画面。

使用设备切换应用程序的显示语言时，即使从 GOT 主机应用程序画面进行语言切换，应用程序的显示语言也不会被切换。

3. 通信接口设置

在"连接设备设置"中，有"标准 I/F 的设置"、"计算机传送"、"通信监控"、"关键字"的菜单。在"标准 I/F 的设置"中，显示了用作图软件对各通信接口分配的通道号、连接设备名称以及详细的设置内容（通信参数的设置）。在"计算机传送"中显示了计算机和 GOT 之间传送工程数据专用的画面。在"通信监控"中显示了各通信口的通信情况。可以在"关键字"中登录、删除、解除保护、保护 FX 系列可编程控制器的关键字。

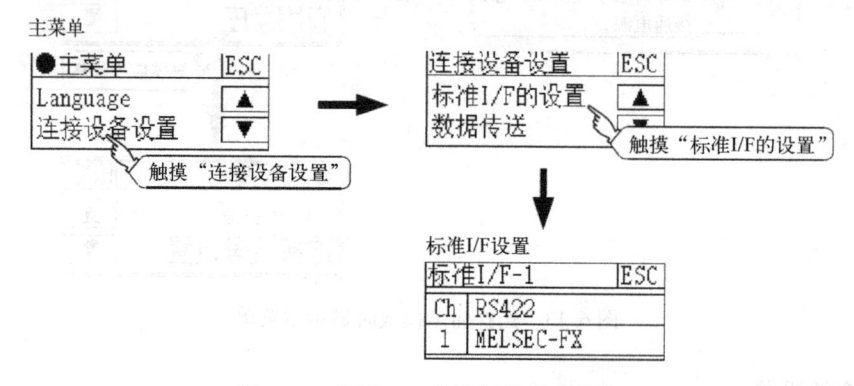

图 6.16　标准 I/F 的设置的显示操作

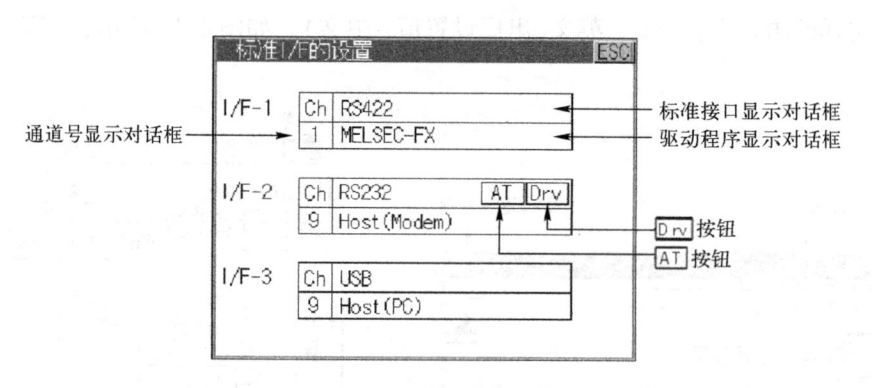

图 6.17　GT1055 标准 I/F 的设置中的显示项目

GT1055 标准接口有以下 3 种：

- 标准 I/F-1（RS-422）：用于与连接设备通信。
- 标准 I/F-2（RS-232）：用于计算机（作图软件）、调制解调器、连接设备、条形码阅读器、透明功能的通信。
- 标准 I/F-3（USB）：用于计算机（作图软件）、透明功能的通信。

通道号参数设置：（不能设置 2~7，USB 接口固定为 9）

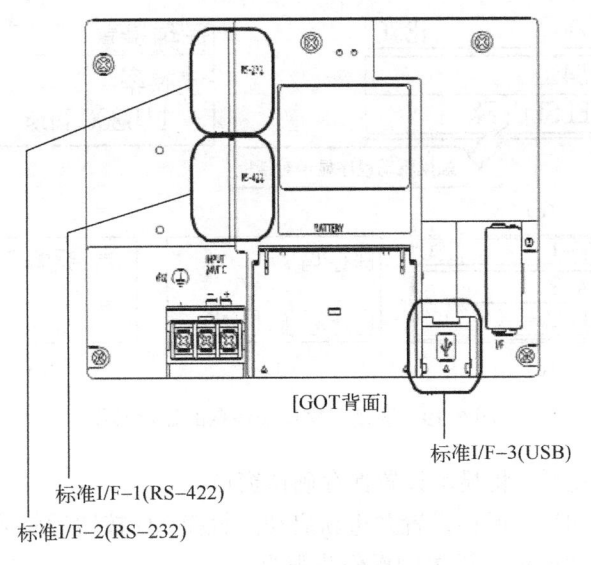

图 6.18　GT1055 背面标准 I/F 接口

- 0：没有使用通信接口时设置。
- 1：与连接设备(可编程控制器及微型计算机等)连接时设置(对 GT1055 来说，只可以设置标准 I/F-1、标准 I/F-2 中的一个)。
- 8：与条形码阅读器连接时设置。
- 9：与计算机(作图软件)、调制解调器、连接时设置(可以同时设置标准 I/F-2、标准 I/F-3，但是若其中一个进行通信，则另一个不能进行通信)。

在图 6.17 中所示的驱动程序显示对话框显示通道编号被分配的通信驱动程序的名称。在如下所示的任意一种情况下，驱动程序显示对话框中显示"未使用"。

- 没有安装通信驱动程序时。
- 在指定通道号显示对话框中设置了"0"时。

此外，如果 GOT 中安装的通信驱动程序和连接设备的设置不同时，显示"※※※※※"。如果在通道号中设置了"9"，那么会自动分配通信驱动程序"主机(个人电脑)"。触摸驱动程序显示对话框，会切换到详细信息，显示通信参数。

图 6.17 中所示的"Drv"按钮用来显示通道驱动设置画面，选择在通道驱动设置画面中使用的驱动程序。在以下情况下，将显示"Drv"按钮。

- 在标准 I/F-2 中设置了通道 9 时。

图 6.17 中的"AT"按钮用来显示 AT 命令画面，在 AT 命令画面中设置调制解调器初始化所使用的 AT 命令。在以下情况下，将显示"AT"按钮。

- 在标准 I/F-2 中设置了通道 9 主站(调制解调器)时。

如图 6.19 所示，驱动程序详细信息的显示操作步骤为：

(1) 在标准 I/F 设置中，触摸标准 I/F-1 的驱动程序显示对话框。

(2) 切换到详细信息，显示通信参数。有多个设置项目时，可以通过 ▲ 按键来切换显示。

(3) 触摸波特率的数值后，数值将反复切换。

(4) 触摸 ESC 按钮后确定并返回上一画面。

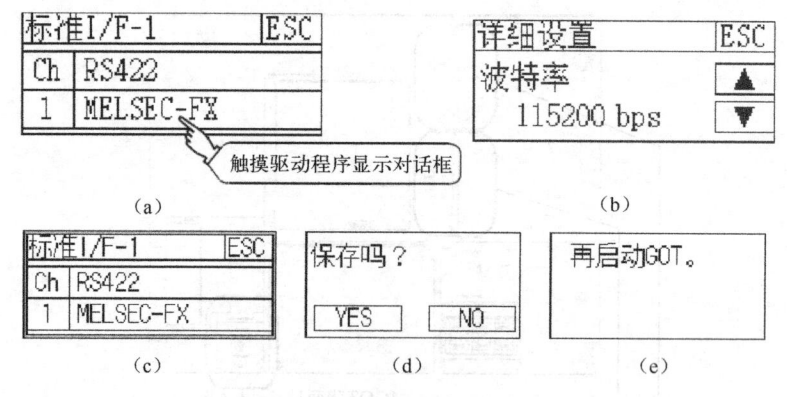

图 6.19 驱动程序详细信息的显示操作

(5) 触摸 ESC 按钮后,将显示设置保存确认窗口。
(6) 触摸 YES 按钮后,保存设置并重新启动。触摸 NO 按钮后将放弃变更内容。

如图 6.20 所示,通道编号设置的操作步骤为:

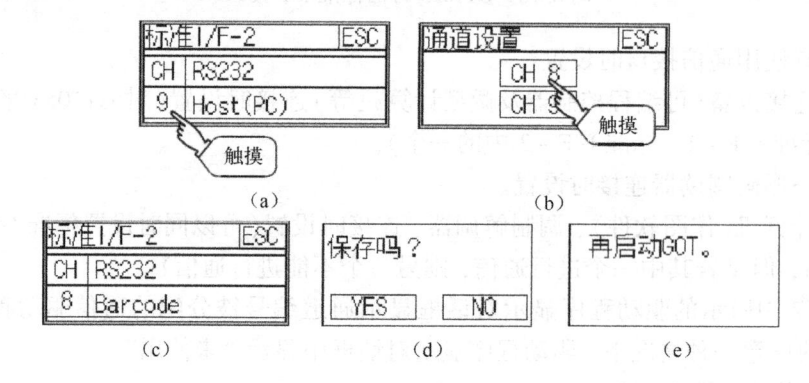

图 6.20 通道编号设置的操作

(1) 触摸希望设置的通道号显示对话框。
(2) 此时将显示通道设置画面,请选择通道号。
(3) 选择通道号后,将确定并返回上一画面,请触摸 ESC 按钮。
(4) 触摸 ESC 按钮后,将显示设置保存确认窗口。
(5) 触摸 YES 按钮后,保存设置并重新启动。触摸 NO 按钮后将放弃变更内容。

如图 6.21 所示,通道驱动设置操作步骤为:

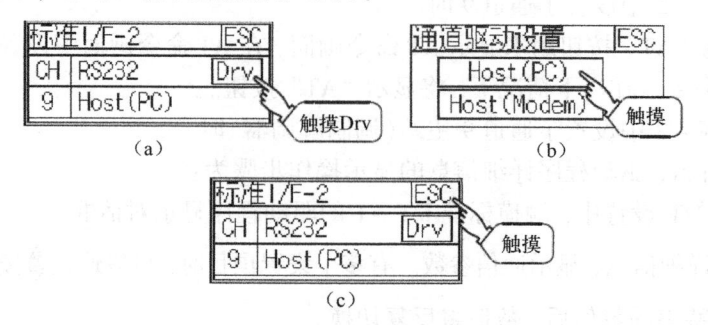

图 6.21 通道驱动设置操作

· 140 ·

(1) 触摸"Drv"按钮后,将显示通道驱动设置画面。
(2) 在通道驱动设置画面会显示可选择的驱动名称,请选择要使用的驱动程序。
(3) 选择驱动程序后,将返回标准 I/F 设置画面。触摸 ESC 按钮返回,完成设置。
如图 6.22 所示,AT 命令操作步骤为:

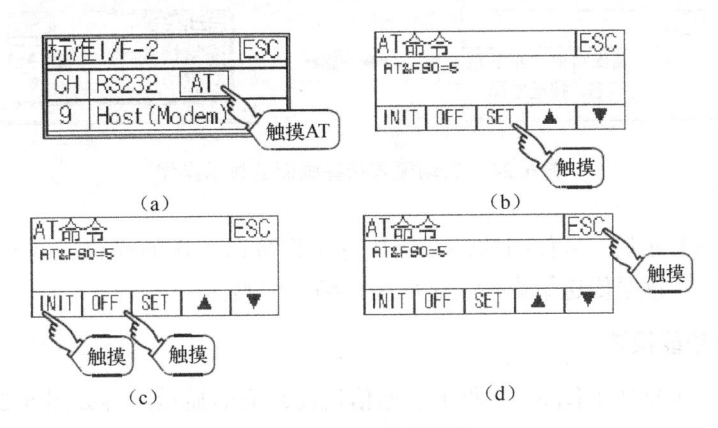

图 6.22 AT 命令操作

(1) 触摸 AT 按钮后,将显示 AT 命令设置画面。
(2) 显示由作图软件或主机实用程序设置的 AT 命令。要编辑 AT 命令时,请触摸 SET 或变更按钮,此时将显示 ASCII 窗口,请在 ASCII 窗口中输入 AT 命令。
(3) 根据需要触摸以下按钮。INIT 按钮:向调制解调器输入 AT 命令;OFF 按钮:切断线路。
(4) 设置结束后,触摸 ESC 按钮,关闭设置画面。

4. 数据传送功能设置

数据传送画面是显示计算机和 GOT 之间传送工程数据专用的画面。对计算机通信用接口分配了计算机以外的设备时,GOT 和计算机之间的通信将无法执行,此时,只有在显示本画面时,才能与计算机通信。

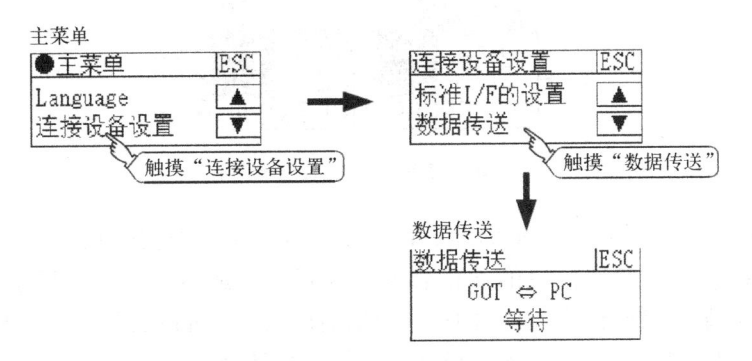

图 6.23 数据传送的显示操作

在用户制作画面不能显示数据传送画面时,如图 6.24 所示,请保持触摸左上角状态,接通电源,进行启动模式选择。启动时,显示通常模式和数据传送模式的选择画面。在

"通常模式"，有用户制作画面时显示初始画面，没有用户制作画面时显示实用功能的主菜单。在"数据传送模式"，显示"数据传送"画面，标准I/F-2使用时采用与计算机通信模式。

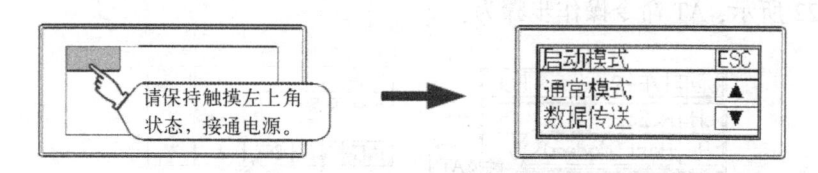

图6.24 启动模式选择画面的显示操作

数据传送画面显示后，从作图软件开始执行工程数据传送的操作，显示就从"等待"变为了"正传送…"。数据传送结束后，显示用户编写的画面。

5. 通信监控功能设置

通信监控的显示操作如图6.25所示。通信监控画面的显示内容如图6.26所示：

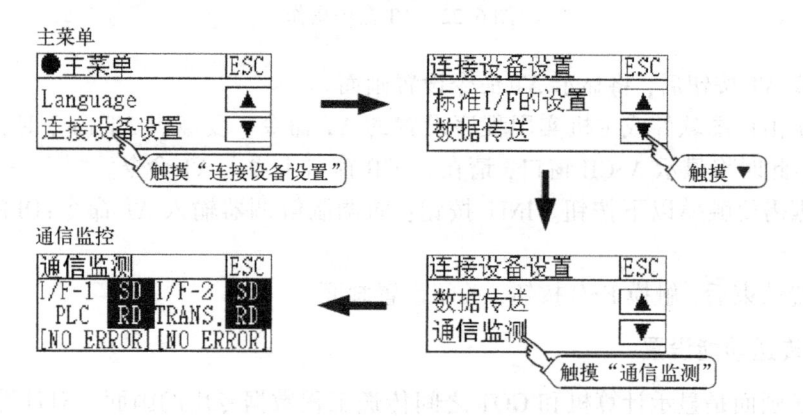

图6.25 通信监控的显示操作

图6.26 通信监控画面显示内容

① 通信端口的选择状况。显示标准I/F-1以及I/F-2的连接对象。

② 通信状况。显示各通信口的通信状况。执行发送或者接收时，显示白底黑字（SD、RD）；不执行时，显示黑底白字（SD、RD）。根据通信情况，可以看到灯亮。根据SD、RD的显示，可以确认是否正常通信、与连接设备的连接电缆是否被拔掉。

③ 发生通信出错的状况。显示各端口的通信出错状态。

6. 关键字功能设置

要使用关键字功能，需要将基本功能OS[01.10.**以上的版本]和通信驱动程序

MELSEC-FX[01.06.**以上的版本]安装到 GOT 中。安装后，可以实施与 FX 系列可编程控制器的关键字相关的操作。

- 登录：登录关键字。
- 删除：删除已登录的关键字。
- 解除保护：解除关键字的保护。
- 保护：将已解除保护的关键字再次设置为保护状态。

关键字的显示操作如图 6.27 所示。

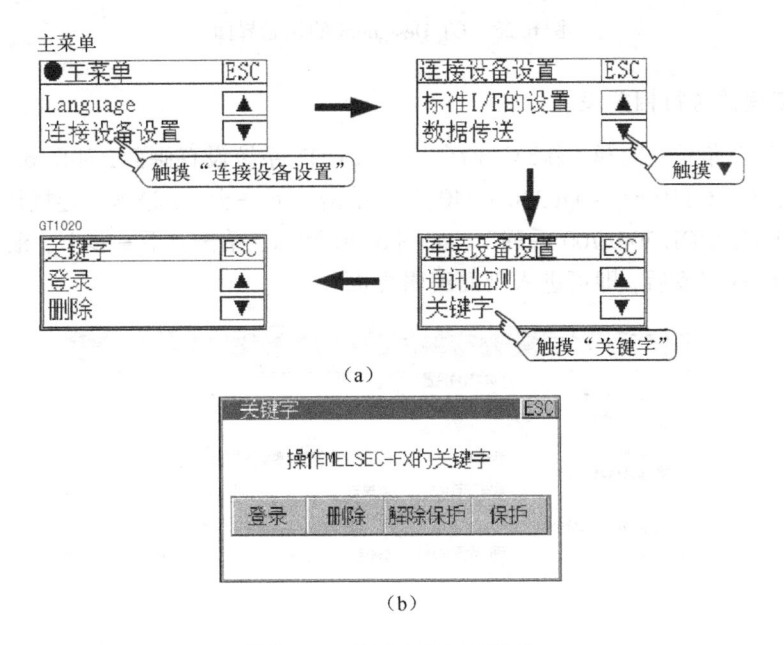

图 6.27 关键字的显示操作

6.3 三菱 GT-Designer3 画面制作软件的使用简介

GT Designer3 画面制作软件是三菱电机公司开发的用于 GOT 图形终端显示屏幕制作的软件平台，支持所有的三菱图形终端。该软件功能强大，图形、对象工具丰富，操作简单易用，可方便地与各种 PLC、变频器连接。GT Designer3 是用于创建 GOT1000 系列用的工程的软件，创建好的工程可以写入到 GOT，或使用 GT SoftGOT1000 打开以进行显示。

6.3.1 软件界面构成

1. 软件的启动

将软件安装完成后，单击"开始"→"所有程序"→"MELSOFT 应用程序"→"GT Works3"→"GT Designer3"菜单后，即启动 GT Designer3，之后弹出工程选择对话框，请选择新建工程或是打开已有的工程，如图 6.28 所示。

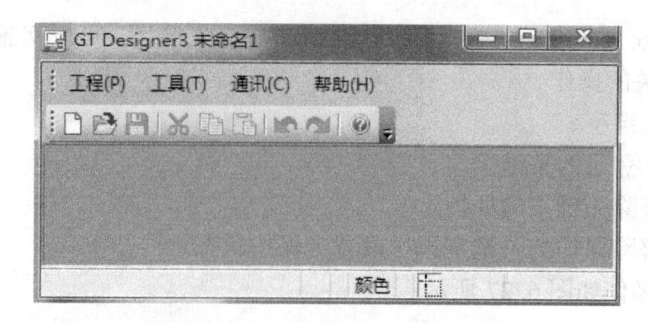

图6.28　GT Designer3 的初始界面

2. 新建工程并进行相关设置

单击"工程"菜单，选择"新建"命令，进入 GOT 系统设置画面，如图6.29 所示。可设置 GOT 的类型为"GT10＊＊－Q(320×240)"，单击"下一步"，进入"连接机器设置"对话框，设置为"FREQROL 500/700 系列"，如图6.30 所示，单击"下一步"，根据实际硬件配置情况选择，设置完成后，即可进入画面编辑界面。

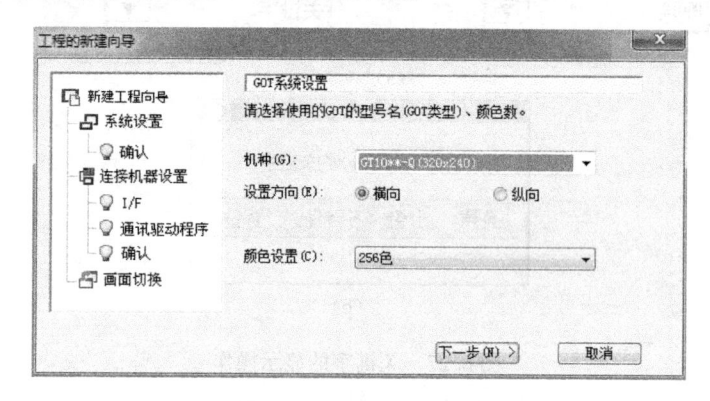

图6.29　GT Designer3 的 GOT 系统设置

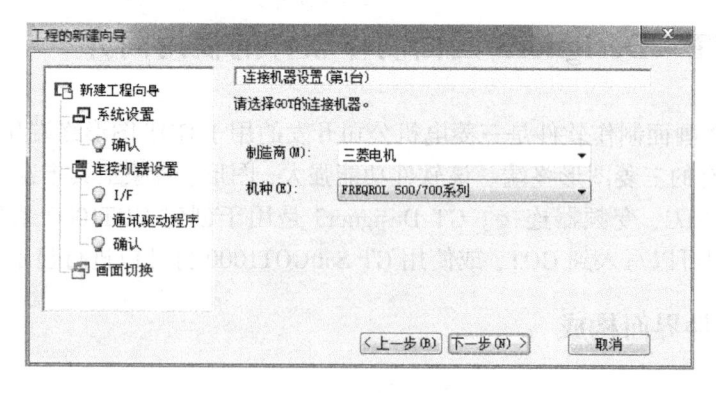

图6.30　连接机器设置

3. 保存工程并关闭工程

单击"工程"菜单，选择"保存"，输入文件名，选择保存路径，单击"确定"。
单击"工程"菜单，选择"关闭"，可回到软件的初始界面。

6.3.2 画面编辑界面介绍

新建工程进行相关设置后，就可进入画面编辑界面了，如图 6.31 所示。下面分别介绍界面中的各个组成单元。

(1) 标题栏。用于显示屏幕的标题及工程文件名。

(2) 菜单栏。显示在 GT Designer 上的可使用的功能名称。单击菜单名，就会出现一个下拉菜单，从下拉菜单中选择各种相关的功能操作。

(3) 工具栏。列出在 GT Designer 上的常用功能按钮，可进行新建/打开/保存工程、新建画面、打开画面、剪切/复制/粘贴、撤销/恢复等操作。用鼠标直接单击工具栏上的按钮，就可执行相应的功能。

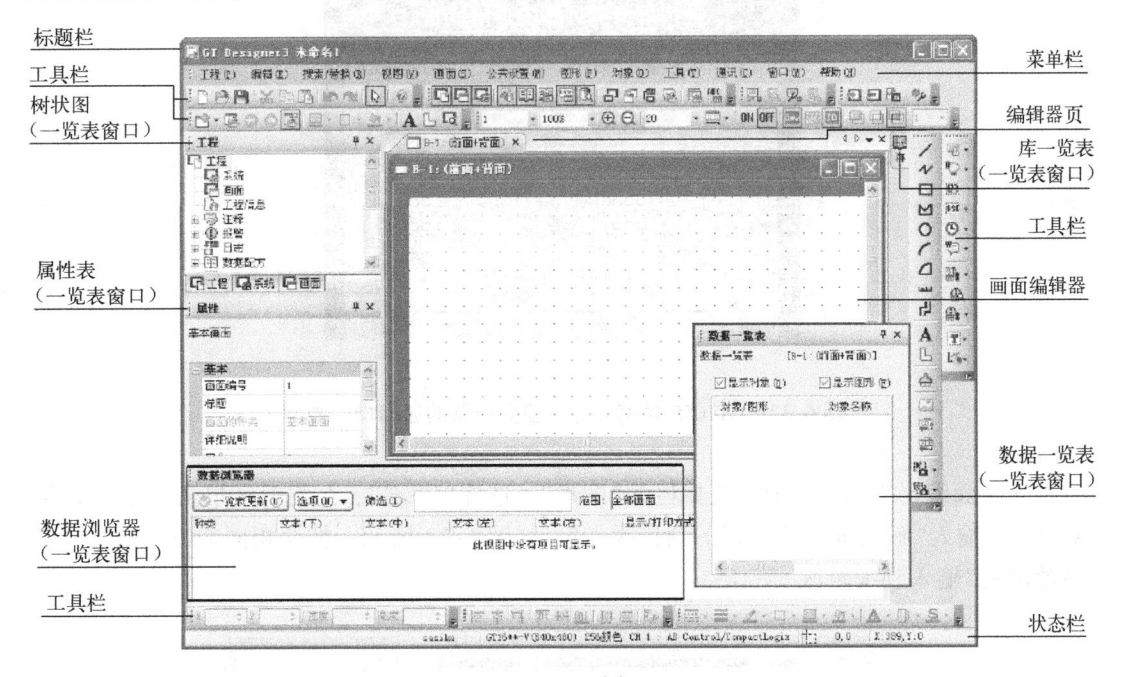

图 6.31 画面编辑界面

(4) 编辑器页。显示打开着的画面编辑器或"连接机器的设置"对话框、"环境设置"对话框的页。

(5) 画面编辑器。通过配置图形、对象，创建在 GOT 中显示的画面。

(6) 树状图。树状图分为工程树、树状画面一览表、树状系统。树状图默认为对接。

(7) 属性表。可显示画面或图形、对象的设置一览表，并可进行编辑。属性表默认为对接。

(8) 库一览表。显示作为库登录的图形、对象的一览表。库一览表默认为对接。

(9) 连接机器类型一览表。可显示连接机器的设置一览表。

(10) 数据一览表。可显示在画面上设置的图形、对象一览表。

(11) 画面图像一览表。可显示基本画面、窗口画面的缩略图，或创建、编辑画面。

(12) 分类一览表。可分类显示图形、对象。

(13) 部件图像一览表。可显示作为部件登录的图形一览表，或者登录、编辑部件。

(14) 数据浏览器。可显示工程中正在使用的图形/对象的一览表，可对一览表中显示的图形/对象进行搜索和编辑。

(15) 状态栏。显示光标所指的菜单、图标的说明或 GT Designer3 的状态。

6.3.3 画面的编辑

以 GT1055 触摸屏与三菱变频器的通信操作画面为例，介绍一个简单画面的制作过程，如图 6.32 所示。

图 6.32 GT1055 触摸屏与三菱变频器的通信操作画面

进入画面编辑界面后，单击菜单栏的"图形"，选择"文本"，在编辑区单击，打开文本输入对话框，输入"触摸屏与变频器的通信操作"，如图 6.33 所示。按照相同的方法将文本"简单参数设定"输入到编辑区。

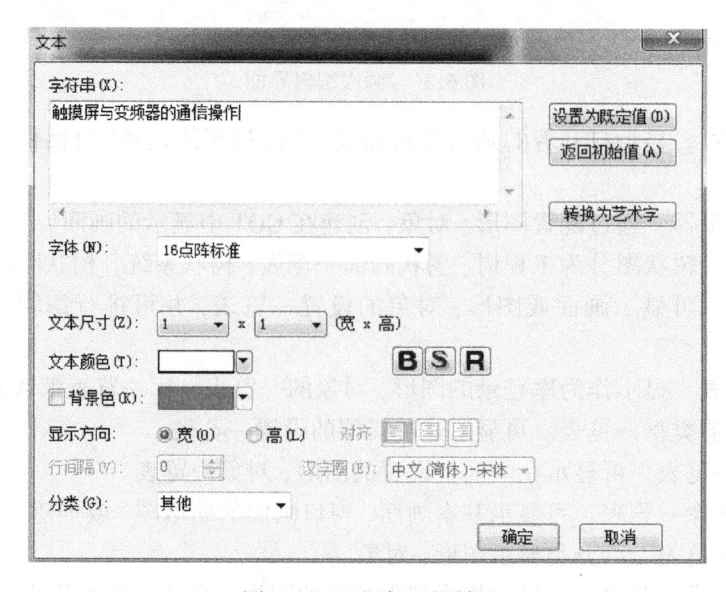

图 6.33 "文本"对话框

单击菜单栏中的"图形",选择"矩形",在编辑区用鼠标拖出一个矩形框,选定矩形框后,右击出现右键菜单,如图 6.34(a)所示。选择菜单中的"打开设置对话框"命令,或者双击这个矩形,打开矩形属性设置对话框,如图 6.34(b)所示。设置图样前景色为蓝色并确定。

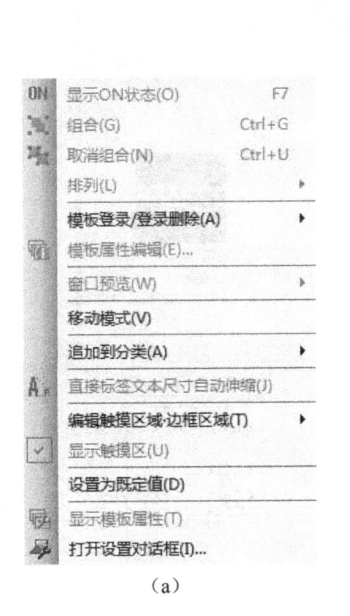

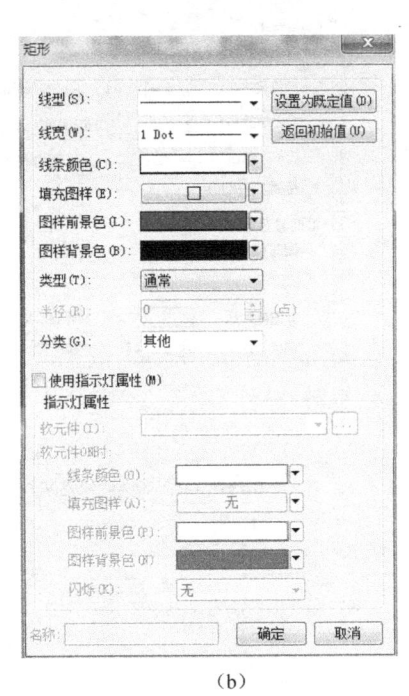

图 6.34 矩形属性对话框

图 6.32 中的"上限频率:"、"加速时间:"、"输出频率:"、"输出电压:"、"过流保护:"、"下限频率"、"减速时间:"、"输出电流:"、"输出功率:"、"运行频率:"等文字,按文本输入方式进行输入,这里不再重复。然后在矩形框中画两根直线,如图 6.35 所示。

在菜单栏中的"对象"中选择"数值显示/输入"→"数值显示",在编辑区已输入的文本"上限频率:"旁单击,出现"012345",将其调整到合适的位置。右击"012345",在右键菜单中选择"打开设置对话框"命令,出现"数值显示"对话框,如

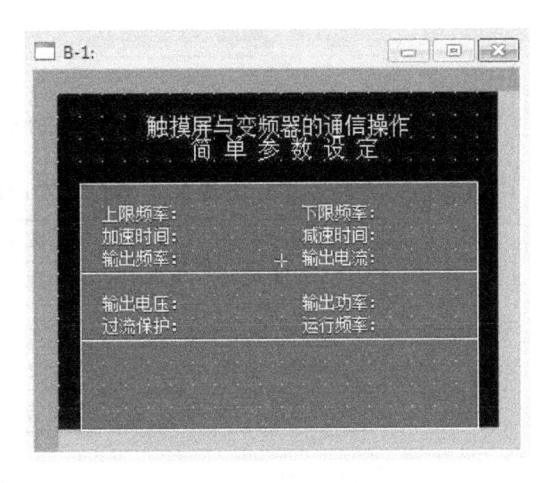

图 6.35 输入文本后的画面

图 6.36(a)所示。在"数值显示"对话框中选择软元件,打开软元件设置对话框,如图 6.36(b)所示,然后按表 6-2 进行软元件的设置。将软元件号设置完成后,还需根据要求进行"显示位数"的设置,完成后的画面如图 6.37 所示。

· 147 ·

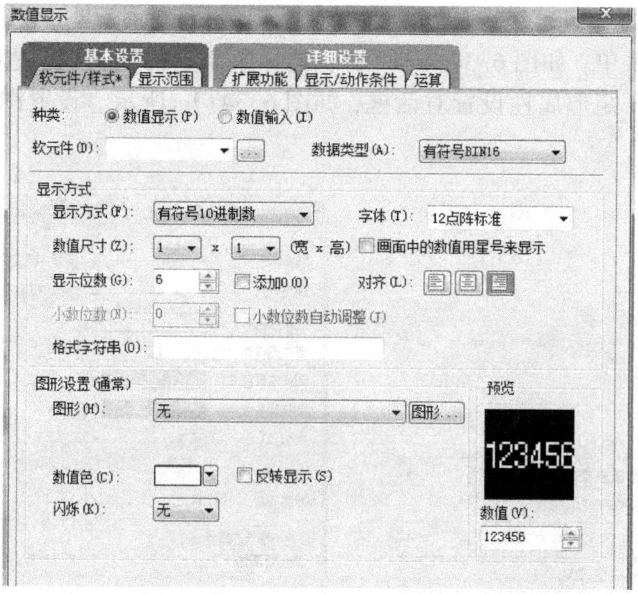

(a)

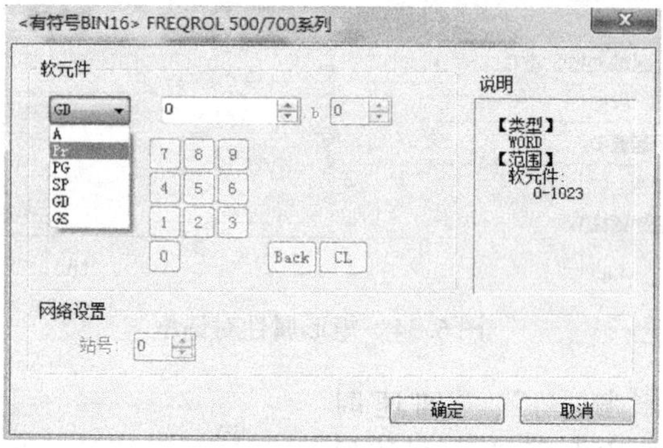

(b)

图 6.36 "数值显示"对话框及其软元件设置框

表 6-2 触摸屏中的软元件及触摸键参数

上限频率 Pr1:0	运行频率 SP109:0	正转 WS1:0
下限频率 Pr2:0	输出频率 SP111:0	反转 WS2:0
加速时间 Pr7:0	输出电流 SP112:0	停止 WS7:0
减速时间 Pr8:0	输出电压 SP113:0	
过流保护 Pr9:0	输出功率 SP114:0	

在菜单栏中的"对象"中选择"开关",如图 6.38 所示,选择其中的"位开关"对象,并在编辑区单击,当开关对象放置完成后,对对象的大小、位置进行调整。然后右击该对象,打开右键菜单,选择"打开设置对话框"命令,或双击该对象,进入"位开关"属性对话框,如图 6.39 所示。打开"软元件"标签,设置软元件号为"WS1:0",动作为"点动",开关色为黄色。打开"文本"标签,设置文本色为蓝色,文本为"正转"。按相同的方法,将"反转"、"停止"开关也做相应的设置。

图 6.37 输入"数值显示"对象后的画面　　图 6.38 各种开关对象

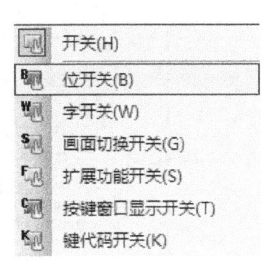

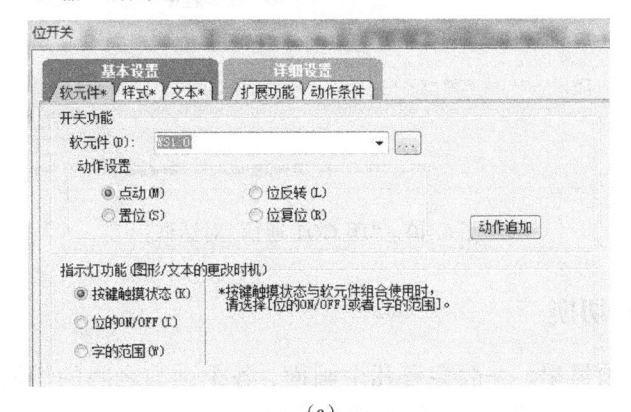

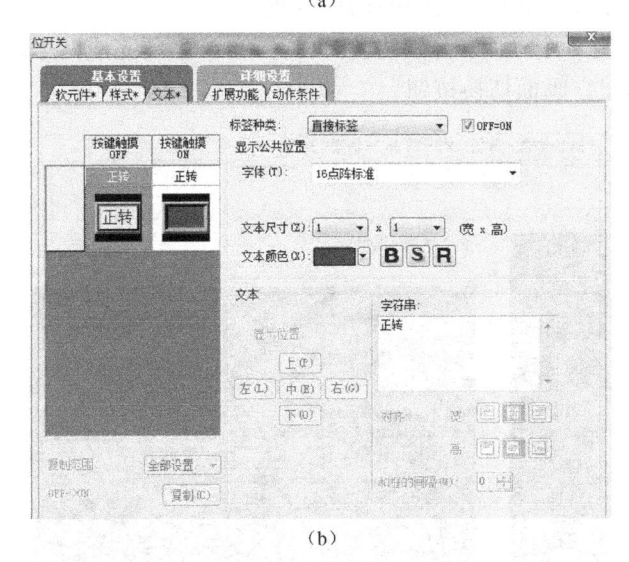

(a)

(b)

图 6.39 "位开关"对话框

完成所有的对象编辑后就可得到如图 6.32 所示的画面了。选择"通信"菜单中的"写入到 GOT",将编辑好的工程下载到 GT1055 触摸屏中,如图 6.40 所示。下载完成后,可观察

GOT 是否显示正常。

图 6.40 "跟 GOT 通信"对话框

6.3.4 画面的切换

在一个触摸屏的项目里，一般会有几个画面，各个画面之间的切换需要在编辑时设置好。下面通过具体操作来讲解画面之间的切换设置。

如图 6.41 所示，有 2 个画面，分别为：B-1 和 B-2，要完成两个画面之间的互相切换，需要在各自的画面里建立画面切换按钮。

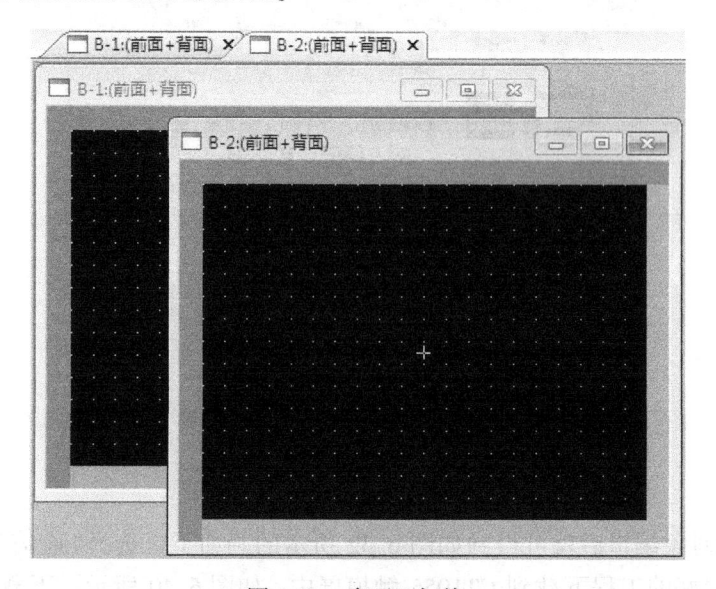

图 6.41 多画面切换

单击工具栏里的"对象",选择"开关"项目里的"画面切换开关",在 B-1 及 B-2 画面里各自建立一个画面切换开关,如图 6.42 所示。

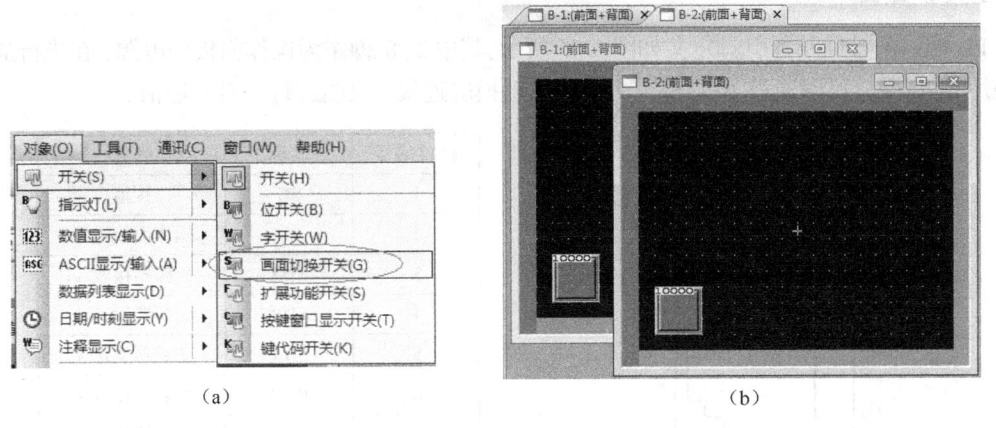

图 6.42 画面切换开关

用鼠标双击 B-1 画面里的画面切换开关,进入其属性设置界面,如图 6.43 所示,将基本设置里面的"画面编号"属性设置为"2"即可。同理可将 B-2 画面里的画面切换开关属性设置好,不过其"画面编号"属性应设置为"1"。

6.4 触摸屏与变频器的连接

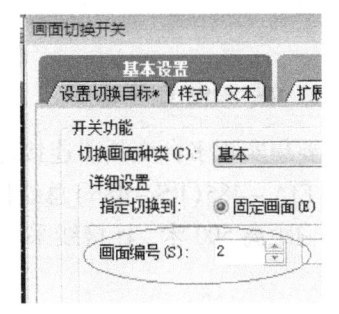

图 6.43 画面切换开关属性设置

6.4.1 GT1055 的通信端口

GT1055 与三菱 FREQROL 系列变频器的通信口为 RS-422 接口,使用 RS-422 电缆,一台 GT1055 最多可以控制 10 台变频器,如图 6.44 所示。

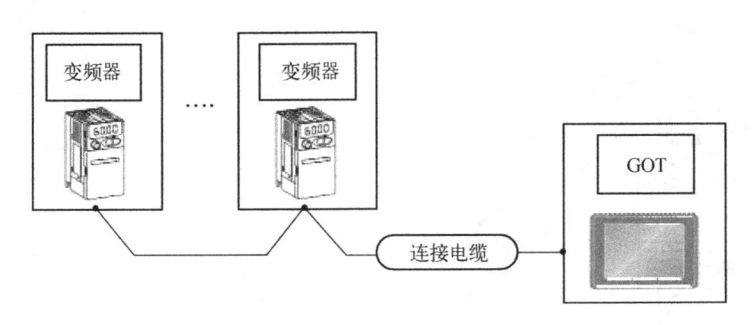

图 6.44 GOT 与多台变频器连接

GT1055 可通过通信电缆连接到三菱 FREQROL 系列变频器的 PU 端口。在 FR-A700 系列变频器中,也可以利用 RS-485 端子排连接到 GT1055 上。

6.4.2　FR–A700 的通信端口

1. PU 端口

PU 端口的布局及各引脚定义如图 6.45 所示，其中 2、8 脚作为操作面板的电源，在进行通信时不使用。PU 端口可以通过 10BASE–T 电线与触摸屏连接，只能进行一对一通信。

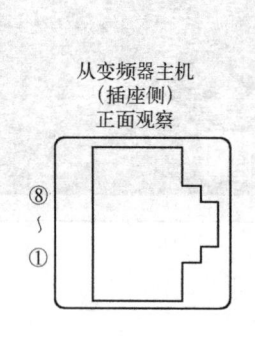

插口编号	名称	内容
1	SG	接地
2	—	操作面板电源
3	RDA	变频器接收+
4	SDB	变频器发送−
5	SDA	变频器发送+
6	RDB	变频器接收−
7	SG	接地
8	—	操作面板电源

图 6.45　PU 端口布局及引脚定义

2. RS–485 端子排

要想实现多台变频器连接通信的要求，只能通过 RS–485 端子排实现。RS–485 端子排遵守 EIA–485(RS–485)总线标准，通讯方式为多站点通信，通信速度最大为 38400bps，最长传输距离 500 米，连接线采用双绞线。RS–485 端子排布局及引脚说明见图 6.46。

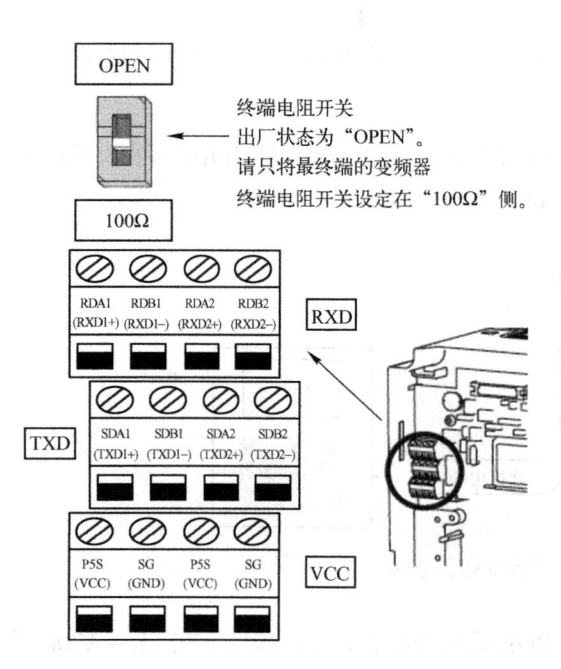

名称	内容
RDA1（RXD1+）	变频器接收+
RDB1（RXD1−）	变频器接收−
RDA2（RXD2+）	变频器接收+（分支用）
RDB2（RXD2−）	变频器接收−（分支用）
SDA1（TXD1+）	变频器发送+
SDB1（TXD1−）	变频器发送−
SDA2（TXD2+）	变频器发送+（分支用）
SDB2（TXD2−）	变频器发送−（分支用）
P5S（VCC）	5V 容许负载电流 100mA
SG（GND）	接地（和端子 SD 导通）

图 6.46　RS–485 端子排布局及引脚定义

6.4.3 FR-A700 的通信设置

1. 传输规格

当需要将变频器与 GT1055 进行通信连接时，必须调整变频器的通信参数以满足 GT1055 的传输格式。设置如表 6-3 所示。

表 6-3 传输规格设置

项 目		RS-422
通信速度		19200bps
控制协议		异步系统
通信方法		半双工
数据格式	字符系统	ASCII(7 位)
	数据位	7 位
	终止符	CR：提供 CF：不提供
	校验系统 奇偶校验	已提供(奇数)
	和校验	已提供
	等待时间设置	未提供
	停止位长度	1 位

2. 设置站号

变频器内的设置，在 00~31 的范围内设置每一个站号，同时确定每一个站号只被使用一次。如图 6.47 所示，站号设置时，可以不考虑变频器的连接顺序，因为即使站号不连续也不会出现问题。

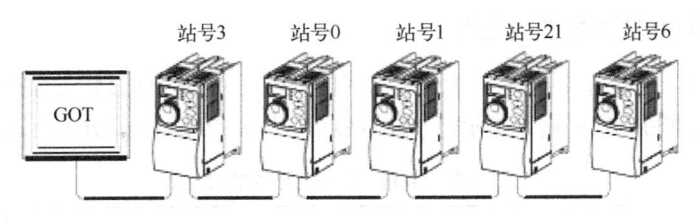

图 6.47 站号设置示例

3. 参数设置

当连接 FREQROL 系列变频器时，采用两种不同接口方式下的参数需作如下设置，见表 6-4。

表 6-4 FR-A700 变频器的参数设置

参 数 号		通信参数	设定值	设定内容
PU 接口	RS-485 端子排			
Pr. 117	Pr. 331	变频器站号	0~31	最多可连 10 台变频器，默认站号为 0
Pr. 118	Pr. 332	通信速率	192	通信速率=192×100bps
Pr. 119	Pr. 333	停止位长	10	7 位数据位，1 位停止位

续表

参 数 号		通 信 参 数	设定值	设 定 内 容
PU 接口	RS-485 端子排			
Pr. 120	Pr. 334	奇偶校验选择	1	奇校验
Pr. 121	Pr. 335	通信重试次数	9999	即使通信错误,变频器也不报警停止
Pr. 122	Pr. 336	通信校验时间间隔	9999	不进行通信检查
Pr. 123	Pr. 337	通信等待时间	0	通信等待时间 0s
Pr. 124	Pr. 341	通信 CR/LF 选择	1	有 CR 无 LF
Pr. 79	Pr. 79	动作模式	0	电源打开时的外部动作模式
Pr. 342	Pr. 342	通信 EEPROM 写入选择	0	写入 RAM 和 EEPROM

6.4.4 画面创建时的相关参数设置

1. 变频器站号的指定

在画面创建软件中指定的站号应与变频器中参数指定的站号相对应。创建画面时,有直接和间接两种方法指定站号。如果每个变频器都有一个单独的画面,那就是直接指定。编辑数值时,在一个画面中只有一个与变频器相对应的编号可选择。假如创建一个画面是为了从多台变频器中选择一个模块来编辑它的值,那就是间接指定。这种指定更有效,因为通过 GT1055 内部数据寄存器(GD)可以在画面中选择不同的变频器(即 GD 中的数值将会改变)。

(1) 直接指定。设置软元件时,直接指定变频器的站号。站号设置范围:0~31。

(2) 间接指定。在设置软元件时,通过 16 位 GOT 内部数据寄存器(GD10~GD25)间接指定变频器的站号。设置范围:100~115(与从 GD10 到 GD25 每个软元件相对应)。

2. 变频器中可被监控的各软元件

在 GT1055 中有一些内置的固有软元件,这些内部软元件可以通过状态监控功能、开关功能和数值输入功能进行重写。它们用于指示灯、数值显示、开关条件等,其分配见表 6-5 所示。

表 6-5 GOT 内部软元件的分配

软 元 件 名		可设置范围	软元件号表现形式
位软元件	变频器状态监视(RS)	RS0:0 ~ RS7:31 RS0:100 ~ RS7:115	10 进制数
	运行指令(WS)	WS0:0 ~ WS15:31 WS0:100 ~ WS15:115	
字软元件	异常内容 A	A0:0 ~ A7:31 A0:100 ~ A7:115	10 进制数
	参数(Pr)	Pr0:0 ~ Pr999:31 Pr0:100 ~ Pr999:115	
	程序运行(PG)	PG0:0 ~ PG89:31 PG0:100 ~ PG89:115	
	特殊参数(SP)	SP108:0 ~ SP127:31 SP108:100 ~ SP127:115	

GOT 中使用的变频器用虚拟软元件和变频器数据的对应如下。

(1) 变频器状态监视,见表 6-6。

(2) 运行指令,见表 6-7。

表 6-6

软元件名	内　　容
RS0	变频器运行中(RUN)
RS1	正转中(STF)
RS2	反转中(STR)
RS3	频率到达(SU)
RS4	过载(OL)
RS5	瞬停(IPF)
RS6	频率检测(FU)
RS7	发生异常(ABC1)
RS8	ABC2
RS9	未使用
RS10	未使用
RS11	未使用
RS12	未使用
RS13	未使用
RS14	未使用
RS15	发生异常

表 6-7

软元件名	内　　容
WS0	电流输入选择(AU)
WS1	正转(STF)
WS2	反转(STR)
WS3	低速(RL)
WS4	中速(RM)
WS5	高速(RH)
WS6	第 2 功能选择(RT)
WS7	输出停止(MRS)
WS8	JOG 运行(JOG)
WS9	瞬停再启动选择(CS)
WS10	启动自我保持(STOP)
WS11	复位(RES)
WS12	未使用
WS13	未使用
WS14	未使用
WS15	未使用

(3) 异常内容,见表 6-8。

表 6-8

软元件名*1	内　　容	软元件名*1	内　　容
A0	2 次前的异常	A4	6 次前的异常
A1	最新异常	A5	5 次前的异常
A2	4 次前的异常	A6	8 次前的异常
A3	3 次前的异常	A7	7 次前的异常

(4) 参数。GOT 中使用的变频器用虚拟软元件(参数(Pr))的编号与变频器的参数 No. 相对应。

(5) 特殊参数。GOT 中使用的变频器用的虚拟软元件 SP 的编号与变频器通信功能的命令代码相对应如表 6-9 所示。

表 6-9

软元件名	内　　容	命令代码	
^	^	读取	写入
SP108	第 2 参数切换	6CH	ECH

续表

软元件名	内容	命令代码 读取	命令代码 写入
SP109	设置频率(RAM)	6DH	EDH
SP110	设置频率(RAM, E^{2}PROM)	6EH	EEH
SP111	输出频率	6FH	—
SP112	输出电流	70H	—
SP113	输出电压	71H	—
SP114	特殊监视	72H	—
SP115	特殊监视选择 No.	73H	F3H
SP116	异常内容批量清除	—	F4H
SP116	最新异常、2 次前的异常	74H	—
SP117	3 次前的异常、4 次前的异常	75H	—
SP118	5 次前的异常、6 次前的异常	76H	—
SP119	7 次前的异常、8 次前的异常	77H	—
SP121	变频器状态监视(扩展)	79H	F9H
SP121	运行指令(扩展)	79H	F9H
SP122	变频器状态监视	7AH	—
SP122	运行指令	—	FAH
SP123	通信模式	7BH	FBH
SP124	参数全部清除	—	FCH
SP125	变频器复位	—	FDH
SP127	链接参数扩展设置	7FH	FFH

(6) 注意事项。

① 创建画面时，只指定程序运行(PG)或参数(Pr)任意一方的软元件。请勿在 1 个画面上混合指定 PG(PG0 ~ PG89)和 Pr(Pr900 ~ Pr905)的软元件。

② 连接在 PU 接口，运行模式使用 PU 运行模式时，无法使用多段速运行(W3 ~ W7、SP121、SP122)。要使用多段速运行，请执行以下任一操作：

a. 连接在 RS－485 端子、使用 NET 运行模式(计算机链接运行模式)进行运行。

b. 以设置频率(SP109、SP110)改变速度，通过正转、反转(WS1、WS2、SP121、SP122)操作来运行。

③ WS 只能写入，并且，无法使多个 WS 同时 ON(ON 状态以外的 WS 均为 OFF 状态)。WS0 ~ WS7 是对 SP122(字软元件)的各个位进行分配而得到的；WS8 ~ WS15 是对 SP121(字软元件)的各个位进行分配而得到的。如果要进行与同时设置多个 WS 等同的动作，请根据要设置为 ON 的位的组合来计算值，并将计算出的值写入 SP122 或 SP121。例如，正转(WS1)、低速(WS3)运行时，在 SP122 中写入"10"(使 WS1 和 WS3 变为 ON 的值)。

④ 使用 WS 时，位开关的动作无法使用"位反转"，位开关的动作请使用"置位"、"位复位"、"点动"。

⑤ 当"8888"或"9999"被设为一台变频器参数(Pr)时,数字"8888"或"9999"有各自特殊的含义。从 GT1055 中指定这些数字时,"8888"代表 GOT 中的"65520","9999"代表 GOT 中的"65535"。

⑥ 当设置校正参数时(Pr900~Pr905),表 6-10 的值应当根据使用的软元件编号和变频器的型号写入第二扩展参数(SP108)中。

表 6-10

写入第二扩展参数的值(SP108)	描 述
H00	偏置/增益
H01	模拟量
H02	终端模拟量值

⑦ SP111~SP114 只能读取,写入的对象(数值输入等)无法使用。SP124、SP125 只能写入,读取的对象无法使用。

⑧ 画面切换、系统信息软元件请务必使用 GD。

习 题 6

6.1 触摸屏的工作原理是什么?

6.2 触摸屏有哪几种类型?请读者自行上网查询几种典型的触摸屏的型号。

6.3 GT1055 触摸屏的外部接口有哪些?各有什么作用?

6.4 试参照本书图 6.32 用触摸屏画面编辑软件制作该画面。

6.5 试参照图 6.48 用触摸屏画面编辑软件制作该画面,并完成设置。要求能用触摸屏完成变频器三段速度控制,并且能指示出对应的运行速度情况。

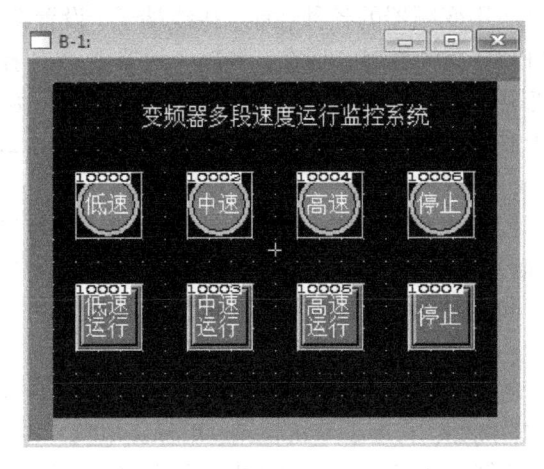

图 6.48

第7章　成套低压变频调速控制柜的设计

内容提要与学习要求

了解变频控制柜设计应具备的基本知识；掌握变频调速控制柜设计规范；掌握简单变频调速控制柜的设计。

7.1　概述

如果你是一位电气工程师，从事变频调速控制系统的设计工作，那么你除了掌握变频器的基本知识外，还必须掌握成套控制系统设计的一些基本知识，才能设计出用户满意的变频调速电气控制柜；如果你是变频调速系统的用户，从事调速系统的安装、调试或维修工作，你必须能够看懂电气图纸，了解设计者的设计思路，才能正确的布线、接线、调试或维修；即使你是变频调速电控柜生产厂家的一位接线工，你至少应该看懂接线图才能正确接线。如果你能看懂电气原理图、参考原理图和接线图接线，不仅能加快接线速度，提高生产效率，而且接线差错率会大大降低。

因此，只要你从事的工作与变频调速有关，就应该了解成套变频调速电气控制柜的设计知识，至少对于正确分析电气图纸大有帮助。

1. 要设计出成套变频调速电气控制柜的图纸，必须掌握的基本知识

(1) 变频器。掌握所使用变频器的各种性能、接线端子、设置菜单等。

(2) 可编程控制器(PLC)及触摸屏。现在，多数变频器由 PLC 控制，采用触摸屏做人机界面，因此必须掌握所使用 PLC 及触摸屏的各种性能、接线端子、编程知识等。

(3) 同步方式。对于需要同步运行的调速系统，必须确定用什么反馈元件，采用何种同步方式等。

(4) 低压电器。任何控制线路，都离不开各种低压电器，如空气开关、熔断器、交流接触器、热继电器、按钮、信号灯、变压器等。不仅需要知道这些低压电器的作用和相应的控制线路，而且相应了解不同型号的低压电器的外形尺寸、安装尺寸、质量、价格等方面的差别，以便于合理选用。

(5) 了解工艺。不需要对这个工艺原理全部了解，至少应该大致了解工艺流程，精确知道与电气有关的各种细节，例如，有多少电机拖动，用什么电机，各电机的功率是多大，用什么拖动方式，有无联锁要求等。还要了解附属的电气控制环节，例如，有没有安全电压照明，有几个外部停车按钮，是否有联系信号，等等。

2. 一套完整的变频调速电气控制柜的图纸，应该包括的内容

一套完整的变频调速电气控制柜的图纸应包括以下内容：

(1) 电气原理图。

(2) 安装接线图。

(3) 外部接线图。

(4) 柜体设计图。

7.2 变频调速控制柜设计规范

1. 变频控制柜设计前的要求

变频控制柜设计安装前，设计者不仅要考虑变频控制柜的正常工作条件，还要考虑可能发生的故障条件以及随之引起的故障、可预见的误操作以及诸如温度、海拔、污染、湿度、电网电源的过电压和通信线路的过电压等外界影响。一定要了解控制柜的配制、工作方式、工作环境、控制方式以及客户要求等。如某变频控制柜设计具体要求如下：

(1) 电机具体参数：如电机参数表 7-1 所示：出厂日期、厂商（国产，进口）、电机的额定电压、额定电流、额定转速、相数、接法等。

表 7-1 某变频控制柜电机参数表

三相异步电动机			
型号：Y180L-4		出厂编号：0533	
22kW	1440r/min	42.5A	接法 △
380V	50Hz	防护等级 IP44	200kg
B 级绝缘	噪声 LW82db(A)	工作制 S1	W2 U2 V2
标准编号 JB/T9616-1999		2005/12/1	W1 U1 V1
×××电机控制配套厂			

(2) 电机的负载特性类型：如恒转矩负载；平方转矩负载；恒功率负载等。

(3) 电机启动方式：如三角形启动；星形启动；降压启动；软启动。

(4) 工作环境：如现场的温度、防护等级、电磁辐射等级、防爆等级、配电具体参数。

(5) 控制柜安装位置：如壁挂式和落地式，要合理地考虑变频控制柜到电机的距离。

(6) 控制柜拖动电机的数量：如一拖二，一拖三，一拖四等。

(7) 工频与变频切换方式：一般为 Y/△ 启动与变频工作互为备用切换保护。

(8) 控制柜的外围器件的选用：如传感变送器的选用参数及采样地点。

(9) 控制柜的控制方式：如手动/自动、本地/远程、控制信号的量程、是否通信组网。

(10) 控制柜的隔离：如强电回路与弱电回路的隔离；采集信号与控制信号的隔离。

(11) 工作场合的供电质量：如防雷，浪涌，电磁辐射。

2. 变频控制柜布局和器件配置

变频控制柜的基本布局如图 7.1 所示。

变频控制柜分为壁挂式和落地式两种，变频控制柜主要器件的配置与选用介绍如下：

(1) TR——变压器。这个为可选项，根据电压等级标准配置和选用。

(2) FU——熔断器：一般都需要添加，不要为了节省成本而省去。应选择 2.5~4 倍变

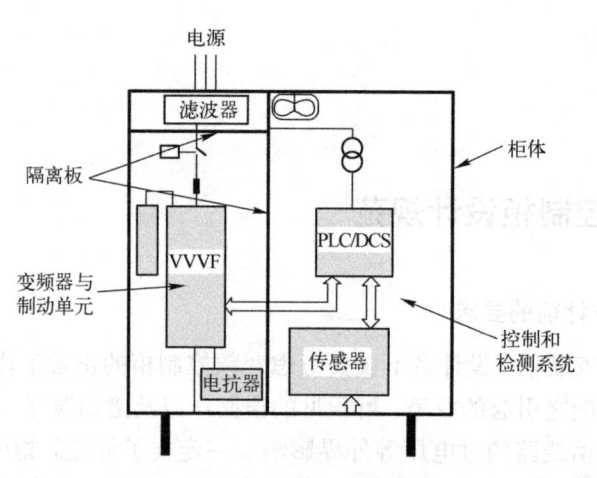

图7.1 变频控制柜的基本布局

频器额定电流。注意熔丝的选择要选快熔类。

（3）QA——断路器：断路器主要用于电源回路的开闭，且在出现过流或短路事故时自动断开电源。断路器的容量为变频器额定电流的1.5~2倍，断路器的时间特性要充分考虑变频器过载保护的时间特性。

（4）KM——接触器：接触器主要用于在工频电网和变频器之间的切换，保证变频器的输出端不会接到工频电网上去，以免损坏变频器。接触器频繁的闭合和断开将引起变频器故障，所以最高频率不要超过10次/min。

（5）F——风扇：主要用于抽取变频控制柜里的热量，给变频控制柜散热；按供电方式分直流风扇和交流风扇，根据现场工作环境选用。

（6）LY——防雷浪涌器：最好配置一个，特别是雷暴多发区，以及交流电源尖峰浪涌多发场合，保护变频系统免遭意外破坏。一般配40kVA浪涌器。

（7）DK——电抗器：选择合适的电抗器与变频柜配套使用，既可以抑制谐波电流，降低变频器系统所产生的谐波总量，提高变频器的功率因数，又可以抑制来自电网的浪涌电流对变频器的冲击，保护变频器、降低电动机噪声。保证变频器和电机的可靠运行。

（8）EMI——滤波器：滤波器的作用是为了抑制从导线及金属管线上传导无线信号到设备中去，将来自变频器的高次谐波分量与电源系统的阻抗分离，或者抑制干扰信号从干扰源设备通过电源线传导到外边去。

（9）RB——制动电阻：当电容电压超过设定值后，就经制动电阻消耗回馈的能量。一般小容量变频器带有制动电阻，大容量变频器的制动电阻通常由用户自己根据负载的性质和大小、负载周期等因素进行选配。

（10）另外，还包括变频器、PLC/DCS、触摸屏、传感器、电度表等器件的选用。

3. 变频控制柜布局的注意事项

（1）确保控制柜中的所有设备接地良好，使用短和粗的接地线连接到公共接地点或接地母排上。连接到变频器的任何控制设备（比如一台PLC）要与其共地，同样也要使用短和粗的导线接地。最好采用扁平导体（例如，金属网），因其在高频时阻抗较低，如图7.2所示。

· 160 ·

图 7.2 变频控制柜的接地

(2) 控制柜低压单元、继电器、接触器使用熔断器加以保护；当变频器到电机的连线超过 100m 时，当变频器供电电源容量大于 600kVA 或供电电源容量大于变频器容量的 10 倍时，建议加进输入输出电抗器。

(3) 确保控制柜中的接触器有灭弧功能，交流接触器采用 R – C 抑制器，直流接触器采用"飞轮"二极管，装入绕组中。采用压敏电阻抑制器也是很有效的。

(4) 如果设备运行在一个对噪声敏感的环境中，可以采用 EMC 滤波器减小辐射干扰。同时为了达到最优的效果，确保滤波器与安装板之间应有良好的接触。

(5) 电机电缆应与其他控制电缆分开走线，其最小距离为 500mm。同时应避免电机电缆与控制电缆长距离平行走线。如果控制电缆和电源电缆交叉，应尽可能使它们按 90°角交叉。同时必须用合适的夹子将电机电缆和控制电缆的屏蔽层固定到安装板上。

(6) 为了有效地抑制电磁波的辐射和传导，变频器的电机电缆必须采用屏蔽电缆，屏蔽层的电导必须至少为每相导线芯的电导的 1/10。

(7) 控制柜应分别设置零线排组(N)及保护地线排组(PE)。接地排组和 PE 导电排组必须接到横梁上(铜排到铜排连接)。它们必须位于电缆压盖处正对的附近位置。接地排组还要通过另外的电缆与保护地线排组连接。屏蔽总线用于确保各个电缆的屏蔽连接可靠，它通过一个横梁实现大面积的金属到金属连接，如图 7.3 所示。

图 7.3 零线排组及保护地线排组

(8) 不能将装有显示器的操作面板安装在靠近电缆和带有线圈的设备旁边，例如，电源电缆、接触器、继电器、螺线管阀、变压器等，因为它们可以产生很强的磁场，影响仪器仪表的测量精度。

(9) 功率部件(变压器、驱动部件、负载功率电源等)与控制部件(继电器控制部分，可编程控制器)必须要分开安装。但是并不适用于功率部件与控制部件设计为一体的产品。变频器和滤波器的金属外壳，都应该用低电阻与控制柜连接，以减少高频瞬间电流的冲击。理想的情况是将模块安装到一个导电良好，黑色的金属板上，并将金属板安装到一个大的金属台面上。

（10）设计控制柜体时要注意EMC的区域原则，把不同的设备规划在不同的区域中。每个区域对噪声的发射和抗干扰度有不同的要求。区域在空间上最好用金属壳或在柜体内用接地隔离板隔离，并且考虑发热量，控制柜的风道要设计合理，排风通畅，避免在柜内形成涡流，在固定的位置形成灰尘堆积。风扇一般安装在靠近出风口处，进风风扇安装在下部，出风风扇安装在柜体的上部。

（11）根据控制柜内设备的防护等级，需要考虑控制柜防尘以及防潮功能。一般使用的设备主要为：空调、风扇、热交换器、抗冷凝加热器。同时根据柜体的大小合适地选择不同功率的设备。关于风扇的选择，主要考虑柜内正常工作温度，柜外最高环境温度，求得一个温差，根据风扇的换气速率，估算出柜内空气容量。已知三个数据：温差，换气速率，空气容量后，求得柜内空气更换一次的时间，然后通过温差计算求得实际需要的换气速率。从而选择实际需要的风扇。因为一般夜间，温度下降，会产生冷凝水，依附在柜内电路板上，所以需要选择相应的抗冷凝加热器以保持柜内温度。

（12）变频器安装的基本要求。变频器最好安装在控制柜内的中部，变频器要垂直安装，正上方和正下方要避免可能阻挡排风、进风的大器件；变频器上、下部边缘距离，控制柜顶部、底部距离，或者隔板和必须安装的大器件的最小间距，都应该大于150mm；如果特殊用户在使用中需要去掉键盘，则变频器面板的键盘孔，一定要用胶带严格密封或者采用假面板替换，防止粉尘大量进入变频器内部。

4. 变频控制柜器件的安装

（1）控制柜内所有器件应按照国家行业标准和用户要求进行安装。组装前首先看清楚图纸及技术要求，必须按照图纸安装。

（2）认真整理安装图纸中发现的疑难问题，如平面图与系统图不符、管径与导线截面不符、管线途径不明等，在参加图纸会审时及时向设计部门提出，力求将图中问题解决在安装以前。

（3）检查变频器型号、元器件型号、规格、数量等与图纸是否相符；检查变频器、PLC、触摸屏等器件有无损坏。

（4）元器件组装顺序应从板前视，由左至右，由上至下。

（5）组装所用紧固件及金属零部件均应有防护层，对螺钉过孔、边缘及表面的毛刺、尖锋应打磨平整后再涂敷导电膏。

（6）主回路上面的元器件，如滤波器、电抗器，变压器、PLC、变频器等需要接地，注意断路器不需要接地。

（7）对于发热元件(例如，管形电阻、散热片等)的安装应考虑其散热情况和安装距离是否符合规定。额定功率为75W及以上的管形电阻器应横装，不得垂直地面竖向安装，正确安装方法如图7.4所示。

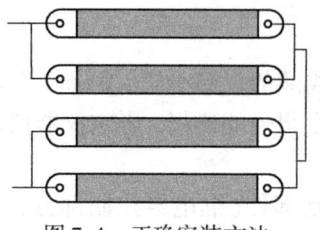

图7.4 正确安装方法

（8）所有电气元件及附件，均应固定安装在支架或底板上，不得悬吊在电器及连线上。

（9）安装因振动易损坏的元件时，应在元件和安装板之间加装橡胶垫减震。

（10）接线面每个元件的附近有标牌，标注应与图纸相符。除元件本身附有供填写的标志牌外，标志牌不得固定在元件本体上。

注意：一是接线端子和进出的电缆、电线每回路应有标号，标号应完整、清晰、牢固，标号粘贴位置应明确、醒目，如图7.5所示。

图7.5 变频控制柜的接线标号

二是安装于面板、门板上的元件，其标号应粘贴于面板及门板背面元件下方，如下方无位置时可贴于左方，但粘贴位置尽可能一致。

（11）器件保护接地连续性。保护接地连续性利用有效接线来保证，如图7.6所示。柜内任意两个金属部件通过螺钉连接时如有绝缘层均应采用相应规格的接地垫圈，而且要注意将垫圈齿面接触零部件表面，或者破坏绝缘层。门上的接地处要加"抓垫"或"菊花垫"，防止因为油漆的问题而接触不好，而且连接线要尽量短。

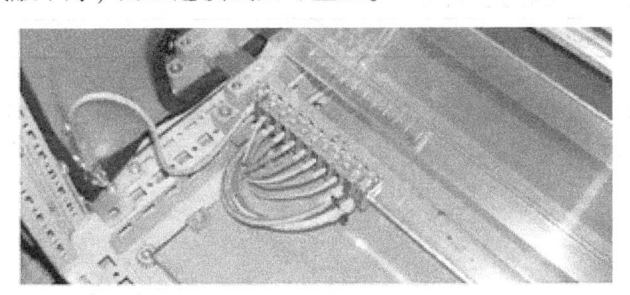

图7.6 器件保护接地连续性

5. 变频控制柜一次回路布线

（1）变频控制柜一次回路布线大多采用绝缘导线，如图7.7所示；对于一些大功率大电流变频控制柜应尽量选用矩形铜母线。

（2）汇流母线应按设计要求选取，主进线柜和联络柜母线按汇流选取，分支母线的选择应以自动空气开关的脱扣器额定工作电流为准，如自动空气开关不带脱扣器，则以其开关的额定电流值为准。对自动空气开关以下有数个分支回路的，如分支回路也装有自动空气开关，仍按上述原则选择分支母线截面。如没有自动空气开关，比如只有刀开关、熔断器、低压电流互感器等则以低压电流互感器的一侧额定电流值选取分支母线截面。如果这些都没有，还可按接触器额定电流选取，如接触器也没有，最后才按熔断器熔芯额定电流值选取。

图7.7 变频控制柜一次回路布线

(3) 导线载流量选择需查询有关文档,聚氯乙烯绝缘导线在线槽中,或导线成束状行走时,或防护等级较高时应适当考虑裕量。

(4) 导线应避开飞弧区域。当交流主电路穿越形成闭合磁路的金属框架时,三相导线应在同一框孔中穿过;如果接线不规范,必须把进入线槽的大电缆外层都剥开,把所有导线压进线槽。

(5) 导线线槽弯处的半径不小于线槽内电缆最小允许弯曲半径,导线最小允许弯曲半径如表7-2所示。

表7-2 电缆最小允许弯曲半径(D为电缆外径)

序 号	电 缆 种 类	半径(D)
1	无铅包钢铠护套的橡皮绝缘电力电缆	10D
2	有铅包钢铠护套的橡皮绝缘电力电缆	20D
3	聚氯乙烯绝缘电力电缆	10D
4	交联聚氯乙烯绝缘电力电缆	15D
5	多芯控制电缆	10D

(6) 导线连接在面板和门板上时,需要加塑料管和安装线槽;柜体出线部分为防止锋利的边缘割伤绝缘层,必须加塑料护套。电缆与柜体金属有摩擦时,需加橡胶垫圈以保护电缆,如图7.8所示。

图7.8 电缆与柜体金属有摩擦时需加橡胶垫圈

(7) 柜体内任意两个金属零部件通过螺钉连接时如有绝缘层均应采用相应规格的接地垫圈,并注意将垫圈齿面接触零件表面,以保证保护电路的连续性。

(8) 导线搭接螺丝应外露2~3扣,螺孔比螺丝大1mm连接面涂电力复合脂,应采用镀锌螺栓并有防松装置，所有的螺栓受力程度应一致。

（9）提高柜体屏蔽功能，如需要外部接线或出线时，需加电磁屏蔽衬垫。如果需要在电柜内开通风窗口，交错排列的孔或高频率分布的网格比狭缝好，因为狭缝会在电柜中传导高频信号。

6. 变频控制柜二次回路布线

（1）二次线的连接(包括螺栓连接、插接、焊接等)均应牢固可靠，线束应横平竖直、配置坚牢、层次分明、整齐美观。同一控制柜的相同器件走线方式应一致，如图7.9所示。

（2）二次线截面积要求：

① 单股导线不小于 1.5mm^2。
② 多股导线不小于 1.0mm^2。
③ 弱电回路不小于 0.5mm^2。
④ 电流回路不小于 2.5mm^2。
⑤ 保护接地线不小于 2.5mm^2。

（3）所有连接导线中间不应有接头；每个电器元件的接点最多允许接两根线；每个端子的接线点一般不宜接两根导线，特殊情况时如果必须接两根导线，则连接必须可靠，如图7.10所示。

图7.9 同一控制柜的相同器件走线方式应一致　　图7.10 如果必须接两根导线则连接必须可靠

（4）二次线应远离飞弧元件，并不得妨碍电器的操作；二次线不得从母线相间穿过。

（5）电流表与分流器的连线之间不得经过端子，其线长不得超过3m；电流表与电流互感器之间的连线必须经过试验端子。

（6）控制用屏蔽电缆线的连接。拧紧屏蔽线至约15mm长为上；用线鼻子把导线与屏蔽压在一起；压过的线回折在绝缘导线外层上；用热缩管固定导线连接的部分。

（7）控制用电缆线连接的注意事项。

- 控制用的电缆线最好使用屏蔽电缆。
- 模拟信号和数字信号的传输电缆应该分别屏蔽和走线。
- 模拟信号的传输线和低压数字信号线应使用双屏蔽的双绞线，也可以使用单屏蔽的双绞线。
- 信号线最好只从一侧进入控制柜，信号电缆的屏蔽层双端接地，在不影响操作和安装条件下，信号电缆线应避免过长。
- 不要将24VDC和115/230VAC信号共用同一条电缆槽。

7. 变频控制柜维护和检修

（1）检查变频控制柜周围环境，要求利用温度计、湿度计、记录仪检查周围温度 -10℃ ~ +50℃，周围湿度90%以下，而且无灰尘、无金属粉尘及通风良好等。

（2）检查各部件各系统装置是否有异常振动和异常声音。

（3）观察元件是否有发热的迹象，是否有损伤，连接部件是否有松脱。

（4）检查端子排是否损伤，导体是否歪斜，导线外层是否破损。

（5）检查电源主回路电压是否正常。对于绝缘测试，可于使用前拆下变频器接线，将端子R、S、T、U、V、W一起短路，用DC500V级兆欧表测量它们与接地端子间的绝缘电阻，其绝缘电阻不得小于20MΩ（注：不可随意实施耐压测试实验，它将导致变频器寿命降低）。

（6）检查滤波电容器是否泄漏液体，是否膨胀，用容量测定器测量静电容应在定额容量的85%以上；检查继电器和接触器动作时是否有"吱、吱"声音，触点是否粗糙、断裂；检查电阻器绝缘物是否有裂痕，确认是否有断线。

（7）检查变频器运行时，各相间输出电压是否平衡；进行顺序保护动作试验、检查、保护回路是否异常。

（8）如果超过一年仍未使用，则应进行充电试验，以使机内主回路滤波电容器特性得以恢复。充电时，可使用调压器慢慢升高变频器的输入电压，直到额定输入电压，通电时间要在1~2h以上。上述实验至少每年一次。

随着变频调速技术的不断推广，规范变频控制柜产品的结构设计和安装工艺，使其符合行业标准和设计、安装、控制要求。不仅可以提高生产质量、舒适性、生产效率，创造可观的经济效益；对节能环保等社会效益同样有着重要的意义。

7.3 变频恒压供水控制柜设计

7.3.1 变频恒压供水原理

我国实施的新农村建设中，供水工程是其中重要的建设项目之一，供水工程类型与水源、地形、居民点分布及当地经济发展情况等有关，一般分集中式供水工程和分散式供水工程，合理地选择工程模式对保证饮水安全极为重要。根据《村镇供水单位资质标准》，"集中式供水"定义为"由水厂统一取水净化后，集中用管道输配至用水点的供水方式。"集中式供水工程，应根据水源、用水需求及社会经济发展情况，因地制宜，通过技术经济比较，合理确定工程类型。由单村或几个自然村合用一个水源，采用变频恒压供水的集中式供水工程，是当前新农村供水改造的主要形式。

变频恒压供水系统的工作原理如图7.11所示。

根据用户要求，先设定给水压力值，然后通电运行，压力传感器监测管网压力，并转为电信号送至可编程控制器或微机控制器，经分析处理，将信号传至变频器来控制水泵运行，当用水量增加时，其输出的电压及频率升高，水泵转速升高，出水量增加；当水量减小时，水泵转速降低，减少出水量，使管网压力维持设定压力值，在多台泵运行时，逐机软启动，由变频转工频至压力流量满足为止，实现了水泵的循环控制。当夜间小流量运行时，可通过变频

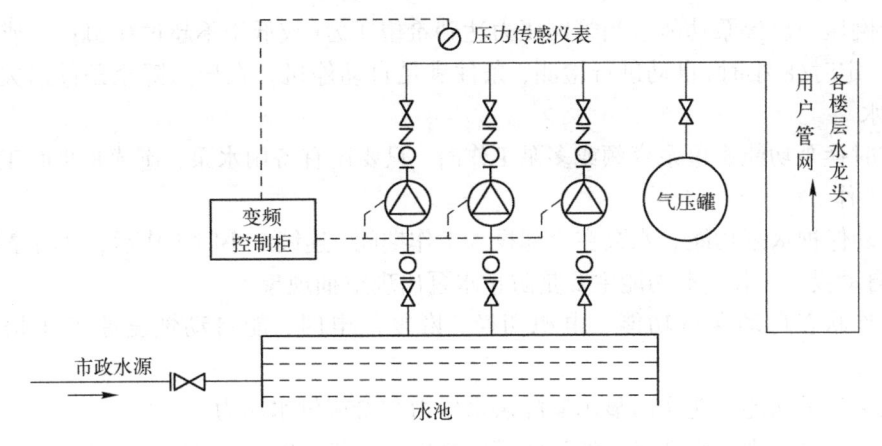

图 7.11 恒压供水系统原理图

水泵来维持工作,变频给水泵可以停机保压。

下面以 500 户居民的变频恒压供水控制柜设计为例,介绍变频控制柜的设计思路,为将来的工作、学习打下良好的基础。

500 户居民的变频恒压供水控制柜电气技术要求如下。

(1) 根据用户数、扬程、供水距离等要求计算供水流量,本恒压供水系统选择电机型号为:水泵电机采用 3 台交流异步电动机拖动,每台电机的额定电压为 AC 380V(线电压),额定频率为 50Hz,额定转速为 1450 转/min,功率为 11kW。

(2) 控制系统功能

① 供水自动恒压功能。生活供水时,水泵转速随着压力变化而变化,变频恒压精度为 ±0.01MPa,频率极限恒压精度为 ±0.02MPa,若精度不到,将顺次循环增加或减少水泵数量。

② 供水加压自动保护功能。供水状态由于受用户实际用水量等因素的影响,可能产生实际压力超过给定的希望压力的现象,本系统规定,不超过 0.1kg 为正常精度;不超过 0.2kg,将自动减小变频供水;不超过 0.5kg,将逐次关闭工频水泵。一旦发现实际压力超过希望值 0.5kg 时,为了防止出现爆管现象,系统立即关闭所有水泵,进入待机状态,重新调整水泵的供水方式。

③ 水源水池无水自动保护功能。水池中安装了一套液位传感器,当液位低于停泵液位时(由触摸屏设置),水泵自动暂停供水;当液位高于开泵液位时(由触摸屏设置),水泵自动恢复供水。

④ 变频器故障自动保护功能。当保护性故障产生时,将停止变频泵,转由工频泵形成压差供水模式,变压差为(-0.2MPa~0MPa),复位恢复正常后,重新恢复恒压运行。

⑤ 电机故障自动保护功能。热继电器保护动作引起触头跳脱后,水泵自动停止工作,相应过载指示灯亮,其他泵照常供水,这时,要求人工查明过载原因,并按下热继电器的复位按钮,一旦水泵热继电器复位,水泵进入自动恢复等待工作状态。

⑥ 水泵选择功能。对需要维护、检修的水泵,可以关闭(即成为备用泵)。

⑦ 手动供水功能。当设备发生故障,无法维持自动供水时,可用手动供水方式,即用水泵选择开关人为开启相应泵供水,不再进行压力等检测和保护。

⑧ 管网压力启停泵功能。当管网压力达到希望压力(或低于不超过0.3kg)，或者无人用水时，PLC定时(8小时)自动进行检测，条件满足自动停机。在压力降至条件消失后，又自动恢复供水。

⑨ 定时换泵功能。单泵变频或多泵工作时，只要还有备用水泵，连续8小时工作后，自动切换泵工作。

⑩ 自动保护水泵功能。水泵在全部投入工作期间，连续1小时工作后，自动停机休息15分钟，再自动投入工作。本功能主要是防止水泵出现空抽现象。

⑪ 工作状态自动保持功能。电源切换，恢复供电时，能自动恢复原工作状态，并切换泵。

⑫ 数字显示功能。能实时显示实际供水压力和希望供水压力。

⑬ 希望供水压力调整功能。通过触摸屏界面，可在0.0~1.0MPa范围调节。

(3) 控制柜的主要技术参数。

① 变频器输出容量：根据水泵功率选择。

② 变频器输出频率：0.5~50Hz。

③ 频率变化精度：0.01Hz。

④ 变频恒压精度：±0.01MPa。

⑤ 极限恒压精度：±0.02MPa。

⑥ 生活恒压范围：0.17~1.0MPa。

⑦ 变频器过载能力：不低于120%。

7.3.2 变频恒压供水控制柜的系统设计

1. 控制方案的确定

(1) 控制电路的控制方式。如图7.12所示为变频恒压供水系统的控制框图，其控制原理是由压力传感器测得供水管网的实际压力，信号比较结果经D/A转换后控制变频器的输出频率，进而控制水泵电动机的转速，以达到恒压的目的。

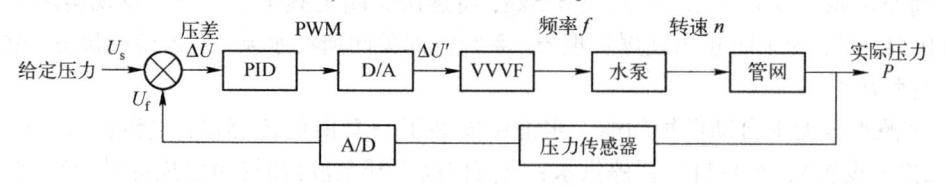

图7.12 变频恒压供水系统的控制框图

调节过程如下：

$$P\uparrow \to U_f\uparrow \to \Delta U(U_s - U_f)\downarrow \to \Delta U'\downarrow \to f\downarrow$$
$$P\downarrow \leftarrow \qquad\qquad\qquad\qquad\qquad n\downarrow \leftarrow$$

① 当实际压力与给定压力比较，管网水压不足时，通过PID运算，控制电压上升，使VVVF频率相应增大，水泵转速加快，供水量加大，迫使管网压力上升；反之水泵转速减慢，供水量减少，迫使管网压力下降。

② 由于单泵限制在20~50Hz变化调节，在调节范围内不能达到目的时，可以增加或减

少水泵工作数量来完成，加减泵按 1→2→3→…循环顺序选择。

(2) 主电路。主电路采用一台变频器分别控制 3 台水泵，3 台水泵均为双主回路(变频、工频)的驱动方式。由于变频器的价格比常规电气设备要高，因此对于多泵控制系统，可以采用"一拖二"、"一拖三"等驱动方式。本例为"一拖三"的驱动方式。

(3) 控制电路。控制系统由压力传感器、PLC 和触摸屏组成。压力传感器用来测量供水管网压力，作为水泵投入、切换的控制信号；PLC 与触摸屏完成整个系统逻辑控制和人机交互。

2. 硬件配置

根据上述控制方案，有 6 个接触器需要 PLC 输出控制，变频器的启动也由 PLC 的输出点控制，变频器的频率调节由模拟量输出电压实现。由于采用触摸屏操作，因此输入信号较少，主要包括每台泵的手/自动切换及压力、液位信号的输入。由此可知，PLC 数字量的输入点需要 7 个，输出点需要 7 个，模拟量输入点 2 个，模拟量输出点 1 个。

系统选用西门子 S7-200 系列 PLC 控制，采用触摸屏作为人机界面对系统进行控制及指示，变频器采用三菱 A700 系列变频器。其中，PLC 采用西门子 CPU224 PLC 加 EM235 模块，变频器选择三菱 11kW FR-A740 变频器，触摸屏选用西门子 TP170B 触摸屏。低压电器及导线参照附录 A、B 选择。变频恒压供水系统 PLC 控制电路原理图如图 7.13 所示，一次回路电气控制图如图 7.14 所示。

PLC 的数字量 I/O 分配见表 7-3 所示，模拟量 I/O 分配见表 7-4 所示。

表 7-3　PLC 的数字量 I/O 分配表

输	入		输	出	
名称	代号	地址	名称	代号	地址
变频故障		I0.2	变频器启动	KA1	Q0.0
一号泵过载	FR1	I0.4	一号泵变频	KM1	Q0.2
一号泵手自动	SA1	I0.5	一号泵工频	KM2	Q0.3
二号泵过载	FR2	I0.6	二号泵变频	KM3	Q0.4
二号泵手自动	SA2	I0.7	二号泵工频	KM4	Q0.5
三号泵过载	FR3	I1.0	三号泵变频	KM5	Q0.6
三号泵手自动	SA3	I1.1	三号泵工频	KM6	Q0.7

表 7-4　PLC 的模拟量 I/O 分配表

输	入	输	出
信号名称	地址	信号名称	地址
管网压力信号	AIW0	变频器模拟电压输入	AQW0
水池液位信号	AIW2		

3. 触摸屏画面设计

根据系统要求，需要设置如下画面：
(1) 开机初始画面，如图 7.15 所示。
(2) 主画面，如图 7.16 所示。

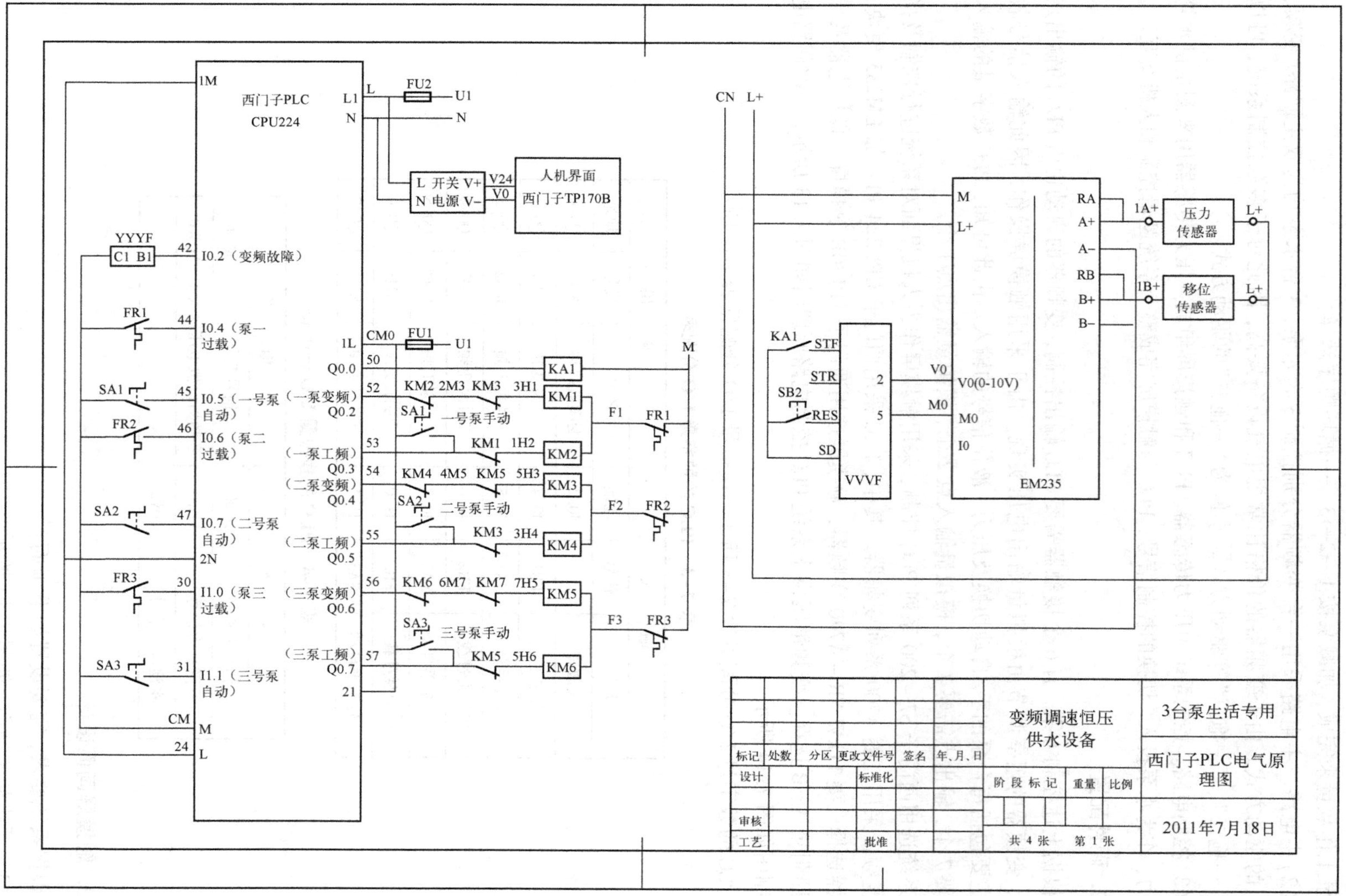

图7.13 三台泵变频供水控制电气原理图

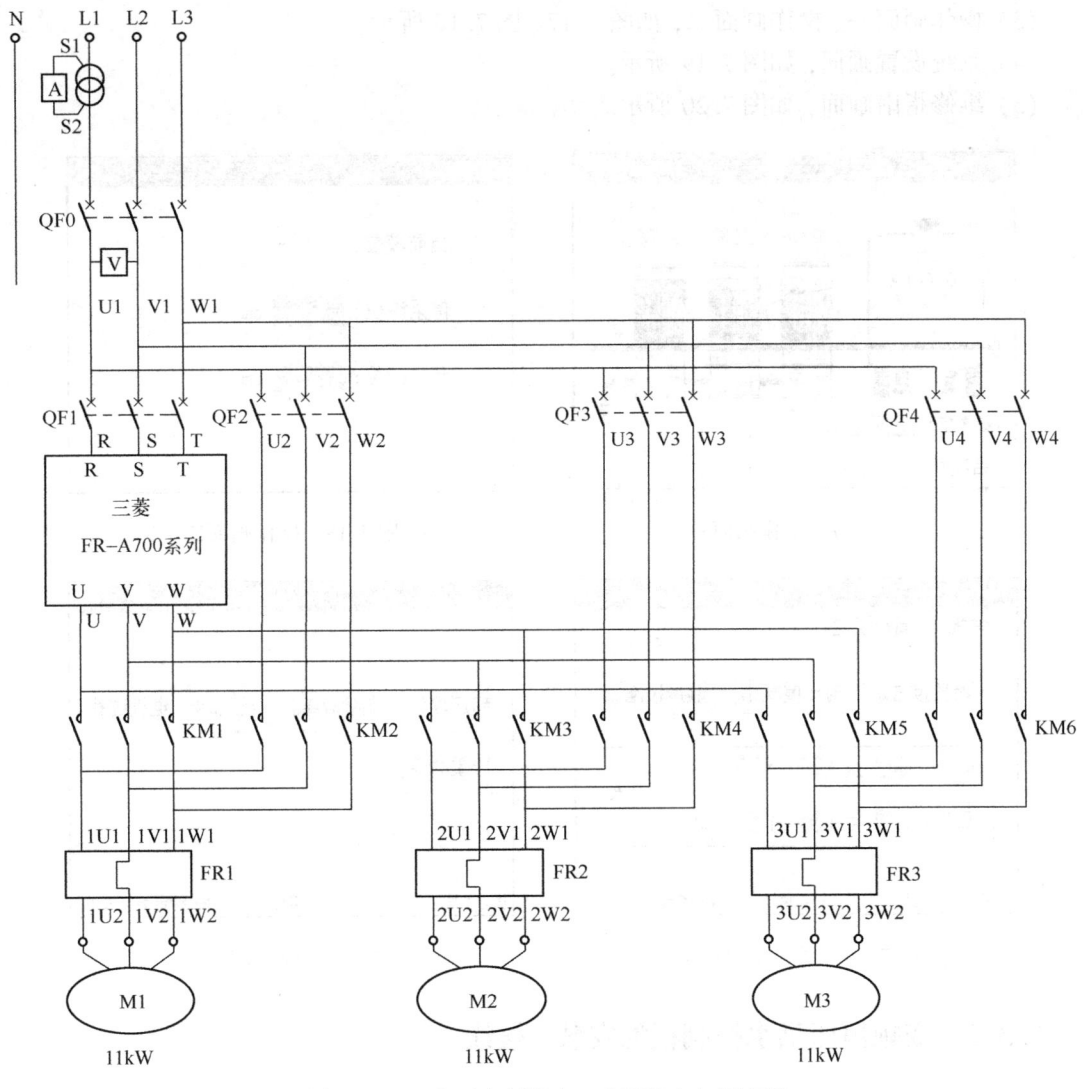

图 7.14 三台泵变频供水一次回路电气原理图

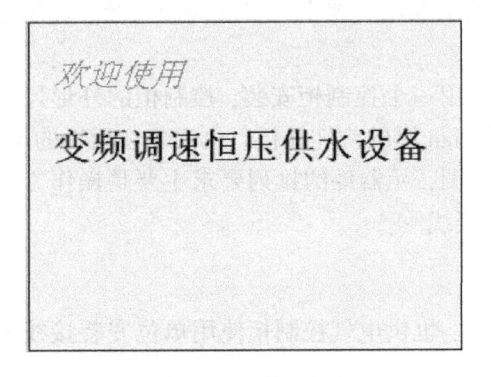

图 7.15 开机画面

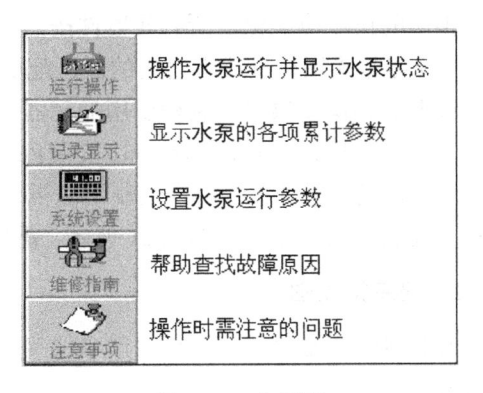

图 7.16 主画面

· 171 ·

(3) 操作画面一、操作画面二,如图 7.17、图 7.18 所示。

(4) 系统设置画面,如图 7.19 所示。

(5) 维修指南画面,如图 7.20 所示。

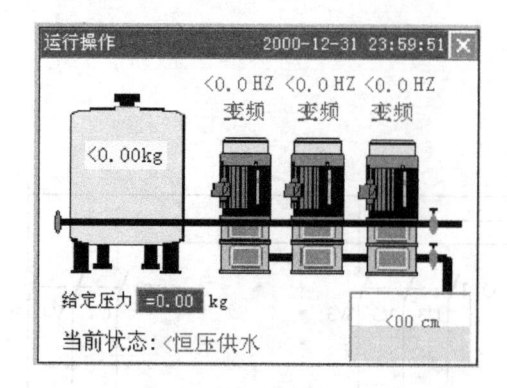

图 7.17 操作画面一

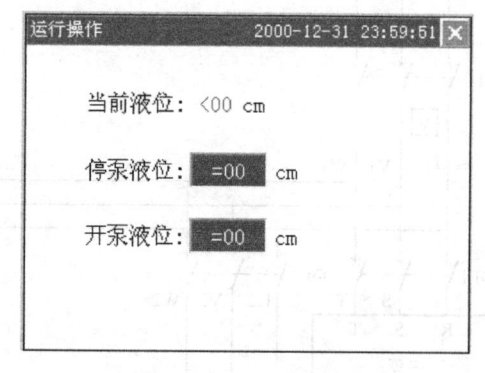

图 7.18 操作画面二

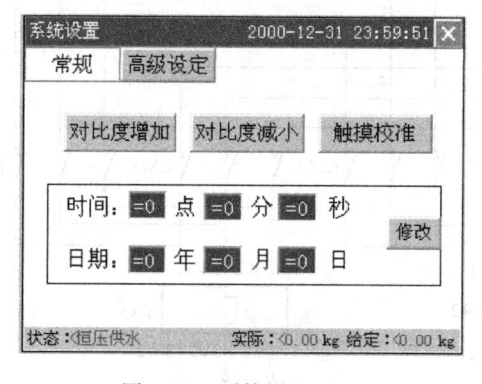

图 7.19 系统设置画面

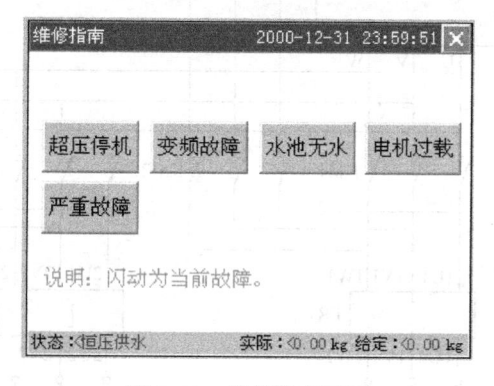

图 7.20 维修指南画面

7.3.3 变频恒压供水控制柜的安装、接线

1. 柜体的设计

柜体的设计应能保证所有元器件按照产品说明书及电气要求的安装间距安装,且能够装得下,并尽量采用标准或者通用的低压配电屏尺寸。

根据变频恒压供水控制柜所用的元器件,我们用一个控制柜安装,控制柜的外形尺寸为高×宽×厚 = 1650×680×400mm,安装内板采用3mm 厚的冷轧铁板。由安装在面板的电表、触摸屏、方式选择开关等可以绘制出面板元件布置图,元器件的排列要求主要是操作方便和美观。控制柜面板布局如图 7.21 所示,需要开门接线。

2. 安装接线图

安装接线图是电气控制柜生产单位接线的依据,也供电气控制柜使用单位安装接线和维修参考。

安装接线图按照元器件实际安装的位置画出,应知道所有元器件的安装尺寸。对于元器件的尺寸不太了解或者对元器件的排列是否合理没有把握时,可以先用实物排列,然后再画

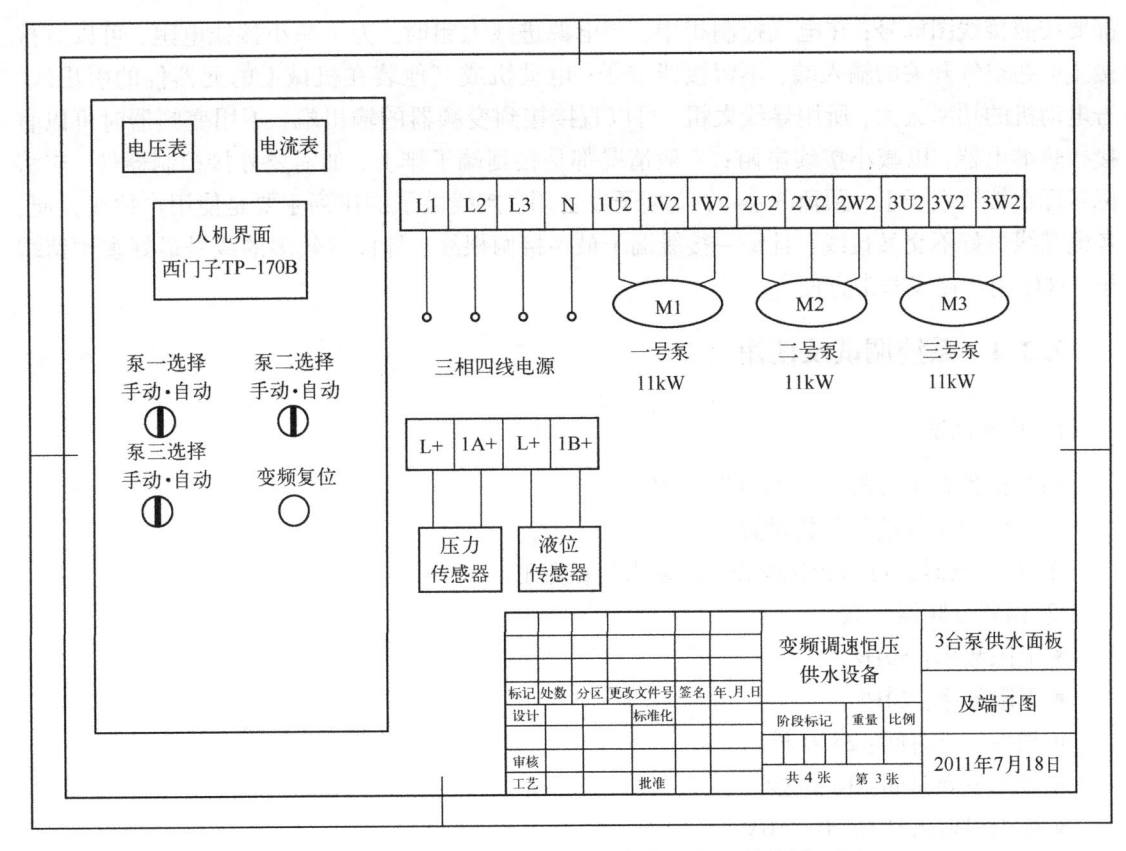

图 7.21 三台泵变频供水电气控制柜面板及接线端子图

接线图。在电气原理图中,一个元器件的不同触点和线圈画在图形的不同位置,甚至画在多张图纸上。但在安装接线图中,一个元器件的所有触点和线圈应画在一起。画图时可以只画实际使用的触点,不用的触点不画。也可以将所有触点都画出,不用的触点不接线。

分配元器件的基本原则是接线方便,用线省,控制柜内元器件疏密基本均匀、美观。变频恒压供水控制柜有 1 台变频器,1 台 PLC 及 AD 转换模块,5 个空气开关和 6 个交流接触器,1 个中间继电器,3 个热继电器,1 个电流互感器和 1 个 50W 24V 的电源变压器,这些元器件安装在控制柜内,布局如图 7.22 所示,并按照电气原理图绘制接线图。

3. 接线端子

控制柜和操纵台的下方都有大量的接线端子,端子的数量和排列对于用户来说非常重要。

接线端子接线的基本原则是:所有电源线和控制线

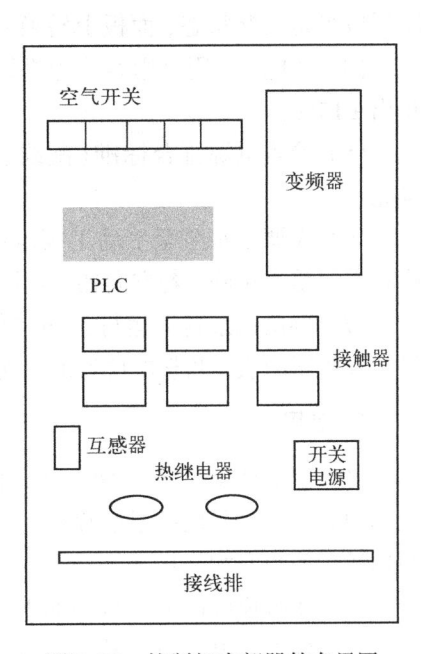

图 7.22 控制柜内部器件布局图

都要按照接线图标号;在电气控制柜中,当电源进线太粗时,为了减小接线电阻,可以直接接主电路空气开关的输入端,不留接线端子;电动机或其他装在机械上的元器件的引出线,若电动机的功率太大,所用导线太粗,可以直接接到变频器的输出端;不用变频器时可以直接接热继电器,以减小接线电阻;一般情况都是接到端子排上;如需要外接控制器件,应将标号标在接线端子上,预留3~4个空端子以备用;接线端子的排列主要是使用户接线方便,各电缆线最好不交叉接线,且每一接线端子最多接两根线,外接线较多的线号最好多预留端子,这样用户接线非常方便。

7.3.4 系统调试及使用

1. 基本调试

(1) 把预先编写的 PLC 程序写入 PLC。
(2) 对变频器进行参数设置。
① 对变频器进行初始化操作,恢复出厂设置值。
② 预置变频器参数:
- 上限频率:50Hz。
- 下限频率:20Hz。
- 频率上升时间:25.0 秒。
- 频率下降时间:10.0 秒。
- 模拟量输入选择:0~10V。

(3) 按照安装要求事项进行安装后,仔细检查、核对无误后送电。送电前确认控制柜断路器应当是关断状态,面板上转换开关拨至停止。

(4) 送电后,用万用表检查进线电源是否为380V,相线对零线电压220V,电源电压应不超出 ±15%。

(5) 检查电源符合标准(配线、电源等)后,可以合上控制柜的空气开关,电源指示灯点亮。

(6) 先调整水泵至手动工频运行,1 号泵开关拨至"手动",观察运行情况,检查该水泵旋转方向是否正确;若方向错,就将水泵线任意两根调相。运行正常后调试2 号泵及3 号泵。

(7) 再调试泵自动运行,1 号泵开关拨至"自动",使变频器进入运行状态,用一电位器代替远传压力表,调整电位器时,观察变频器的运行情况,看其是否按照实定压力运行。

2. 使用

(1) 合上低压断路器 QF1 和其他工频低压断路器。
(2) 在触摸屏内的系统设置→高级设定→控制方式→选择"恒压控制",其相应工作水泵的选择开关拨向"自动"。
(3) 在触摸屏内的运行画面下设定好给定压力。
(4) 合上总电源空气开关。
(5) 设备运行,相应工作指示灯亮,余下工作由触摸屏来完成。
(6) 停机时,所有水泵方式开关拨向"0",断开总电源空气开关。

习 题 7

7.1 变频调速控制柜的设计应当包括哪些内容?

7.2 某搅拌装置采用变频调速,要求:先以 45Hz 正转 30min,再以 35 Hz 反转 20min。每次改变方向前,应先将转速下降至 10Hz 运行 1min,又停止 1min 后再启动。如此往复不已,直至按下停止按钮后停止运行。试设计其控制方案?

7.3 皮带输送机运用输送带的连续或间歇运动来输送各种轻重不同的物品,既可输送各种散料,也可输送各种纸箱、包装袋等单件重量不大的件货,用途广泛。图 7.23 为一皮带输送机示意图,该皮带输送机采用交流异步电机驱动,变频调速控制,功率为 15kW,额定转速为 1460 转/分,电机转速为额定转速时,皮带传送速度为 3m/s,输送机在没有负荷的情况下停止运行,负荷小的情况下快速运行,在满负荷的情况下则降低运行速度等。请设计皮带输送机的变频调速控制柜,并提交完整设计报告。

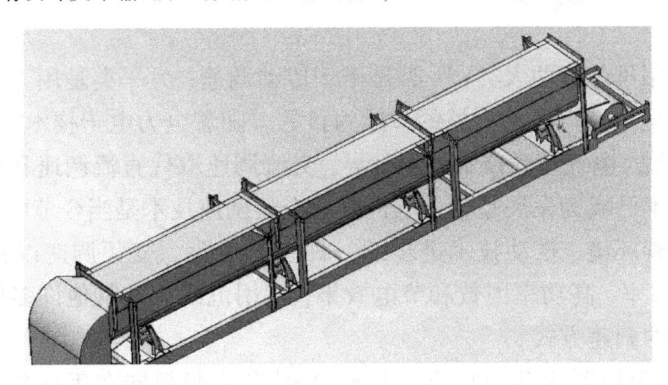

图 7.23

第8章 变频调速技术的综合应用

内容提要与学习要求

了解并掌握变频器在工业中的各种应用；能够阅读并分析变频器调速控制的各种应用电路；能运用以前所学知识和本书内容设计实用的变频调速控制电路。

8.1 变频技术应用概述

变频技术的应用可分为两大类：一类是用于传动调速；另一类是用于各种静止电源。而变频器最为典型的应用是以各种机械的节能为目的。随着电力电子技术、计算机技术、自动控制技术的迅速发展，电气传动技术日新月异，交流调速取代直流调速和计算机数字控制技术取代模拟控制技术已成为发展趋势。电机交流变频调速技术是当今节电、改善工艺流程以提高产品质量和改善环境、推动技术进步的一种主要手段。变频调速以其优异的调速和启动、制动性能，高效率、高功率因数和节电效果，适用范围广及其他许多优点而被国内外公认为最有发展前途的调速方式。

表 8-1 列出了变频器传动的特点，表 8-2 列出了变频器在工业领域中的节电潜力，表 8-3 列出了变频器的应用效果，图 8.1 为变频器用于涂布机的控制示意图。本章将列举一些变频调速事例加以说明。

表 8-1 变频器传动的特点

变频器传动的特点	效 果	用 途
可以使标准电动机调速	可以使原有电动机调速	风机、水泵、空调、一般机械
可以连续调速	可以选择最佳调速	机床、搅拌机、压缩机、游梁式抽油机
启动电流小	电源设备容量可以小	压缩机
最高速度不受电源影响	最大工作能力不受电源频率影响	泵、风机、空调、一般机械
电动机可以高速化、小型化	可以得到用其他调速装置不能实现的高速度	内圆磨床、化纤机械、运送机械
防爆容易	与直流电动机相比，防爆容易，体积小，成本低	药品机械、化学工厂
低速时定转矩输出	低速时电动机堵转也无妨	定尺寸装置
可以调节加减速的大小	能防止载重物倒塌	运送机械
可以使用笼型电动机，不需维修	不需要维护电动机	生产流水线、车辆、电梯

表 8-2 变频器在工业领域的节电潜力

项目名称	需改造数量或千瓦数	节电百分比（%）	年节电量（亿 kW·h）
轧机、提升机（变频器交流传动代替直流传动）	320 万台	30	26
电力机车和内燃机车（变频交流代替直流）	120 台电力机车	25	60
IGBT 直流励磁电源（代替晶闸管）	30 万 kW	20	3.5
无轨电车（交流变频调速或直流斩波代替电阻调速）	5000 辆	30	1.0
工矿电动机车（变频交流或直流斩波代替电阻调速）	5×10^5 辆	30	20
风机、水泵（交流变频调速代替风门、阀门）	370 万台	30	51
高效节能萤光灯（逆变镇流器）	5000 万台	20	30
中频感应加热电源（逆变电器）	100 万台	30	9
电解电源	400kW	5	5.6
电焊机（IBGT 逆变电源）	20 万台	30	3.1
电镀电源	340 万台	30	21.6
搅拌机、抽油机、空压机、起重机等	2000 万 kW	30	51.2
总计			282

表 8-3 变频器的应用效果

应用效果	用途	应用方法	以前的调速方式
节能	鼓风机、泵、搅拌机、挤压机、精纺机	① 调速运转 ② 采用工频电源恒速运转与采用变频器调速运转相结合	① 采用工频电源恒速运转 ② 采用挡板、阀门控制 ③ 机械式变速机 ④ 液压联轴器
省力化 自动化	各种搬运机械	① 多台电动机以比例速度运转 ② 联动运转，同步运转	① 机械式变速减速机 ② 定子电压控制 ③ 电磁滑差离合器控制
提高产量	机床、搬运机械、纤维机械、游梁式抽油机	① 增速运转 ② 消除缓冲启动停止	① 采用工频电源恒速运转 ② 定子电压控制 ③ 带轮调速
提高设备的效率	金属加工机械	采用高频电动机进行高速运转	直流发电机-电动机
减少维修（恶劣环境的对策）	纤维机械（主要为纺纱机）、机床的主轴传动、生产流水线、车辆传动	取代直流电动机	直流电动机
提高质量	机床、搅拌机、纤维机械、制茶机	选择无级的最佳速度运转	采用工频电源恒速运转
提高舒适性	空调机	采用压缩机调速运转，进行连续温度控制	采用工频电源的通、断控制

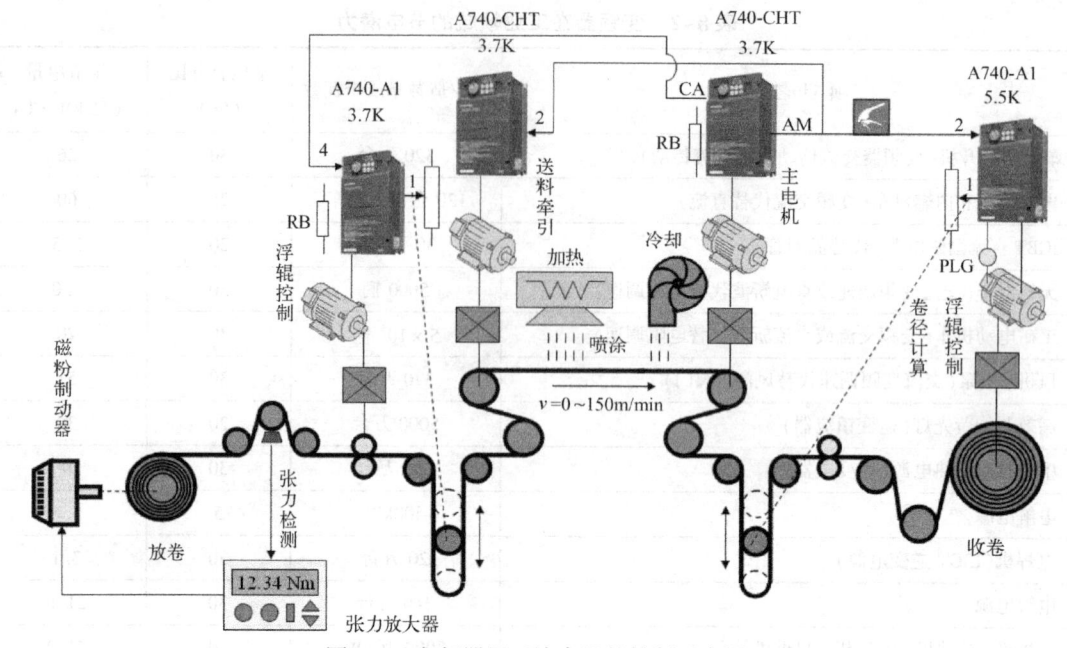

图8.1 变频器用于涂布机的控制示意图

8.2 水泵的变频调速

城市供水系统、污水处理等都需要大量的水泵,为提高供水质量,特别是在高楼和宾馆的供水系统,变频调速以其优异的调速和起、制动性能,高效率、高功率因数和节电效果,得到了广泛的应用。

8.2.1 水泵供水的基本模型与主要参数

图8.2所示是一个生活小区供水系统的基本模型。水泵将水池中的水抽出,并上扬至所需高度,以便向生活小区供水。

用于衡量供水分流性能的主要参数如下。

1. 流量

流量是指单位时间内流过管道内某一截面的水量。符号是Q,常用单位是m^3/s、m^3/min、m^3/h等。供水系统的基本任务就是要满足用户对流量的要求。

2. 扬程

单位质量的水被水泵上扬时所获得的能量,称为扬程。符号是H,常用单位是m。扬程主要包括三个方面:

(1) 提高水位所需的能量。
(2) 克服水在管路中的流动阻力(管阻)所需的能量。
(3) 使水流具有一定的流速所需的能量。

由于在同一个管路中,上述的(2)和(3)是基本不变的,在数值上也相对较小。可以认

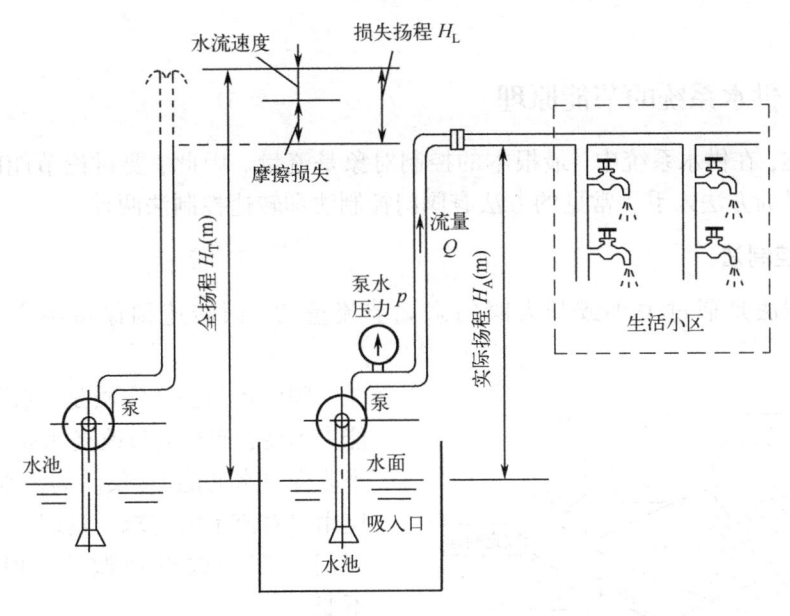

图 8.2 生活小区供水系统的基本模型

为,提高水位所需的能量是扬程的主体部分。因此,在同一管路内分析时,常简略地用水从一个位置"上扬"到另一个位置时水位的变化量(即对应的水位差)来表示扬程。

3. 全扬程

全扬程也称为总扬程或水泵的扬程。它是说明水泵的泵水能力的物理量,包括把水从水池的水面上扬到最高水位所需的能量,以及克服管阻所需的能量和保持流速所需的能量,符号是 H_T。它在数值上等于:在管路没有阻力,也不计流速的情况下,水泵能够上扬水的最大高度,如图 8.2 所示。

4. 实际扬程

实际扬程即通过水泵实际提高的水位所需的能量,符号是 H_A。在不计损失和流速的情况下,其主体部分正比于实际的最高水位与水池水面之间的水位差,如图 8.2 所示。

5. 损失扬程

损失扬程为全扬程与实际扬程之差,符号是 H_L。H_A、H_T 和 H_L 之间的关系是:

$$H_T = H_A + H_L \tag{8-1}$$

6. 管阻

管阻是表示管道系统(包括水管、阀门等)对水流阻力的物理量,符号是 R。因为不是常数,难以简单地用公式来定量计算,通常用扬程与流量间的关系曲线来描述,故对其单位常不提及。

7. 压力

压力是表明供水系统中某个位置(某一点)水压的物理量,符号是 p。其大小在静态时主要取决于管路的结构和所处的位置,而在动态情况下,压力还与供水流量和用水流量之间的平衡情况有关。

8.2.2 供水系统的节能原理

如前所述,在供水系统中,最根本的控制对象是流量。因此,要讨论节能问题,必须从考察调节流量的方法入手。常见的方法有阀门控制法和转速控制法两种。

1. 阀门控制法

阀门控制法是通过关小或开大阀门来调节流量的,而转速则保持不变(通常为额定转速)。

阀门控制法的实质是:水泵本身的供水能力不变,而是通过改变水路中的阻力大小来改变供水的能力(反映为供水流量),以适应用户对流量的需求。这时,管路特性将随阀门开度的改变而改变,但扬程特性则不变。

如图 8.3 所示,设用户所需流量从 Q_A 减小为 Q_B,当通过关小阀门来实现时,管阻特性将改变为曲线③,而扬程特性则仍为曲线①,故供水系统的工作点由 A 点移至 B 点,这时流量减小了,但扬程却从 H_{TA} 增大为 H_{TB};由图可知,供水功率 P_G 与面积 $OEBF$ 成正比。

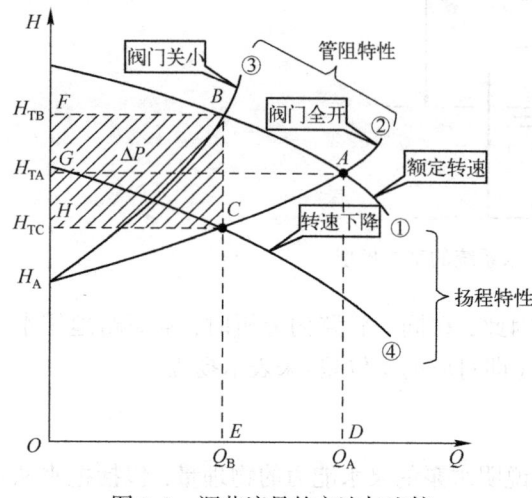

图 8.3 调节流量的方法与比较

2. 转速控制法

转速控制法是通过改变水泵的转速来调节流量的,而阀门开度则保持不变(通常为最大开度)。

转速控制法的实质是通过改变水泵的全扬程来适应用户对流量的需求。当水泵的转速改变时,扬程特性将随之改变,而管阻特性则不变。

仍以图 8.3 中用户所需流量从 Q_A 减小为 Q_B 为例,当转速下降时,扬程特性下降为图 8.3 的曲线④,管阻特性则仍为曲线②,故工作点移至 C 点。可见在流量减小为 Q_B 的同时,扬程减小为 H_{TC}。供水功率 P_G 与面积 $OECH$ 成正比。

转速控制法有以下几个优点:

(1) 从供水功率的比较看。比较上述两种调节流量的方法,可以看出:在所需流量小于额定流量的情况下,转速控制时的扬程比阀门控制时小得多,所以转速控制方式所需的供水功率也比阀门控制方式小得多。两者之差 ΔP 便是转速控制方式节约的供水功率,它与面积 $HCBF$(图 8.3 中阴影部分)成正比。这是变频调速供水系统具有节能效果的最基本的方面。

(2) 从水泵的工作效率看。水泵的供水功率 P_G 与轴功率 P_P 之比,即为水泵的工作效率 η_G,用公式表示为:

$$\eta_P = \frac{P_G}{P_P} \tag{8-2}$$

式中，水泵的轴功率 P_P 是指水泵轴上的输入功率(即电动机的输出功率)，或者说，是水泵取用的功率。而水泵的供水功率 P_G 是根据实际供水的扬程和流量算得的功率，是供水系统的输出功率。

因此，这里所说的水泵工作效率，实际上包含了水泵本身的效率和供水系统的效率。

根据有关资料介绍，水泵工作效率相对值 η^* 的近似计算公式如下：

$$\eta^* = C_1\left(\frac{Q^*}{n^*}\right) - C_2\left(\frac{Q^*}{n^*}\right)^2 \tag{8-3}$$

式中，η^*、Q^*、n^* 分别为效率、流量和转速的相对值(即实际值与额定值之比的百分数)；

C_1、C_2 为常数，由制造厂家提供。C_1 与 C_2 之间，通常遵循如下规律：

$$C_1 - C_2 = 1$$

式(8-3)表明，水泵的工作效率主要取决于流量与转速之比。

由式(8-3)可知，当通过关小阀门来减小流量时，由于转速不变，$n^* = 1$，比值 $Q^*/n^* = Q^*$，其效率曲线如图 8.4 中的曲线①所示。当流量 $Q^* = 60\%$ 时，其效率将降至 B 点。可见，随着流量的减小，水泵工作效率的降低是十分显著的。

而在转速控制方式下，由于阀门开度不变，流量 Q^* 和转速 n^* 是成正比的，比值 Q^*/n^* 不变。其效率曲线因转速而变化，在 $60\% n_N$ 时的效率曲线如图 8.4 中的曲线②所示。当流量 $Q^* = 60\%$ 时，效率由 C 点决定，它和阀门控制时 $Q^* = 100\%$ 的效率(A 点)是相等的。就是说，采用转速控制方式时，水泵的工作效率总是处于最佳状态。

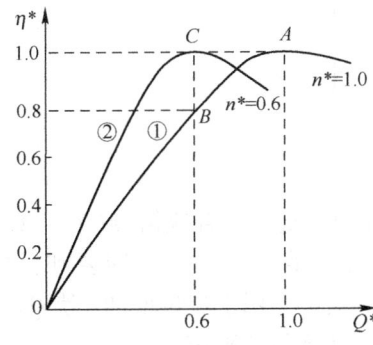

图 8.4 水泵工作效率曲线

所以，转速控制方式与阀门控制方式相比，水泵的工作效率要大得多。这是变频调速供水系统具有节能效果的第二个方面。

8.2.3 恒压供水系统的构成与工作过程

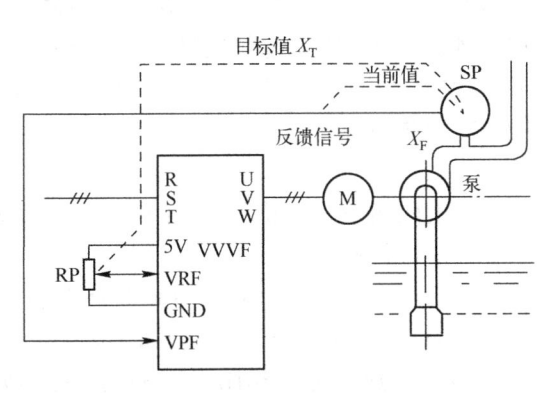

1. 恒压供水系统框图

恒压供水系统框图如图 8.5 所示。由图可知，变频器有两个控制信号：目标信号和反馈信号。

(1) 目标信号 X_T。即给定 VRF 上得到的信号，该信号是一个与压力的控制目标相对应的值，通常用百分数表示。目标信号也可以由键盘直接给定，而不必通过外接电路来给定。

(2) 反馈信号 X_F，是压力变送器 SP 反馈

图 8.5 恒压供水系统框图

回来的信号,该信号是一个反映实际压力的信号。

2. 系统的工作过程

变频器一般都具有 PID 调节功能,其内部框图如图 8.6 中的虚线框所示。由图 8.6 可知,X_T 和 X_F 两者是相减的,其合成信号 $X_D(=X_T-X_F)$ 经过 PID 调节处理后得到频率给定信号 X_G,决定变频器频率 f_X。

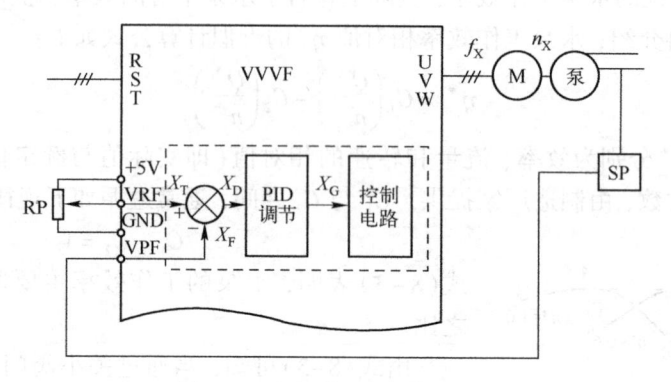

图 8.6 变频器内部控制框图

当水流量减小时,供水能力 Q_G 大于用水量 Q_U,则压力上升,$X_F\uparrow\rightarrow$合成信号(X_T-X_F)↓→变频器输出频率 f_X↓→电动机转速 n_X↓→供水能力 Q_G↓→直至压力大小回复到目标值,供水能力与用水流量又重新达到平衡$(Q_G=Q_U)$时为止;反之,当用水流量增加,使 $Q_G<Q_U$ 时,则 X_F↓→(X_T-X_F)↑→f_X↑→n_X↑→Q_G↑→$Q_G=Q_U$,达到新的平衡。

3. 变频器的选型

大部分制造厂都专门生产了"风机、水泵专用型"的变频器系列,一般情况下可直接选用。但对于用在杂质或泥沙较多场合的水泵,应根据其对过载能力的要求,考虑选用通用型变频器。此外,齿轮泵属于恒转矩负载,应选用 V/f 控制方式的通用型变频器为宜。大部分变频器都给出两条"负补偿"的 V/f 线。对于具有恒转矩特性的齿轮泵以及应用在特殊场合的水泵,则应以带得动为原则,根据具体工况进行设定。

4. 变频器的功能预置

(1) 最高频率。水泵属于二次方律负载,当转速超过其额定转速时,转矩将按平方规律增加。例如,当转速超过额定转速 10%($n_X=1.1n_N$)时,转矩将超过额定转矩 21%(T_X-T_N),导致电动机严重过载。因此,变频器的工作频率是不允许超过额定频率的,其最高频率只能与额定频率相等,即

$$f_{max}=f_N=50(\text{Hz})$$

(2) 上限频率。一般来说,上限频率也以等于额定频率为宜,但有时也可预置得略低一些,原因有如下两个:

① 由于变频器内部往往具有转差补偿的功能,因此,同是在 50Hz 的情况下,水泵在变频运行时的实际转速高于工频运行时的转速,从而增大了水泵和电动机的负载。

② 变频调速系统在 50Hz 下运行时,还不如直接在工频下运行为好,可以减少变频器本身的损失。所以,将上限频率预置为 49Hz 或 49.5Hz 是适宜的。

(3) 下限频率。在供水系统中，转速过低，会出现水泵的全扬程小于基本扬程(实际扬程)，形成水泵"空转"的现象。所以在多数情况下，下限频率应定为 30～35Hz。在其他场合，根据具体情况，也有定得更低的。

(4) 启动频率。水泵在启动前，其叶轮全部是静止的，启动时存在着一定的阻力，在从 0Hz 开始启动的一段频率内，实际上转不起来。因此，应适当预置启动频率，使其在启动瞬间有一点冲力。

(5) 升速与降速时间。一般来说，水泵不属于频繁启动与制动的负载，其升速时间与降速时间的长短并不涉及生产效率的问题。因此，升速时间和降速时间可以适当地预置得长一些。通常决定升速时间的原则是：在启动过程中，其最大启动电流接近或略大于电动机的额定电流。降速时间只需和升速时间相等即可。

(6) 暂停(睡眠与苏醒)功能。在生活供水系统中，夜间的用水量常常是很少的，即使水泵在下限频率下运行，供水压力仍可能超过目标值，这时可使主水泵暂停运行。

8.2.4 恒压供水系统的应用实例

图 8.7 所示为变频恒压供水系统的控制线路，图中电动机线路未画出。

1. 调节原理方框图

图 8.8 所示为变频恒压供水系统的控制框图。其控制原理是由压力传感器测得供水管网的实际压力，信号比较结果经 D/A 转换后控制变频器的输出频率，进而控制水泵电动机的转速以达到恒压的目的。

调节过程如下：

$$P\uparrow \to U_f\uparrow \to \Delta U(U_s - U_f)\downarrow \to \Delta U'\downarrow \to f\downarrow$$
$$P\downarrow \longleftarrow \qquad\qquad\qquad\qquad\qquad\qquad n\downarrow \longleftarrow$$

2. 基本原理

当工作方式拨钮 SA_6 拨至"恒压"时，将实际压力与给定压力比较，管网水压不足时，通过 PID 运算，控制水压上升，使水泵转速减慢，供水量减少，迫使管网压力下降。由于单泵只能在 15～50Hz 变化调节，在调节范围内不能达到目的时，可以增加或减少水泵工作数量来完成，加减泵按 1→2→3→4 循环顺序选择。

当工作方式拨钮 SA_6 拨至"恒速"时，系统不考虑给定压力值，而是将变频器 VVVF 的频率调整在 0～50Hz 之间的一个固定值上(该值可由调试人员调整)，水泵的转速也就不变，供水量也不会随着需要而变化。这种方式一般是在"恒压"状态出现问题时使用，以解决用户之急。若是固定值调得比较好，恒速方式与恒压方式的效果基本是一致的，它也可进行泵的交换使用，不需人工操作。

压力传感器输出的电压信号 U_{11} 送入信号处理器，经 A/D 转换后，由 X_0 输入 PLC，在 PLC 中由控制程序进行压力的比较，即给定压力和管网压力的比较，由 Y_1 回送至信号处理器，经过 D/A 转换后，由 U_0 输出到变频器对变频器的输出频率进行调节，同时 PLC 根据压力差，由 Y_2～Y_{11} 输出，执行相关接触器的动作。

图 8.7 所示中采用三菱公司的 PLC 和变频器(VVVF)，原理请读者自行分析。

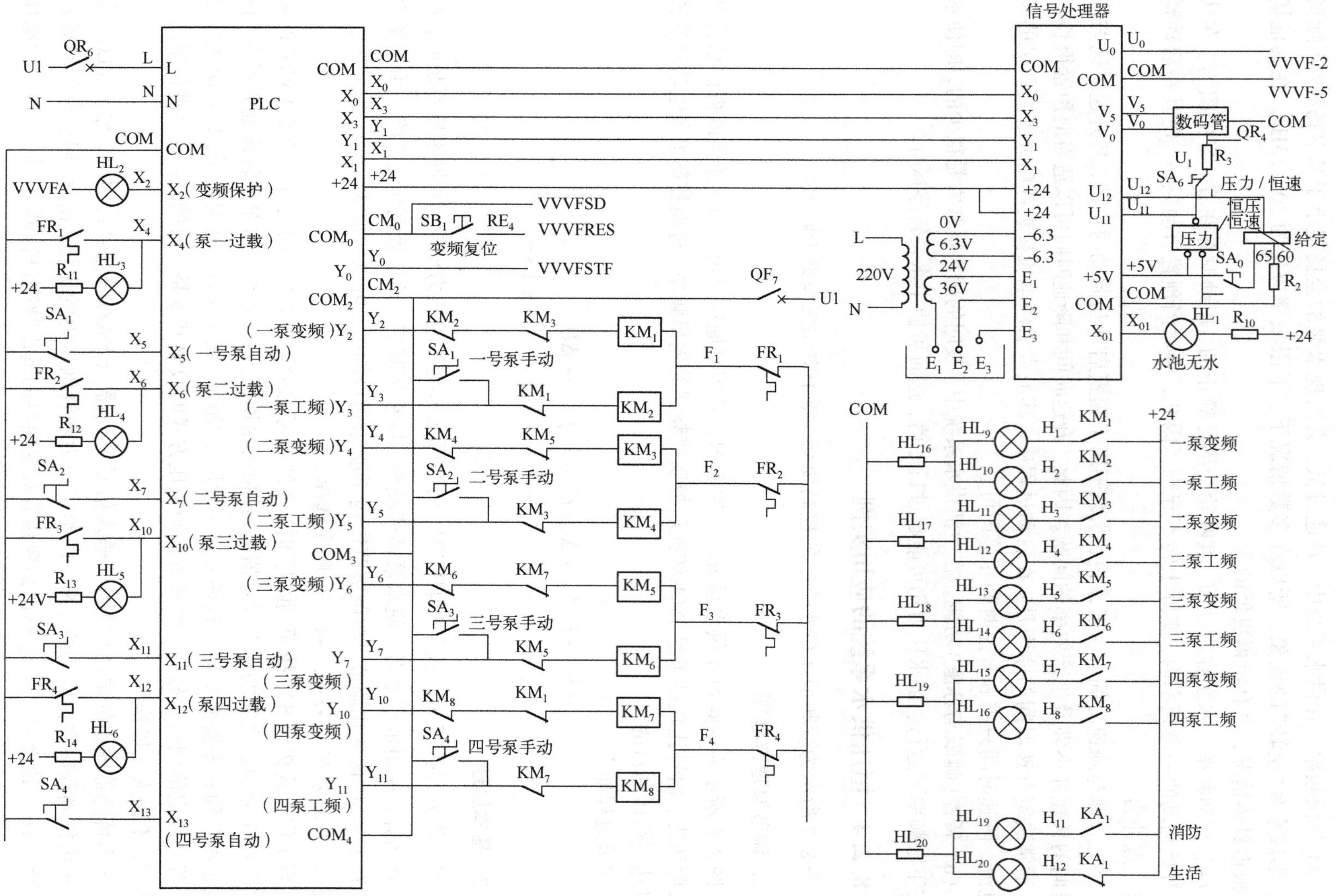

图 8.7 变频恒压供水系统的控制线路

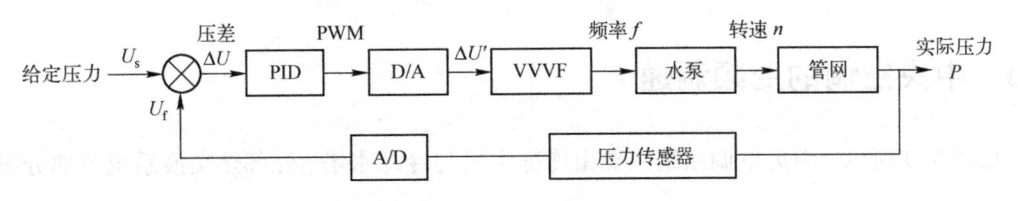

图 8.8 变频恒压供水系统控制框图

3. 主要技术参数

- 变频器输出容量：根据水泵电动机选择。
- 变频器输出频率：0.5~50Hz。
- 频率变化精度：0.01Hz。
- 频率上升时间：25.0s。
- 频率下降时间：10.0s。
- 变频恒压精度：±0.01MPa。
- 极限恒压精度：±0.02MPa。
- 生活供水恒压范围：0.1~1.0MPa。
- 变频器过载能力：不低于120%。

4. 功能介绍

（1）供水自动恒压功能。工作方式选择"恒压"时，水泵转速随着压力的变化而变化，恒压精度可达到±0.01MPa，频率极限恒压精度为±0.02MPa。若精度不到，将顺次循环开启或关闭水泵。

（2）水源水池无水自动保护功能。水池无水时，暂停供水，一旦水源恢复，自动恢复供水。

（3）变频器故障自动保护功能。保护性故障时，将停止变频泵，转由工频泵形成差压供水模式，变压差为0.2~1.0MPa，复位恢复正常后，就能恢复恒压运行。

（4）电机故障自动保护功能。水泵自动停止工作，其他泵照常供水，一旦水泵热继电器复位，该泵会自动恢复工作。

（5）水泵选通功能。对需要维护、检修的水泵，可以不选通。

（6）手动供水功能。当设备发生故障，无法维持自动供水时，可用手动供水方式，即用选通开关人为开启相应泵供水，此时无压力检测和保护。

（7）定时换泵功能。单泵变频或多泵工作时，只要还有备用泵，连续工作3小时后，自动切换备用泵工作。

（8）自动保护水泵功能。水泵在全部投入2小时工作期后，自动停机休息15分钟，再自动投入工作。

（9）工作状态自动保持功能。断电后恢复供电时，能自动恢复工作状态，并切换备用泵。

（10）数字显示功能。能实时显示实际供水压力和希望供水压力。

（11）希望供水压力调整功能。通过给定电位器，可在0.1~1.0MPa范围调节。

（12）可专门定制定时供水功能、水池水位显示功能等。

8.3 中央空调的变频调速

如图8.9所示,中央空调系统主要由冷冻主机与冷却水塔、外部热交换系统等部分组成。

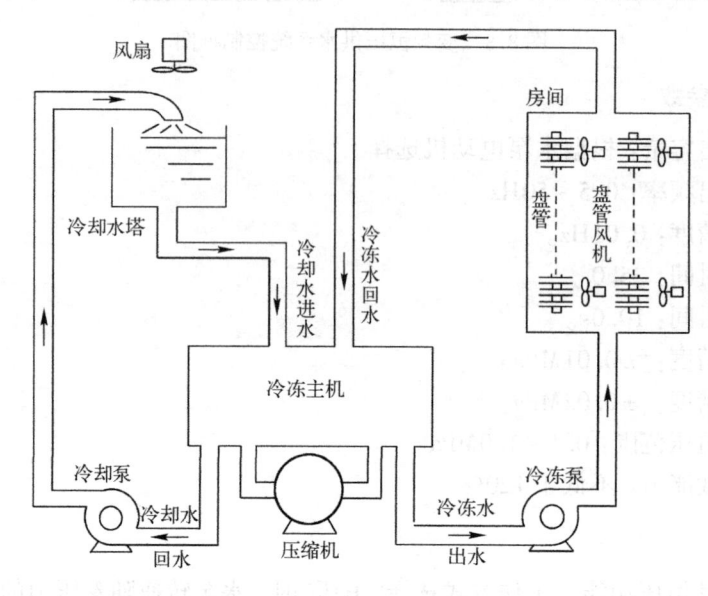

图8.9 中央空调系统的构成

8.3.1 冷冻主机与冷却水塔

1. 冷冻主机

冷冻主机也叫制冷装置,是中央空调的"制冷源",通往各个房间的循环水由冷冻主机进行"内部热交换",降温为"冷冻水"。近年来,冷冻主机也有采用变频调速的,是由生产厂原配的,不必再改造。

2. 冷却水塔

冷冻主机在制冷过程中必然会释放热量,使机组发热。冷却水塔用于为冷冻主机提供"冷却水"。冷却水在盘旋流过冷冻主机后,将带走冷冻主机所产生的热量,使冷冻主机降温。

8.3.2 外部热交换系统

外部热交换系统由以下几个系统组成。

1. 冷冻水循环系统

冷冻水循环系统由冷冻泵及冷冻水管道组成。从冷冻主机流出的冷冻水由冷冻泵加压送入冷冻水管道,通过各房间的盘管,带走房间内的热量,使房间内的温度下降。同时,房间内的热量被冷冻水吸收,使冷冻水的温度升高。温度升高了的循环水经冷冻主机后又变成冷冻水,如此循环不已。

从冷冻主机流出(进入房间)的冷冻水简称为"出水"，流经所有的房间后回到冷冻主机的冷冻水简称为"回水"。无疑，回水的温度将高于出水的温度，形成温差。

2. 冷却水循环系统

冷却泵、冷却水管道及冷却塔组成了冷却水循环系统。冷冻主机在进行热交换、使冷冻水温冷却的同时，释放出大量的热量，该热量被冷却水吸收，使冷却水温度升高。冷却泵将升温的冷却水压入冷却塔，使之在冷却塔中与大气进行热交换，然后再将降了温的冷却水送回到冷冻机组。如此不断循环，带走了冷冻主机释放的热量。

流进冷冻主机的冷却水简称为"进水"，从冷冻主机流回冷却塔的冷却水简称为"回水"。同样，回水的温度将高于进水的温度，形成温差。

3. 冷却风机

（1）盘管风机。安装于所有需要降温的房间内，用于将冷冻水盘管冷却了的空气吹入房间，加速房间内的热交换。

（2）冷却塔风机。用于降低冷却塔中的水温，加速将"回水"带回的热量散发到大气中去。

可以看出，中央空调系统的工作过程是一个不断地进行热交换的能量转换过程。在这里，冷冻水和冷却水循环系统是能量的主要传递者。压缩机不断地从蒸发器中抽取制冷剂蒸汽，低压制冷剂蒸汽在压缩机内部被压缩为高压蒸汽后进入冷凝器中，制冷剂和冷却水在冷凝器中进行热交换，制冷剂放热后变为高压液体，通过热力膨胀阀后，液态制冷剂压力急剧下降，变为低压液态制冷剂后进入蒸发器。在蒸发器中，低压液态制冷剂通过与冷冻水的热交换吸收冷冻水的热量，冷冻水通过盘管吹入冷风以达到降温的目的，温度升高了的循环水回到冷冻主机又成为冷冻水，而变为低压蒸汽的制冷剂，再通过回气管重新吸入压缩机，开始新一轮的制冷循环，如图 8.10 所示。而冷却水在与制冷剂完成热交换之后，由冷却水泵加压，通过冷却水管道到达散热塔与外界进行热交换，降温后的冷却水重新注入冷冻主机开始下一轮循环。

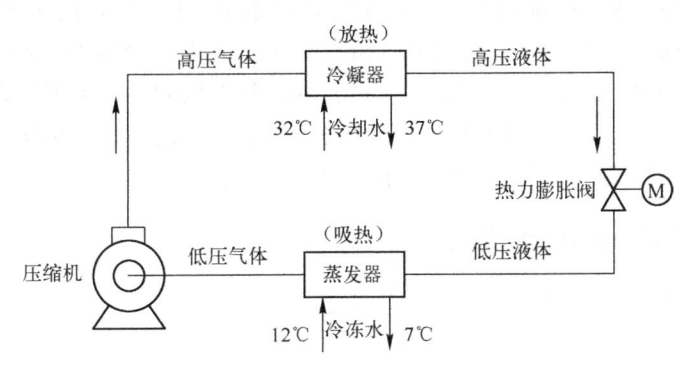

图 8.10 制冷压缩机系统的原理图

8.3.2 中央空调系统的节能原理

中央空调系统按负载类型可分为以下两大类。

(1) 变转矩负载：冷却水系统、冷冻水系统、冷却塔风机系统等风机、水泵类负载。
(2) 恒转矩负载：主制冷压缩机系统。

风机水泵类变转矩负载特性满足流体动力学关系理论，即满足以下数学关系：

$$\frac{n_1}{n_2}=\frac{q_1}{q_2}, \quad \frac{h_1}{h_2}=\frac{n_1^2}{n_2^2}, \quad \frac{P_1}{P_2}=\frac{n_1^3}{n_2^3} \tag{8-4}$$

式中，n、h、q、P 分别表示转速、流量、扬程、轴功率。它们之间的关系曲线如图 8.11 所示。

由式(8-4)可知，若转速下降到额定转速的70%时，扬程将下降到额定值的50%，同时，轴输出功率将下降到额定值的35%。由图 8.11 所示，管网的阻尼随扬程的降低而减小。在满足系统基本扬程需求的情况下，若系统的流量需求减少到额定流量的50%时，在变频控制方式下，其对应输出功率仅约为额定功率的13%，如图 8.11(b)所示。

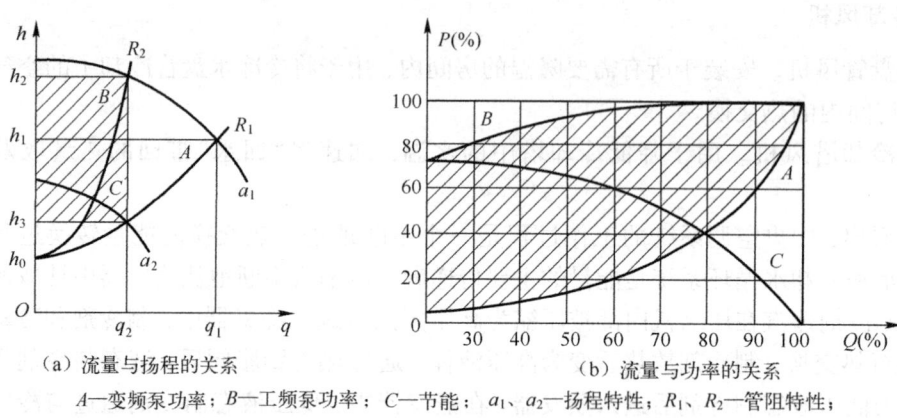

(a) 流量与扬程的关系
(b) 流量与功率的关系

A—变频泵功率；B—工频泵功率；C—节能；a_1、a_2—扬程特性；R_1、R_2—管阻特性；
////功率差（即阴影部分为工频泵与变频泵功率之差）；$P(\%)$—轴功率；$Q(\%)$—流量

图 8.11　流量、扬程、功率的关系

用变频器进行流量(风量)控制时，可节约大量电能。中央空调系统在设计时是按现场最大冷量需求量来考虑的，其冷却泵，冷冻泵按单台设备的最大工况来考虑，在实际使用中有90%以上的时间，冷却泵、冷冻泵都工作在非满载状态下。而用阀门、自动阀调节不仅增大了系统节流损失，而且由于对空调的调节是阶段性的，造成整个空调系统工作在波动状态；通过在冷却泵、冷冻泵上加装变频器则可一劳永逸地解决该问题，还可实现自动控制，并可通过变频节能收回投资。同时变频器的软启动功能及平滑调速的特点可实现对系统的平稳调节，使系统工作状态稳定，并延长机组及网管的使用寿命。

8.3.3　冷却水系统的变频调速

冷却水系统的变频调速控制的主要依据讲述如下。

1. 基本情况

冷却水的进水温度也就是冷却水塔内水的温度，它取决于环境温度和冷却风机的工作情况；回水温度主要取决于冷冻主机的发热情况，但还与进水温度有关。

2. 温度控制

在进行温度控制时，需要注意以下两点：

（1）如果回水温度太高，将影响冷冻主机的冷却效果。为了保护冷冻主机，当回水的温度超过一定值后，整个空调系统必须进行保护性跳闸。一般规定，回水温度不得超过37℃。因此，根据回水温度来决定冷却水的流量是可取的。

（2）即使进水和回水的温度很低，也不允许冷却水断流，所以在实行变频调速时，应预置一个下限工作频率。

综合起来便是：当回水温度较低时，冷却泵以下限转速运行；当回水温度升高时，冷却泵的转速也逐渐升高；而当回水温度升高到某一个设定值（如37℃）时，应该采取进一步措施：或增加冷却泵的运行台数，或增加水塔冷却风机的运行台数。

3. 温差控制

最能反映冷冻主机的发热情况、体现冷却效果的是冷却回水温度 t_0 与冷却进水温度 t_A 之间的"**温差**" Δt，因为温差的大小反映了冷却水从冷冻主机带走的热量，所以把温差 Δt 作为控制的主要依据，通过变频调速实现恒温差控制是可取的，如图 8.12 所示。即：温差大，说明主机产生的热量多，应提高冷却泵的转速，加快冷却水的循环；反之，温差小，说明主机产生的热量少，可以适当降低冷却泵的转速，减缓冷却水的循环。实际运行表明，把温差值控制在 3℃～5℃ 的范围内是比较适宜的，如图 8.13 所示。

图 8.12　冷却水的温差控制

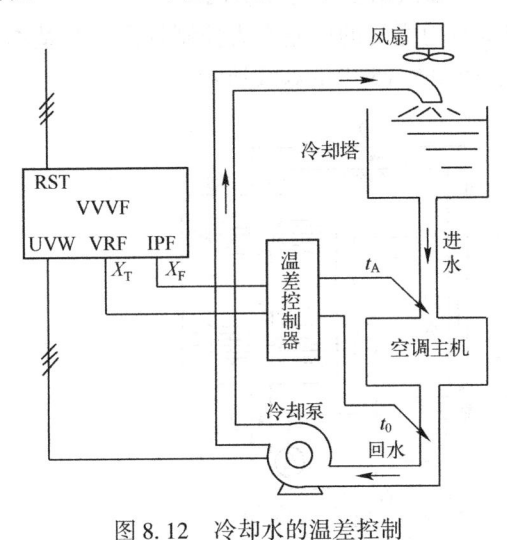

图 8.13　目标值范围

4. 温差与进水温度的综合控制

由于进水温度是随环境温度而改变的，因此，把温差恒定为某值并非上策。因为，当采用变频调速系统时，所考虑的不仅仅是冷却效果，还必须考虑节能效果。具体地说，就是：温差值定低了，水泵的平均转速上升，影响节能效果；温差值定高了，在进水温度偏高时，又会影响冷却效果。实践表明，根据进水温度来随时调整温差的大小是可取的。即：进水温度低时，应主要着眼于节能效果，温差的目标值可适当地高一点；而在进水温度高时，则必须保证冷却效果，温差的目标值应低一些。

冷却水系统的变频调速控制方案如下。

根据以上介绍的情况，冷却泵采用变频调速的控制方案可以有许多种。这里介绍的是利用变频器内置的 PID 调节功能，兼顾节能效果和冷却效果的控制方案，如图 8.14 所示。

1. 反馈信号

反馈信号是由温差控制器得到的与温差 Δt 成正比的电流或电压信号。

2. 目标信号

目标信号是一个与进水温度 t_A 有关的，并与目标温差成正比的值，如图 8.13 所示。其基本考虑是：当进水温度高于 32℃时，温差的目标值定为 3℃；当进水温度低于 24℃时，温差的目标值定为 5℃，当进水温度在 24℃～32℃之间变化时，温差的目标将按此曲线自动调速。

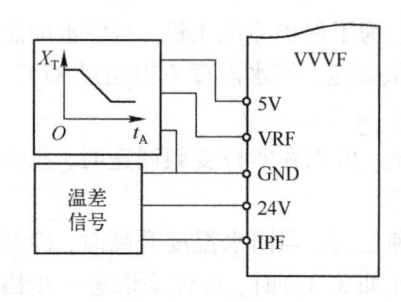

图 8.14　控制方案

8.3.4　冷冻水系统的变频调速

1. 冷冻水系统的变频调速控制的主要依据

在冷冻水系统的变频调速方案中，提出的变频控制依据主要有以下两个。

（1）压差控制。压差控制是以出水压力和回水压力之间的压差作为控制依据。其基本考虑是：使最高楼层的冷冻水能够保持足够的压力，如图 8.15 中的虚线所示。

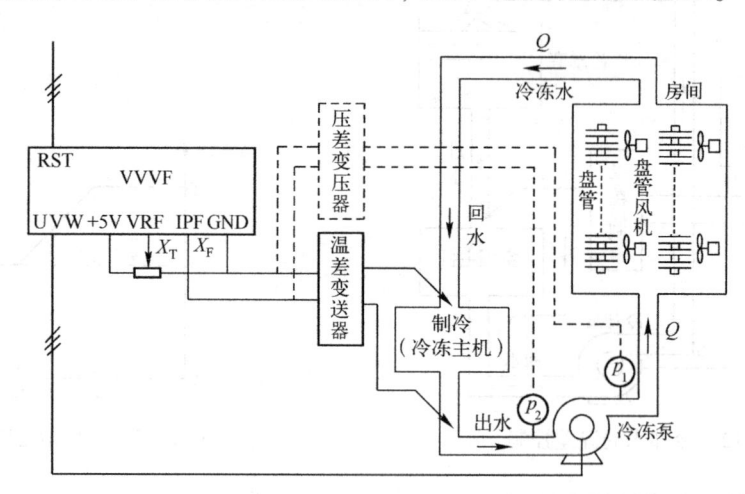

图 8.15　冷冻水的控制

这种方案存在着两个问题：

① 没有把环境温度变化的因素考虑进去。就是说，冷冻水所带走的热量与房间温度无关，这明显地不大合理。

② 由于压差 p_D 不变，循环水消耗功率的计算公式是：

$$P = p_D Q = K'_P n \tag{8-5}$$

式中，K'_P 为比例常数。

式（8-5）表明，功率 P 的大小将只与流量 Q 和转速 n 的一次方成正比。在平均转速低于额定转速的情况下，其节能效果与供水系统相比将更为逊色。

(2) 温度或温差控制。严格地说，冷冻主机的回水温度和出水温度之差表明了冷冻水从房间带走的热量，应该作为控制依据，如图 8.15 所示。但由于冷冻主机的出水温度一般较为稳定，故实际上只需根据回水温度进行控制就可以了。为了确保最高楼层具有足够的压力，在回水管上接一个压力表，如果回水压力低于规定值，电动机的转速将不再下降。

2. 冷冻水系统变频调速的控制方案

综合上述分析，可以改进的控制方案有两种。

(1) 压差为主、温度为辅的控制。以压差信号为反馈信号，进行恒压差控制。而压差的目标值可以在一定范围内根据回水温度进行适当调整。当房间温度较低时，使压差的目标值适当下降一些，减小冷冻泵的平均转速，提高节能效果。这样一来，既考虑到了环境温度的因素，又改善了节能效果。

(2) 温度(差)为主、压差为辅的控制。以温度(或温差)信号为反馈信号，进行恒温度(差)控制，而目标信号可以根据压差大小作适当调整。当压差偏高时，说明负荷较重，应适当提高目标信号，增加冷冻泵的平均转速，确保最高楼层具有足够的压力。

8.3.5 中央空调系统的节能改造实例

1. 改造前的主要设备和控制方式

450 冷冻冷气主机 2 台，型号为特灵二极式离心机，两台并联运行；冷冻水泵 2 台，扬程 28m，配用功率 45kW；冷却水泵有 2 台，扬程 35m，配用功率 75kW。均采用两用一备的方式运行。冷却塔 2 台，风扇电机 11kW，并联运行。室内风机 4 台，5.5kW，并联运行。

2. 存在的主要问题

(1) 冷冻水、冷却水系统几乎长期在大流量、小温差的状态下运行，造成了能量的极大浪费。由于中央空调系统设计时必须按天气最热、负荷最大时设计，且留有 10%~20% 左右的设计余量。其中冷冻主机可以根据负载变化随之加载或减载，冷冻水泵和冷却水泵不能随负载变化做出相应的调节。

(2) 由于冷冻水泵、冷却水泵采用的均是 Y-△ 启动方式，电机的启动电流均为其额定电流的 3~4 倍，在如此大的电流冲击下，接触器的使用寿命大大下降；同时，启动时的机械冲击和停泵时的水锤现象，容易对机械器件、轴承、阀门和管道等造成破坏，从而增加维修工作量、维修费用，设备也容易老化。

(3) 由于冷冻泵输送的冷量不能跟随系统实际负荷的变化，其热力工况的平衡只能由人工调整冷冻主机出水温度，以大流量小温差来补偿。这样，不仅浪费能量，也恶化了系统的运行环境、运行质量。特别是在环境温度偏低、某些末端设备温控稍有失灵或灵敏度不高时，将会导致大面积空调室温偏冷，感觉不适，严重干扰中央空调系统的运行质量。

3. 改造方案

中央空调的四个组成部分：空调主机、冷冻水循环系统、冷却水循环系统及风机均可进行变频改造，但冷冻水机组和冷却水机组改造后节电效果最为理想。因此，改造的整体方案是：利用变频器、人机界面、PLC、数模转换模块、温度模块、温度传感器等构成的温差闭环自动调速系统，对冷冻水泵、冷却水泵进行改造，以节约电能，稳定系统，延长设备寿命。

（1）系统电路设计和控制方式。根据中央空调系统冷却水系统的一般装机，在冷却水系统和冷冻水系统各装两套变频调速控制柜，其中冷却水变频调速控制柜供两台冷却水泵切换（循环）使用，冷冻变频调速控制柜供两台冷冻水泵切换（循环）使用。变频节能调速系统是在保留原工频系统的基础上加装改装的，变频节能系统的联动控制功能与原工频系统的联动控制功能相同，变频节能系统与原工频系统之间设置了联锁保护，以确保系统工作安全，如图8.16所示。

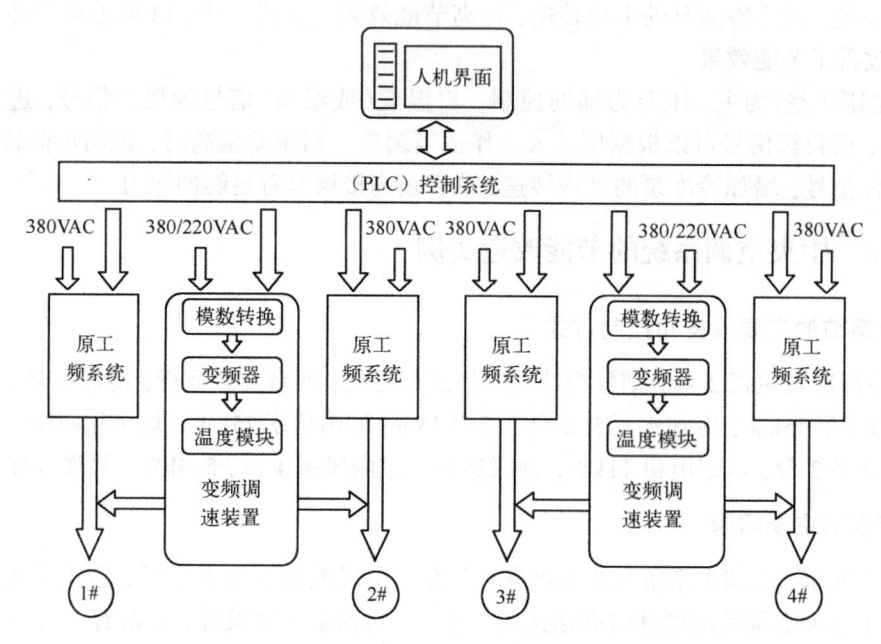

图8.16 中央空调系统变频调速改造示意图

① 系统主电路的控制设计。根据具体情况，同时考虑到成本控制，原有的电气设备应尽可能地利用。冷冻水泵及冷却水泵均采用一用一备的方式运行，因备用泵转换时间与空调主机转换时间一致，均为一个月转换一次，切换频率不高，因此将冷冻水泵和冷却水泵电机的主备切换控制利用原有电气设备，通过接触器、启停按钮、转换开关进行电气和机械互锁，确保每台水泵只能由一台变频器拖动，避免两台变频器同时拖动同一台水泵造成交流短路事故；并且每台变频器任何时间只能拖动一台水泵，以免一台变频器同时拖动两台水泵而过载。

② 系统功能控制方式。上位机监控系统主要通过人机界面完成对工艺参数的检测、各机组的协调控制以及数据的处理、分析等任务，下位机PLC主要完成数据采集，现场设备的控制及联锁等功能。具体工作流程如下：

a. 开机。开启冷水及冷却水泵，由PLC控制冷水及冷却水泵的启停，由冷水及冷却水泵的接触器向制冷机发出联锁信号，开启制冷机，由变频器、温度传感器、温度模块组成的温差闭环控制电路对水泵进行调速以控制工作流量，同时PLC控制冷却塔根据温度传感器信号自动选择开启台数。当过滤网前后压差超出设定值时，PLC发出过滤堵塞报警信号。送风机转速的快慢是由回风温度与系统设定值相比较后，用PID方式控制变频器，从而调节风机的转速，达到调节回风温度的目的。

  b. 停机。关闭制冷机，冷水及冷却水泵以及冷却塔延时15min后自动关闭。

  c. 保护。由压力传感器控制冷水及冷却水的缺水保护，压力偏低时自动开启补水泵补水。

（2）系统节能改造原理。系统变频节能改造流程图如图8.17所示。

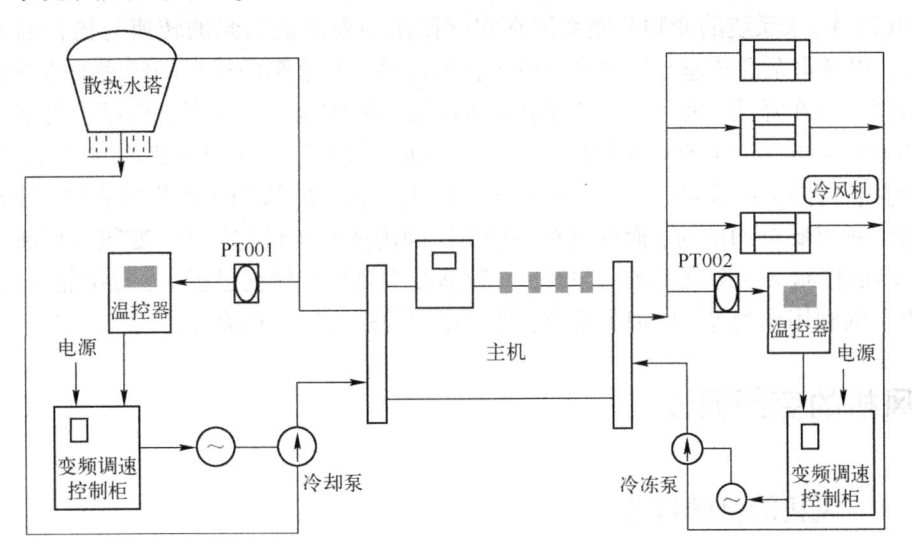

图8.17 系统变频节能改造流程图

  ① 对冷冻泵进行变频控制。PLC控制器通过温度模块及温度传感器将冷冻机的回水温度和出水温度读入控制器内存，并计算出温差值；然后根据冷冻机的回水与出水的温差值来控制变频器的转速，调节出水的流量，控制热交换的速度；温差大，说明室内温度高系统负荷大，应提高冷冻泵的转速，加快冷冻水的循环速度和流量，加快热交换的速度；反之，温差小，则说明室内温度低，系统负荷小，可降低冷冻泵的转速，减缓冷冻水的循环速度和流量，减缓热交换的速度以节约电能。

  ② 对冷却泵进行变频控制。由于冷冻机组运行时，其冷凝器的热交换量是由冷却水带到冷却塔散热降温，再由冷却泵送到冷凝器进行不断循环的。冷却水进水出水温差大，说明冷冻机负荷大，需冷却水带走的热量大，应提高冷却泵的转速，加大冷却水的循环量；温差小，则说明冷冻机负荷小，需带走的热量小，可降低冷却泵的转速，减小冷却水的循环量，以节约电能。

  ③ 冷却塔风机变频控制。通过检测冷却塔水温度对冷却塔风机进行变频调速闭环控制，使冷却塔水温恒定在设定温度，可以有效地节省风机的电能额外损耗，能达到最佳节电效果。

  ④ 室内风机组变频控制。通过检测冷房温度对风机组的风机进行变频调速闭环控制，实现冷房温度恒定在设定温度。室内风机组变频控制后可达到理想的节电效果，并且空调效果较佳。

⑤ 系统流量、压力调节。调节方式采用闭环自动调节,冷却水泵系统和冷冻水泵系统的调节方式基本相同,用温度传感器对冷却(冷冻)水在主机上的出口水温进行采样,转换成电量信号后送至温控器,将该信号与设定值进行比较运算后输出一个类比信号(一般为4~20mA、0~10V 等)给 PLC,由 PLC、数模转换模块、温度传感器、温度模块进行温差闭环控制,手动/自动切换和手动频率上升、下降由 PLC 控制,最后把数据传送到上位机人机界面实行监视控制。变频器根据 PLC 发出的类比信号决定其输出频率,达到改变水泵转速并调节流量的目的。

冷却(冷冻)水系统的变频节能系统在实际使用中要考虑水泵的转速与扬程的平方成正比的关系,以及水泵的转速与管损平方成正比的关系;在水泵的扬程随转速的降低而降低的同时管道损失也在降低,因此,系统对水泵扬程的实际需求也会降低;而通过设定变频器下限频率的方法又可保证系统对水泵扬程的最低需求。供水压力的稳定和调节量可以通过 PID 参数的调整:当供水需求量减少时,管道压力逐渐升高,内部 PID 调节器输出频率降低,当变频器输出频率低至 0Hz 时,而管道在一设定时间内还高于设定压力,变频器切断当前变频控制泵,转而控制下一个原工频控制泵,变频器在水泵控制转换过程中,逐渐轮换使用水泵,使每个水泵的利用率均等,增加了系统、管道压力的稳定性和可靠性。

8.4 风机的变频调速

8.4.1 风机的机械特性

风机是一种压缩和输送气体的机械。通过风机后排出风的压力较小者为通风机,较大者为鼓风机,统称风机。

1. 二次方律风机

二次方律风机的机械特性具有二次方律负载的特点,如图 8.18 所示,图中,n 表示风机转速,P 表示风压,Q 表示风量,T 表示风机转矩,当风量从 Q_1 增加到 Q_2 时,转矩从 T_{L1} 增加到 T_{L2},转速从 n_{L1} 增加到 n_{L2},从其特性可知为二次方律负载。属于这种类型的有离心式风机、混流式风机、轴流式风机等,其中以离心式风机应用得最为普遍,其特性也最典型。风机的机械特性和水泵十分类似,但其空载转矩比水泵小得多,因而在低速运行时,其节能效果也比水泵更加显著。

2. 恒转矩风机

主要是罗茨风机,其基本结构如图 8.19(a)所示。由图可知,在机壳内有两个形状相同的叶轮,安装在互相平行的两根轴上,两轴上装有完全相同,且互相啮合的一对齿轮,一为主动轮,一为从动轮。在主动轮的带动下,两个叶轮同步反向旋转,使低压腔的容积逐渐增大,气体经进气口进入低压腔,并随着叶轮的旋转而进入高压腔。在高压腔内,由于容积的逐渐减小而压缩气体,使气体从排气口排出。罗茨风

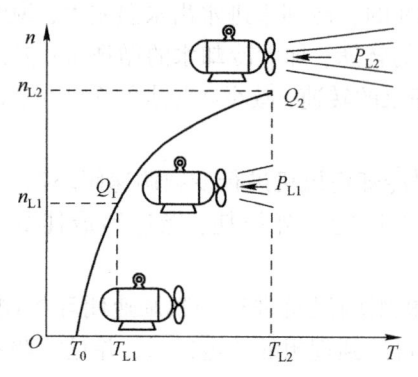

图 8.18 风机的机械特性

机主要用于要求气压较高的场合。一般认为，罗茨风机的机械特性具有恒转矩的特点，如图 8.19(b)所示。

下面以离心式风机为代表，对二次方律负载进行分析。

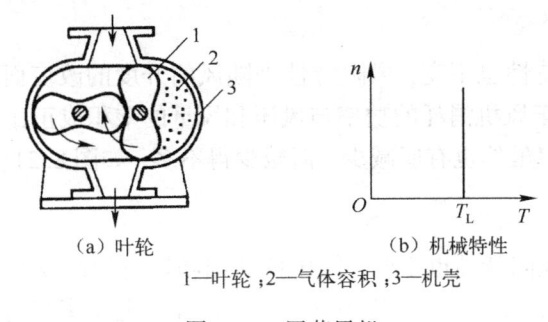

(a)叶轮　　　　　(b)机械特性
1—叶轮；2—气体容积；3—机壳
图 8.19　罗茨风机

8.4.2　风机的主要参数和特性

1. 主要参数

(1) 风压。管路中单位面积上风的压力称为风压，用 P_F 表示，单位为 Pa。

(2) 风量。即空气的流量，指单位时间内排出气体的总量，用 Q_F 表示，单位为 m^3/s。风机运行示意图见图 8.20 所示。

2. 风压特性

在转速不变的情况下，风压 P_F 和风量 Q_F 之间的关系曲线称为风压特性曲线，如图 8.21(a)和(b)中的曲线①所示。风压特性与水泵的扬程特性相当，但在风量很小时，风压也较小。随着风量的增大，风压逐渐增大，当其增大到一定程度后，风量再增大，风压又开始减小。故风压特性呈中间高、两边低的形状。

图 8.20　风机运行示意图

3. 风阻特性

在风门开度不变的情况下，风量与风压关系的曲线称为风阻特性，如图 8.21(a)和(b)中的曲线②所示。风阻特性与供水系统的管阻特性相当，形状也类似。

4. 通风系统的工作点

风压特性与风阻特性的交点即为通风系统的工作点，如图 8.21(a)、(b)中的 A_1 点所示。

(a)改变风门　　　　(b)改变转速　　　　(c)节能效果
图 8.21　风机的工作特性

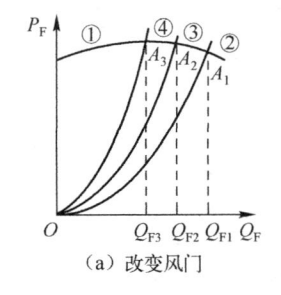

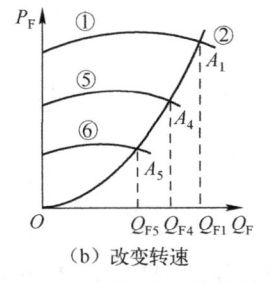

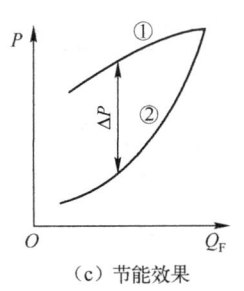

8.4.3 风量的调节方法与比较

调节风量大小的方法有如下两种。

1. 调节风门的开度

转速不变,故风压特性也不变,风阻特性则随风门开度的改变而改变,如图 8.21(a)中的曲线③和④所示。由于风机消耗的功率与风压和风量的乘积成正比,在通过关小风门来减小风量时,消耗的电功率虽然也有所减少,但减少得不多,如图 8.21(c)中的曲线①所示。

2. 调节转速

风门开度不变,故风阻特性也不变,风压特性则随转速的改变而改变,如图 8.21(b)中的曲线⑤和⑥所示。由于风机属于二次方律负载,消耗的电功率与转速的三次方成比例,如图 8.21(c)中的曲线②所示。

3. 两种方法的比较

由图 8.21(c)可知,在所需风量相同的情况下,调节转速的方法所消耗的功率要小得多,其节能效果是十分显著的。

8.4.4 风机变频调速实例

某厂燃煤炉鼓风机的电动机容量为 55kW,原来是通过调节风门来调节风量的,现改为采用变频调速实现风量调节。风速大小要求由司炉工操作,因炉前温度较高,故要求变频器放在较远处的配电柜内。

1. 控制电路

如图 8.22 所示。图中按钮开关 SB_1 和 SB_2 用于控制接触器 KM,从而控制变频器的通电与断电。

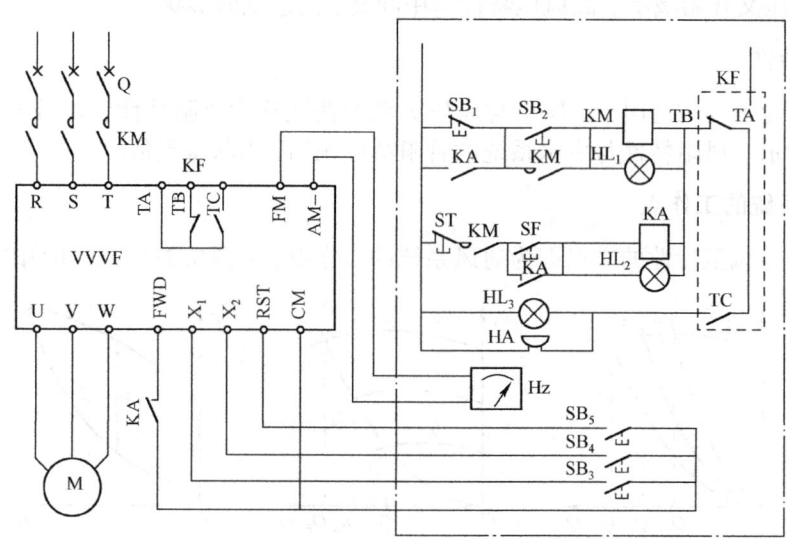

图 8.22 风机的远程控制线路

SF 和 ST 用于控制继电器 KA，从而控制变频器的运行与停止。

KM 和 KA 之间具有连锁关系：一方面，KM 未接通之前，KA 不能通电；另一方面，KA 未断开时，KM 也不能断电。

SB$_3$ 为升速按钮，SB$_4$ 为降速按钮，SB$_5$ 为复位按钮。HL$_1$ 是变频器通电指示，HL$_2$ 是变频器运行指示，HL$_3$ 和 HA 是变频器发生故障时的声光报警，Hz 是频率指示。

2. 主要器件的选择

（1）变频器选型。根据厂方要求，选用康沃 CVF–P1–4T0055 型变频器，额定容量为 73.7kVA，额定电流为 112A。

（2）空气开关 Q 的额定电流 I_{QN}。
$$I_{QN} = (1.3 \sim 1.4) \times 112 = 145.6 \sim 156.8A$$

选 $I_{QN} = 200A$。

（3）接触器的额定电流 I_{KN}。
$$I_{KN} = 112A$$

选 $I_{KN} = 150A$。

3. 变频器的主要功能预置

（1）V/f 曲线类型选择。选择递减转矩曲线 2，如图 8.23(a) 所示。同时，经实验将低频时的转矩补偿量预置为"3"，如图 8.23(b) 所示。

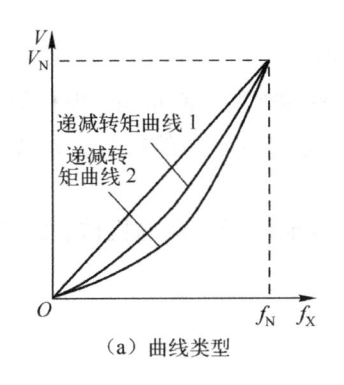

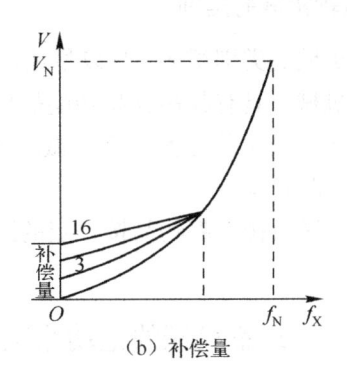

图 8.23 风机的 V/f 线

（2）升速和降速时间的预置。风机的转动惯量很大，但启动和停止的次数极少，故升速和降速时间可尽量加长，使启动电流限制在额定电流以内。根据实验，选升速时间 $t_r = 30s$，降速时间 $t_d = 60s$。

（3）上限频率。因为风机转速一旦超过额定转速，阻转矩将增大很多，容易使电动机和变频器处于过载状态。因此，上限频率 f_H 不应超过额定频率 f_N，即
$$f_H \leqslant f_N$$

（4）下限频率。从特性或工况来说，风机对下限频率 f_L 没有要求。但转速太低时，风量太小，并无实际意义。根据实验预置为
$$f_L \geqslant 20Hz$$

(5) 输入端子 X_1 的功能选择。预置为"10",是频率递增功能。
(6) 输入端子 X_2 的功能选择。预置为"11",是频率递减功能。

8.5 工厂运输机械的变频调速

8.5.1 工厂运输机械的任务和类别

1. 工厂运输机械的任务

(1) 完成原材料、半成品、成品等的装卸任务。
(2) 把原材料、半成品、成品等从一道工序转移到另一道工序。
(3) 在运输过程中同时进行某些加工工艺,如电镀、油漆、干燥、装配等。
工厂运输贯穿在生产的全过程中,是工业生产中十分重要的环节之一。

2. 工厂运输机械的主要作用

(1) 减少停机时间,缩短生产周期,提高生产效率。
(2) 保护工件和产品,减少物料损失。
(3) 减轻劳动强度,改善劳动条件。
(4) 缩短生产周期,减少运输人员等。

3. 工厂运输机械的类别

工厂运输机械的类别很多,难以尽述,主要的有:
(1) 起重机械。具有起吊物品功能的机械,如各种类型的起重机、电梯等。
(2) 地面运输机械及悬置运输机械。用来整批地搬运物品的机械,如叉车、电动平车、转运台车、架空索道等。
(3) 连续输送机械。将物品按一定的路线,连续地进行运输的机械,如悬挂输送机、带式输送机。

8.5.2 工厂运输机械的拖动系统

1. 工厂运输机械的负荷特点

绝大多数工厂运输机械的转矩都具有恒转矩的特点。

2. 对机械特性的要求

不同类型的运输机械对机械特性的要求也不相同,例如,有的机械对机械特性并无要求,如输煤机、部分带式输送机等;有的机械由于要求能够准确定位,对机械特性的要求较高,如桥式起重机、部分与生产工艺紧密相关的带式输送机等。因此,在考虑工厂运输机械的拖动系统时,需要针对具体情况,进行具体分析。

3. 对调速的要求

工厂运输机械普遍要求能够调速,但大部分机械的调速范围并不大。

8.5.3 起升机构的变频调速

1. 电动机的工作状态

（1）起升机构的组成。起升机构的组成如图 8.24 所示。

（2）起升机构的转矩分析。在起升机构中，主要有三种转矩：

① 电动机的转矩 T_M。即由电动机产生的转矩，是主动转矩，其方向可正可负。

② 重力转矩 T_G。由重物及吊钩等作用于卷筒的转矩，其大小等于重物及吊钩等的重量 G 与卷筒半径 r 的乘积，即

$$T_G = Gr \quad (8-6)$$

T_G 的方向永远向下。

③ 摩擦转矩 T_0。由于减速机构的传动比较大，最大可达 50（$\lambda = 50$），因此，减速机构的摩擦转矩（包括其他损失转矩）不可小视。摩擦转矩的特点是，其方向永远与运动方向相反。

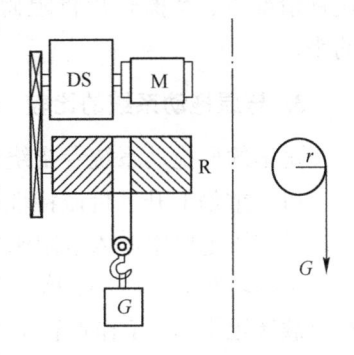

M—电动机；DS—减速机构；
G—重物重量；R—卷筒；r—卷筒半径

图 8.24 起升机构的组成

2. 起升过程中电动机的工作状态

（1）重物上升。重物的上升，完全是电动机正向转矩作用的结果。这时电动机的旋转方向与转矩方向相同，处于电动机状态，其机械特性在第一象限，如图 8.25 中的曲线①所示，工作点为 A 点，转速为 n_1。

当通过降低频率而减速时，在频率刚下降的瞬间，机械特性已切换至曲线②了，工作点由 A 点跳至 A' 点，进入第二象限，电动机处于再生制动状态（发电机状态），其转矩变为反方向的制动转矩，使转速迅速下降，并重新进入第一象限，至 B 点时，处于稳定运行状态，B 点便是频率降低后的新工作点，这时转速已降为 n_2。

（2）空钩（包括轻载）下降。空钩（或轻载）时，重物自身是不能下降的，必须由电动机反向运行来实现。电动机的转矩和转速都是负的，故机械特性曲线在第三象限，如图 8.26 中的曲线③所示，工作点为 C 点，转速为 n_3。当通过降低频率而减速时，在频率刚下降的瞬间，机械特性已经切换至曲线④，工作点由 C 点跳变至 C' 点，进入第四象限，电动机处于反向的再生制动状态（发电机状态），其转矩变为正方向，以阻止重物下降，所以也是制动转矩，使下降的速度减慢，并重新进入第三象限，至 D 点，处于稳定状态，D 点便是频率降低后的新工作点，这时转速为 n_4。

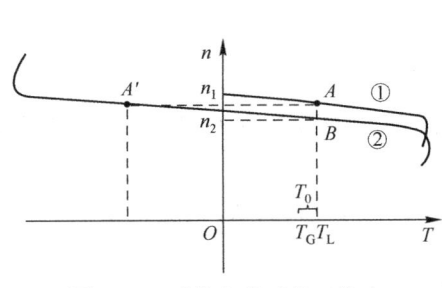

图 8.25 重物上升时的工作点

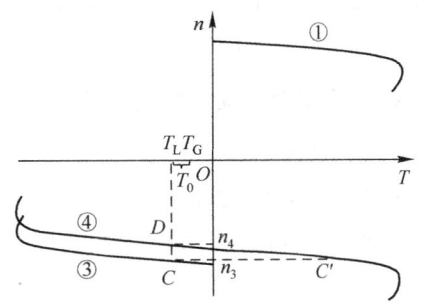

图 8.26 空钩下降时的工作点

(3) 重载下降。重载时，重物因自身的重力而下降，电动机的旋转速度将超过同步转速而进入再生制动状态。电动机的旋转方向是反转(下降)的，但其转矩的方向却与旋转方向相反，是正方向的，其机械特性如图 8.27 的曲线⑤所示，工作点为 E 点，转速为 n_5。这时，电动机的作用是防止重物由于重力加速度的原因而不断加速，达到使重物匀速下降的目的。在这种情况下，摩擦转矩将阻碍重物下降，故相同的重物在下降时构成的负载转矩比上升时的小。

3. 与原拖动系统的比较

这里的原拖动系统专指绕线转子异步电动机拖动系统。

(1) 重物上升。机械特性也在第一象限，如图 8.28 中的曲线①所示，转速为 n_1。降速是通过转子电路中串入电阻来实现的，这时机械特性为曲线②，工作点由 A 点跳变至 A' 点，电动机的转矩大为减小，拖动系统因带不动负载而减速，直至到达 B 点时电动机的转矩重新和负载转矩平衡，工作点转移至 B 点，转速降为 n_2。

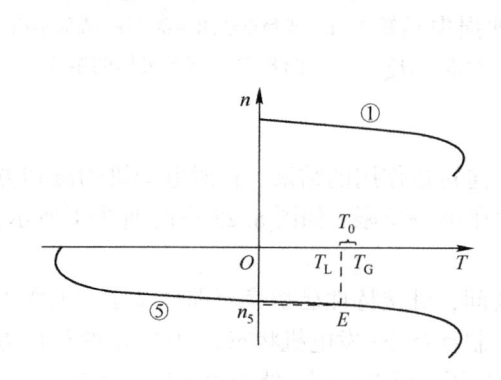

图 8.27　重载下降时的工作点

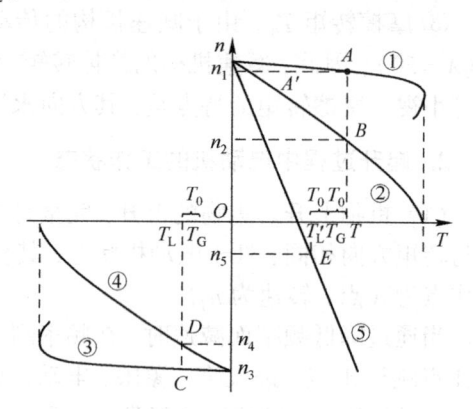

图 8.28　绕线转子异步电动机机械特性

(2) 轻载下降。其工作特点与重物上升时相同，只是转矩和转速都是负的，机械特性在第三象限，如图 8.28 中的曲线③和曲线④所示。

(3) 重载下降。重载下降时，电动机从接法上来说是正方向的，产生的转矩也是正的。但由于在转子电路中串入了大量电阻，使机械特性倾斜至如图 8.28 中的曲线⑤所示，这时电动机产生的正转矩比重力产生的转矩小，非但不能带动重物上升，反而由于重物的拖动，电动机的实际旋转方向是负的，其工作点在机械特性向第四象限的延伸线上，如图 8.28 中的 E 点所示，这时转速为 n_5。这种工作状态的特点是：电动机的转矩是正的，但却被重物"倒拉"着反转了，电动机处于倒拉式反接制动状态。

4. 起升机构对拖动系统的要求

起升机构的主要部件是吊钩，容量较大的桥式起重机通常配有主钩和副钩，这里以主钩为例说明其对拖动系统的要求。

(1) 速度调节范围。通常，调速比 $a_n = 3$，调速范围较广者可达：

$$a_n \geqslant 10$$

空钩或轻载时，速度应快一些，重载时则较慢。

（2）上升时的预备级速度。吊钩从"床面"（地面或某一放置物体的平面）上升时，必须首先消除传动间隙，将钢丝绳拉紧。在原拖动系统中，其第一挡速度称为预备级，预备级的速度不宜过大，以免机械冲击过强。

（3）重力势能的处理。重载下降时，电动机处于再生制动状态，对于再生的电能，必须能够妥善处理。

（4）制动方法。起升机构中，由于重物具有重力，如没有专门的制动装置，重物在空中是难以长时间停住的。为此，电动机轴上必须加装机械制动装置，常用的有电磁铁制动器和液压电磁制动器等。为了保证制动器的工作安全可靠，多数制动装置都采用常闭式的，即：线圈断电时制动器依靠弹簧的力量将轴抱住，线圈通电时松开。

（5）必须解决好溜钩问题。在重物开始升降或停住时，要求制动器和电动机的动作必须紧密配合。由于制动器从抱紧到松开，以及从松开到抱紧的动作过程需要时间（约 0.6s，视电动机的容量而不同），而电动机转矩的产生与消失，是在通电或断电瞬间就立刻反映的。因此，两者在动作的配合上极易出现问题。如电动机已经断电，而制动器尚未抱紧，则重物必将下滑，即出现溜钩现象。溜钩现象非但降低了重物在空中定位的准确性，有时还会产生严重的安全问题。因此必须可靠地解决好。

（6）具有点动功能。起重机械常常需要调整被吊物体在空间的位置，因此，点动功能是必需的。

5. 起升机构的变频调速改造

（1）电动机的选择。
① 如果原电动机已经年久失修，需要更换，最好选用变频专用电动机。
② 如果原电动机是较新的鼠笼转子异步电动机，则可以直接配用变频器。
③ 如果原电动机是较新的绕线转子异步电动机，则应将转子绕组短接，并把电刷举起，如图 8.29 所示。

（2）变频器容量的选择。在起重机械中，因为升、降速时电流较大，应求出对应于最大启动转矩和升、降速转矩的电动机电流。通常变频器的额定电流 I_N 可由下式求出：

$$I_N > I_{MN} \frac{k_1 \times k_3}{k_2} \quad (8-7)$$

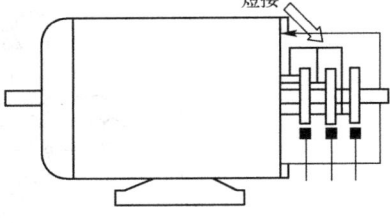

图 8.29 绕线转子短接

式中，I_{MN} 为电动机额定电流（A）；

k_1 为所需最大转矩与电动机额定转矩之比；

$k_2 = 1.5$（变频器的过载能力）；

$k_3 = 1.1$（余量）。

此外，主钩与副钩电动机必须分别配用变频器，不能共用。

（3）制动电阻的选择。制动电阻的精确计算是比较复杂的，这里介绍的粗略计算法虽然不十分严谨，但在实际应用中是足够准确的。

① 位能的最大释放功率等于起重机构在装载最大重荷的情况下以最高速度下降时电动机的功率，实际上就是电动机的额定功率。

② 耗能电阻的容量。电动机在再生制动状态下发出的电能全部消耗在耗能电阻上，因此，耗能电阻的容量 P_{RB} 应与电动机容量 P_{MN} 相等，即

$$P_{RB} = P_{MN} \tag{8-8}$$

③ 电阻值的计算。由于耗能电阻 R_B 接在直流回路(电压为 U_D)中，故电阻值的计算方法是：

$$R_B \leqslant \frac{U_D^2}{P_{MN}} \tag{8-9}$$

④ 制动单元的计算。制动单元的允许电流 I_{VB} 可按工作电流的两倍考虑，即

$$I_{VB} \geqslant \frac{2U_D}{R_B} \tag{8-10}$$

（4）电能的反馈。近年来，不少变频器生产厂家都推出了把直流电路中过高的泵升电压反馈给电源的新产品或新附件，其基本方式有以下两种。

① 电源反馈选件。接法如图 8.30 所示，图中，接线端 P 和 N 分别是直流母线的"＋"极和"－"极。当直流电压超过极限值时，电源反馈选件将把直流电压逆变成三相交流电反馈回电源去。这样，就把直流母线上过多的再生电能又送回给电源。

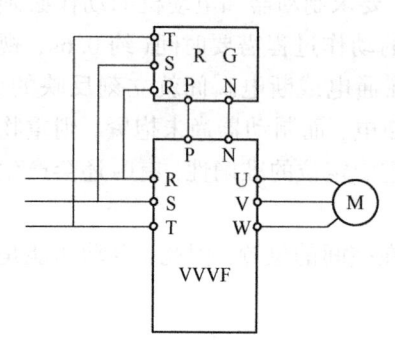

图 8.30　电源反馈选件的接法

② 具有电源反馈功能的变频器。其"整流"部分的电路如图 8.31 所示，图中，$VD_1 \sim VD_6$ 是三相全波整流用的二极管，与普通的变频器相同；$VT_1 \sim VT_6$ 是三相逆变管，用于将过高的直流电压逆变成三相交变电压反馈给电源。这种方式不但进一步节约了电能，并且还具有抑制谐波电流的功效。

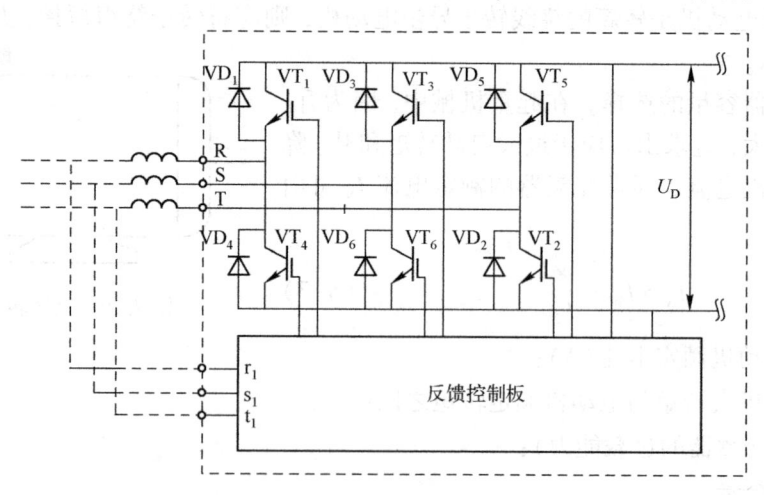

图 8.31　具有电源反馈功能的变频器

（5）公用直流母线。在起重机械中，由于变频器的数量较多，可以采用公用直流母线的方式，即所有变频器的整流部分是公用的。由于各台变频器不可能同时处于再生制动状态，因此，可以互相补偿。公用直流母线方式与电源反馈相结合，结构简捷，并可使起重机械各台变频器的电压稳定，不受电源电压波动的影响。

6. 变频调速方案

（1）控制要点。

① 控制模式。一般地，为了保证在低速时能有足够大的转矩，最好采用带转速反馈的矢量控制方式，但近年来，无反馈矢量控制的技术已经有了很大提高，在定位要求不高的场合，也可以采用。

② 启动方式。为了满足吊钩从"床面"上升时，需先消除传动间隙，将钢丝绳拉紧的要求，应采用 S 型启动方式。

③ 制动方法。采用再生制动、直流制动和电磁机械制动相结合的方法。

④ 点动制动。点动制动是用来调整被吊物体空间位置的，应能单独控制。点动频率不宜过高。

（2）调速方案。

① 变频器的选型。考虑到起升机构对运行的可靠性要求较高，故选用具有带速度反馈矢量控制功能的变频器。

② 调速机构。虽然变频器调速是无级的，完全可以用外接电位器来进行调速，但为了便于操作人员迅速掌握，多数用户希望调速时的基本操作方法能够和原拖动系统的操作方法相同。因此，采用左、右各若干挡转速的控制方式，如图 8.32 所示。

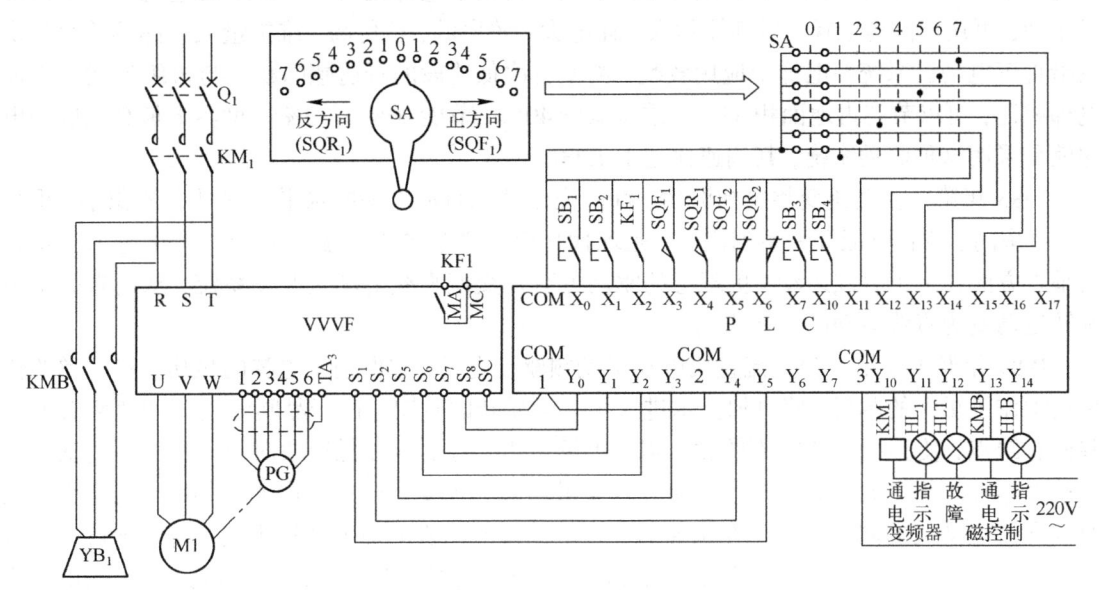

图 8.32 吊钩的变频调速方案

（3）控制电路。这里以日本安川 G7 系列变频器为例，并结合 PLC 控制，讲述吊钩的变频调速控制电路，如图 8.32 所示。

控制电路的主要特点如下：

① 变频器的通电与否，由按钮开关 SB_1 和 SB_2 通过接触器 KM_1 进行控制。

② 电动机的正、反转及停止由 PLC 控制变频器的输入端子 S_1 和 S_2 来实现。

③ YB_1 是制动电磁铁，由接触器 KMB 控制其是否通电，KMB 的动作则根据在起升或停止过程中的需要来控制。

④ SA 是操作手柄，正、反两个方向各有 7 挡转速。正转时接近开关 SQF_1 动作，反转时接近开关 SQR_1 动作。

⑤ SQF_2 是吊钩上升时的限位开关。开关 SB_3 和 SB_4 是正、反两个方向的点动按钮。

⑥ PG 是速度反馈用的旋转编码器，这是有反馈矢量控制所必需的。

8.5.4 电梯设备的变频调速

电梯是一种垂直运输工具，它在运行中不但具有动能，而且具有势能。它经常处在正转反转、反复启动制动过程中。对于载重大、速度高的电梯，提高运行效率、节约电能是重点要解决的问题。

1949 年出现了群控电梯；1962 年美国出现了半导体逻辑控制电梯；1967 年晶闸管应用于电梯，使电梯拖动系统大为简化，性能得到了提高；1971 年集成电路用于电梯；1975 年出现了电子计算机控制的电梯，电梯控制技术真正使用了微电子技术与软件技术，进入了现代电梯群控系统的发展时期。

在这以后，发达国家出现了变压变频（即 VVVF）交流电梯，最高速度可达到 12.5m/s 以上，从而开辟了电梯电力拖动的新领域，结束了直流电梯占主导地位的局面。

电梯发展到今天，已经成为一个典型的变频系统工程和机电一体化产品，并复合了多种先进技术。直流电动机由于其调速性能好，很早就用于电梯拖动上。采用发电机 - 电动机形式驱动，可用于高速电梯，但其体积大、耗电大、效率低、造价高、维护量大。晶闸管直接供电给直流电动机系统在电梯上应用较晚，需要解决低速段的舒适感问题。与机组形式的直流电梯相比，可以节省占地面积 35%，重量减轻 40%，节能 20%~30%。世界上最高速度的电梯就是采用这种驱动系统，其调速比达 1:1200。

1983 年第一台变压变频电梯诞生，性能完全达到直流电梯的水平。它具有体积小、重量轻、效率高、节省电能等一系列优点，是现代化电梯理想的电力驱动系统。由于电梯轿箱是沿垂直方向作上下直线运动，更理想的驱动方案是交流直线电动机驱动系统，从而省去了由旋转运动变为直线运动的交换机构。

1989 年诞生了第一台交流直线电动机变频驱动电梯，它取消了电梯的机房，对电梯的传统技术作了重大的革新，使电梯技术进入了一个崭新的时期。由于晶闸管调压调速装置的一些固有缺点，使其调速范围不够宽，调节不够平滑，特别是在低速段时不平稳，舒适感与平层精度不够理想，难以实现再生制动等。如果均匀地改变定子供电电源的频率，则可平滑地改变交流电动机的同步转速。在调速时，为了保持电动机的最大转矩不变，需要维持气隙磁通恒定，这就要求定子电压也随之作相应调节，通常是保持 V/f = 常数。因此，要求向电动机供电的同时要兼有调压与调频两种功能，通常简称 VVVF 型变频器，用于电梯时常称为 VVVF 型电梯，简称变频电梯。

图 8.33 所示为电梯驱动机构原理图。动力来自电动机，一般选 11kW 或 15kW 的异步电动机。曳引机的作用有三个：一是调速，二是驱动曳引钢丝绳，三是在电梯停车时实施制动。为了加大载重能力，钢丝绳的一端是轿箱，另一端加装了配重装置，配重的重量随电梯载重的大小而变化。计算公式如下：

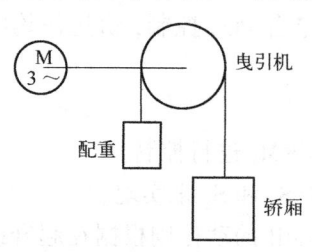

图 8.33 电梯驱动机构原理图

$$配重的重量 = (载重量/2 + 轿厢自重) \times 45\%$$

公式中的 45% 是平衡系数，一般要求平衡系数在 45%～50% 之间。

这种驱动机构可使电梯的载重能力大为提高，在电梯空载上行或重载下行时，电动机的负载最大，处在驱动状态，这就要求电动机在四象限内运行。为满足乘客的舒适感和平层精度，要求电动机在各种负载下都有良好的调速性能和准确停车性能。为满足这些要求，采用变频器控制电动机是最合适的。变频器不但可以提供良好的调速性能，并能节约大量电能，这是目前电梯大量采用变频控制的主要原因。下面以目前最典型的正弦输入和正弦输出电压源变频驱动系统为例并结合图 8.34 来说明 VVVF 变频电梯电力传动系统的工作原理。

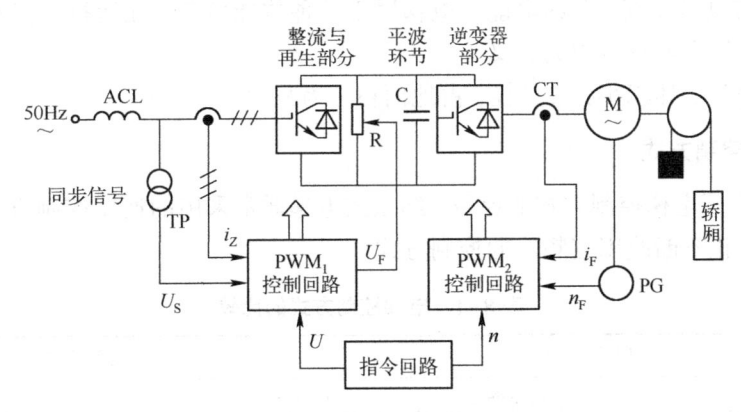

图 8.34 变频电梯电力传动系统框图

1. 系统构成

系统主要由以下几部分构成。

（1）整流与再生部分。这部分的功能有两个，一是将电网三相正弦交流电压整流成直流，向逆变部分提供直流电源；二是在减速制动时，有效地控制传动系统能量回馈给电网。主电路器件是 IGBT 模块或 IPM 模块。根据系统的运行状态，既可作为整流器使用，也可作为有源逆变器使用。在传动系统采用能耗制动方案时，这部分可单独采用二极管整流模块，而无须 PWM 控制电路等相关部分。

（2）逆变器部分。逆变器部分同样由 IGBT 或 IPM 模块组成，其作为无源逆变器，向交流电动机供电。

（3）平波部分。在电压源系统中，由电解电容器构成平波器（如果是电流源，由电感器组成平波器）。

（4）检测部分。PG 作为交流电动机速度与位置传感器，CT 作为主电路交流电流检测器，TP 作为与三相交流电网同步的信号检测，R 为支流母线电压检测器。

（5）控制电路。控制电路一般由微机、DSP、PLC 等构成，可选 16 位或 32 位微机。控制电路主要完成电力传动系统的指令形成，电流、速度和位置控制，同时产生 PWM 控制信号，并对电梯进行故障诊断、检测和显示及电梯的控制逻辑管理、通信和群控等任务。

2. 工作原理

如图 8.34 所示，电压反馈信号 U_F 与交流电源同步信号 U_S 送入 PWM$_1$ 电路产生符合电动机作为电动状态运行的 PWM_1 信号,控制整流与再生部分中的开关器件,使之只作为二极管整流桥工作。当电动机减速或制动时便产生再生作用,功率开关器件在 PWM_1 信号作用下进入再生状态,电能回馈给交流电网。交流电抗器 ACL 主要是限制回馈到电网的再生电流,减少对电网的干扰,又能起到保护功率开关器件的作用。逆变器将直流电转换成幅值与频率可调的交流电,输入交流电动机驱动电梯运行。系统实行电流环与速度环的 PID 控制并产生正弦 PWM_2 信号,控制逆变器输出正弦电流。

3. 系统特点

(1) 使用交流感应电动机结构简单,制造容易,维护方便,适于高速运行。

(2) 电力传动效率高,节约电能。电梯属于一种位能负载,在运行时具有动能,因此在制动时,将其回馈电网具有很大意义。

(3) 结构紧凑,体积小,重量轻,占地面积大为减少。

4. 电梯的控制方式

表 8-4 列出了电梯控制方式的比较,绳索式电梯通常采用的速度控制方式有很多种,但为了改善性能,正不断改用变频器的控制方式。

表 8-4 电梯控制方式的比较

分类	以往方式				变频器方式			
	电动机	齿轮	电梯速度(m/min)	速度控制方式	电动机	齿轮	电梯速度(m/min)	速度控制方式
中低速	笼型电动机	带齿轮	15~30	1 挡速度	笼型电动机	带齿轮	30~105	变频器
			45~160	2 挡速度				
			45~105	定子电压晶闸管控制				
	直流(他励)电动机		90~105	发电机-电动机方式				
高速		不带齿轮	120~240			带斜齿轮	120~240	
超高速			300 以上			不带齿轮	300 以上	

中、低速电梯所采用的速度控制方式主要是通过笼型电动机的晶闸管定子电压实现控制,这种方式很难实现转矩控制,且低速时由于使用在低效率区,能量损耗大,此外功率因数也很大。

另外,高速、超高速电梯所采用的晶闸管直流供电方式由于使用直流电动机,增加了维护换向器和电刷等麻烦,而且晶闸管相位控制在低速运行时功率因数较低。采用变频器可大幅度改善这些缺点。

图 8.35 所示为高速、超高速电梯变频控制方式构成图。由于其电动机输出功率大,会产生电动机噪声,因此整流器采用了晶闸管,同时采用 PWM 控制方式。

整流器采用晶闸管可逆方式,起到了将负载端产生的再生功率送回电源的作用。对于中、低速电梯,其系统中的整流器使用二极管,变频器使用晶闸管。从电梯的电动机侧看,

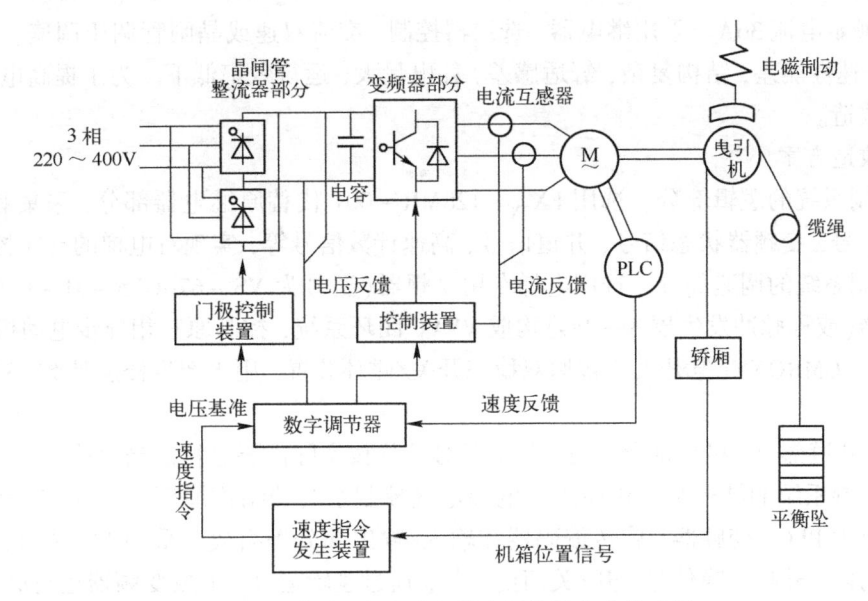

图 8.35 高速、超高速电梯变频控制方式构成图

包括绳索在内的机械系统具有 5~10Hz 的固有振荡频率。如果电动机产生的转矩波动与该固有频率一致，就会产生谐振，影响乘坐的舒适性，因此尽量使电动机电流波形接近正弦波非常重要。

变频器控制超高速电梯的运行特性如图 8.36 所示。从舒适性考虑，加、减速度的最大值通常限制在 $0.9m/s^2$ 以下。

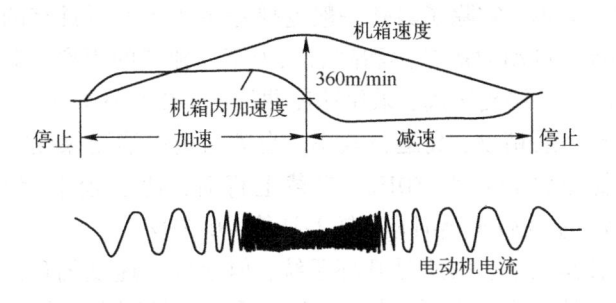

图 8.36 变频器控制超高速电梯运行特性

由于必须使电梯从零速到最高速平滑地变化，变频器的输出频率也应从几乎是零频率开始到额定频率为止平滑地变化。

对于中、低速电梯，变频方式与通常的定子电压控制相比较，耗电量减少 1/2 以上，且平均功率因数显著改善，电源设备容量也下降了 1/2 以上。

对于高速、超高速电梯，就节能而言，由于电动机效率提高，功率因数改善，因此输入电流减少，整流器损耗相应减少。与通常的晶闸管直流供电方式相比，可预期有 5%~10% 的节能改善。另外，由于平均功率因数提高，电梯的电源设备容量可能减少 20%~30%。

5. 电梯变频调速的应用实例

某商住楼的一部十层十站电梯型号为 TKJ 1000/1.6-JX 交流调压调速乘客电梯，额定载重量为 1000kg，额定速度 1.6m/s，电动机的功率为 20kW，额定转速为 1380rpm，额定电压

·207·

380VAC，额定电流36A。采用继电器、选层器控制，交流双速或晶闸管调压调速。电梯启动电流大，调速性能差，结构复杂，舒适感差，耗电量大，运行效率低下。为了提高电梯性能而对其进行改造。

(1) 改造方案。

① 控制系统的逻辑部分。选用 FX_{2N} – 128MR – 001 代替原继电器部分，采集和处理内/外呼召唤信号、变频器状态信号、井道信号、高速计数信号等，实现对电梯的有序控制。

② 控制系统的调速部分。选用电梯专用变频器（型号为 VS – 676GL5 – JJ – L7C4022）及旋转编码器（或称脉冲发生器——PG）构成 VVVF 闭环系统，控制原三相异步电动机。

③ 选用 OMRON 光电开关代替原双稳态开关/磁环装置，用于产生楼层计数、精确平层、门枢信号。

此外，井道部分、机械部分、用户界面部分等均按实际需要进行适当改造。

(2) 控制系统的结构及工作原理。电梯电气控制系统的结构原理如图 8.37 所示，该控制系统主要由 PLC、变频器、旋转编码器和输入/输出部分等组成。采用 PLC 控制系统集中处理电梯的内、外呼召唤信号、开/关门信号等，通过逻辑运算，形成变频器运行必须的控制信号（如正/反转信号、多段速度信号、启动/停止信号等）以及楼层显示信号、方向信号、门机构驱动信号等。同时变频器也将工作状态信号送给 PLC，形成双向联络关系。变频器则根据 PLC 输出的控制信号控制电机运转。

(3) 电梯控制系统的调速部分。电梯调速控制部分对电梯的启动加速、稳速运行、制动减速、平层精度、乘坐舒适感等起着决定性作用。

VS – 676GL5 型变频器可实现平稳操作和精确控制，使电动机达到理想输出，此种变频器是电流矢量控制型变频器，它除了具备一般电梯专用变频器所具有的基本功能外，还增加了电机参数自学习功能、自动力矩补偿和高启动力矩。独特的距离控制，可通过变频器的楼层自学习运行，自动测定各层楼距离，采用速度曲线（如图 8.38 所示）计算控制变频器运行，实现直接停靠，具有高平层精度、高运行效率。自动力矩补偿能保证电梯在各种负载状态下速度稳定，例如，电梯正常速度为 50Hz，空载上行时，速度较平衡时快，自动力矩补偿 – 0.5Hz，满载上行时，速度较平衡时慢，转差补偿 + 0.5Hz。

由于频率有自动补偿功能，虽然是开环系统，但起到了速度闭环的作用。最大 200% 的高速启动力矩可安全有效地实现电梯运转，对满载启动时转矩提升非常有效。为满足电梯的要求，变频器通过与电动机同轴连接的旋转编码器和 PG 卡，完成速度检测及反馈，构成闭环

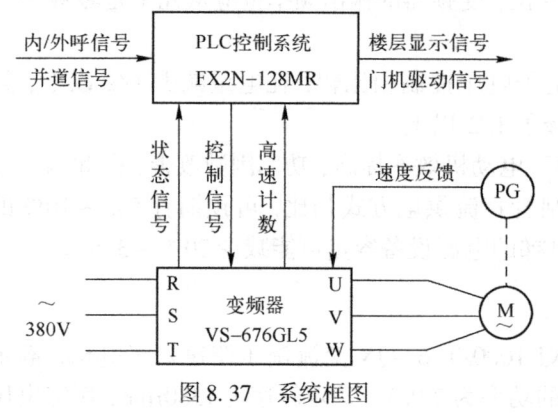

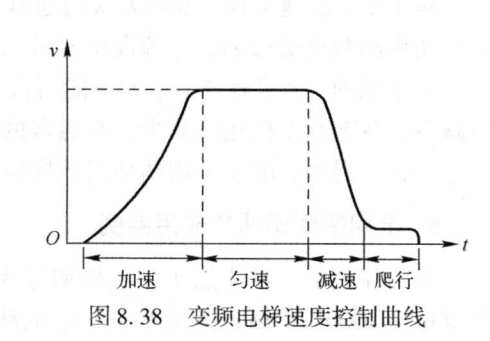

图 8.37 系统框图

图 8.38 变频电梯速度控制曲线

矢量控制系统。旋转编码器与电动机同轴连接，对电动机进行测速。旋转编码器轴转动时输出A、B两相脉冲，根据A、B脉冲的相序，可判断电动机转动方向，并可根据A、B脉冲的频率测得电动机的转速。旋转编码器将此脉冲输出给PG卡，PG卡再将此反馈信号送给变频器内部，以便进行运算调节。

（4）电梯系统的逻辑控制部分。电梯的控制是比较复杂的，要满足多位置、多控制的要求，电梯在接收用户信号的同时，还要不断处理各种离散信号。但是，电梯的运行还是有规律可循的，电梯总是按照一定的程序性，重复地进行动作，电梯动作的循环过程为：开门→关门→选层→换向→启动→加速运动→快慢速切换→平层→停车。PLC的I/O接线图如图8.39所示。系统的软件设计按照图8.40所示的程序流程图进行编程。

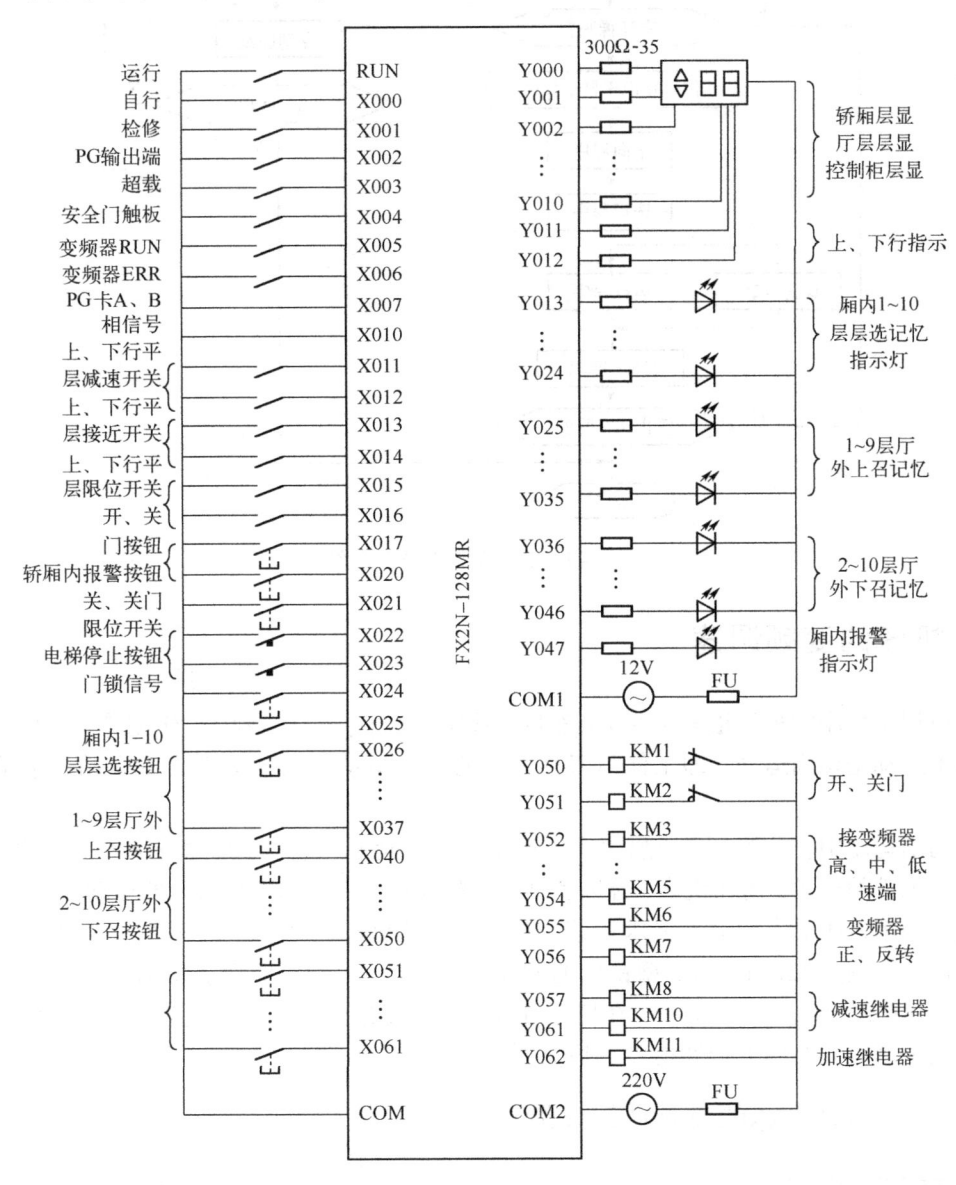

图8.39 PLC硬件接线图

改造后，电梯运行平稳，舒适感好。由于采用了 PLC，大大简化了系统布线，使故障率大为降低，维修费用大幅减少。改造后的电梯节能效果更是显著，用电只有原来的 40% 左右。实践证明，采用 PLC 与 VVVF 变频器相结合，将旧电梯改造成 VVVF 电梯是改造的最佳方案。

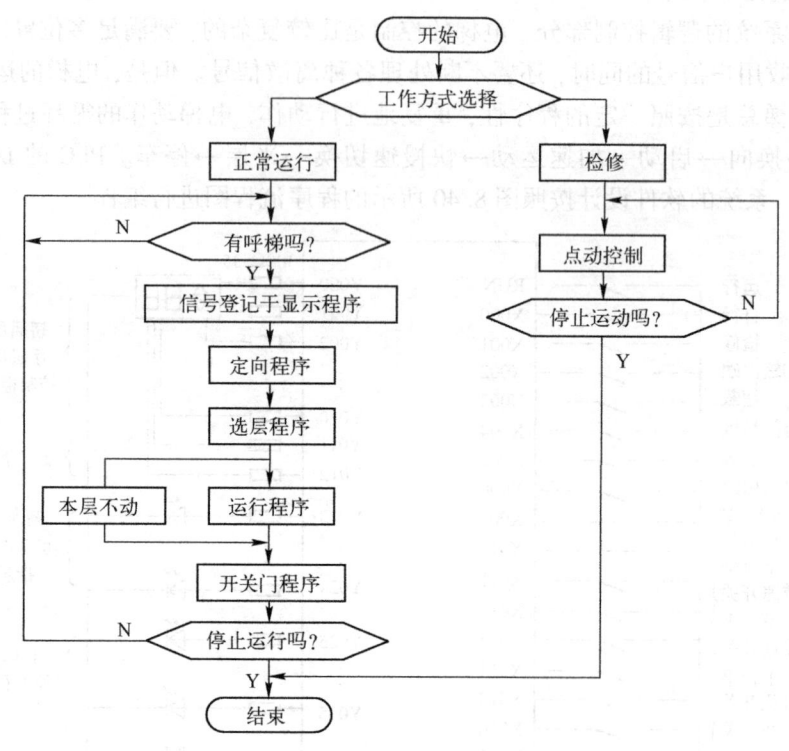

图 8.40 电梯控制程序流程图

8.6 机床的变频调速

金属切削机床的种类很多，主要有车床、铣床、磨床、钻床、刨床、镗床等。金属切削机床的基本运动是切削运动，即工件与刀具之间的相对运动。切削运动由主运动和进给运动组成。

在切削运动中，承受主要切削功率的运动称为主运动。在车床、磨床和刨床等机床中，主运动是工件的运动；而在铣床、镗床和钻床等机床中，主运动则是刀具的运动。

金属切削机床的主运动都要求调速，并且调速的范围往往较大。例如，CA6140 型普通机床的调速范围为 120∶1，X62 型铣床的调速范围为 50∶1 等。但金属切削机床主运动的调速，一般都在停机的情况下进行，在切削过程中是不能进行调速的。这为在进行变频调速时采用多挡传动比方案的可行性提供了基础。

8.6.1 普通车床的变频调速改造

1. 变频器的选择

（1）变频器的容量。考虑到车床在低速车削毛坯时，常常出现较大的过载现象，且过载

· 210 ·

时间有可能超过 1min。因此,变频器的容量应比正常的配用电动机容量加大一挡。若电动机容量是 2.2kW,则选择,

变频器容量:$S_N = 6.9\text{kVA}$(配用 $P_{MN} = 3.7\text{kW}$ 电动机)

额定电流:$I_N = 9\text{A}$

(2) 变频器控制方式的选择。

① V/f 控制方式。车床除了在车削毛坯时负荷大小有较大变化外,以后的车削过程中,负荷的变化通常是很小的。因此,就切削精度而言,选择 V/f 控制方式是能够满足要求的。但在低速切削时,需要预置较大的 V/f,在负载较轻的情况下,电动机的磁路常处于饱和状态,励磁电流较大。因此,从节能的角度看 V/f 控制方式并不理想。

② 无反馈矢量控制方式。新系列变频器在无反馈矢量控制方式下,已经能够做到在 0.5Hz 时稳定运行,所以完全可以满足普通车床主拖动系统的要求。由于无反馈矢量控制方式能够克服 V/f 控制方式的缺点,故是一种最佳选择。

③ 有反馈矢量控制。有反馈矢量控制方式虽然是运行性能最为完善的一种控制方式,但由于需要增加编码器等转速反馈环节,不但增加了费用,对编码器的安装也比较麻烦。所以,除非该机床对加工精度有特殊需求,一般没有必要采用此种控制方式。

目前,国产变频器大多只有 V/f 控制功能。但在价格和售后服务等方面较有优势,可以作为首选对象;大部分进口变频器的矢量控制功能都是既可以无反馈、也可以有反馈;但也有的变频器只配置了无反馈控制方式,如日本日立公司生产的 SJ300 系列变频器。采用无反馈矢量控制方式,进行选择时需要注意其能够稳定运行的最低频率(部分变频器在无反馈矢量控制方式下的实际稳定运行的最低频率为 5~6Hz)。

2. 变频器的频率给定

变频器的频率给定方式可以有多种,应根据具体情况进行选择。

(1) 无级调速频率给定。从调速的角度看,采用无级调速方案增加了转速的选择性,且电路也比较简单,是一种理想的方案。它可以直接通过变频器的面板进行调速,也可以通过外接电位器调速。

但在进行无级调速时必须注意:当采用两挡传动比时,存在着一个电动机的有效转矩线小于负载机械特性的区域,如图 8.41 所示,其中曲线④为低速挡(传动比较大),曲线④′为高速挡(传动比较小)在这两挡转速之间的区域(约为 600~800r/min)内,当负载较重时,有可能出现电动机带不动的情况。操作工应根据负载的具体情况,决定是否需要避开该转速段。

(2) 分段调速频率给定。由于该车床原有的调速装置是由一个手柄旋转 9 个位置(包括 0 位)控制 4 个电磁离合器来进行调速的,为了防止在改造后操作工一时难以掌握,用户要求调节转速的操作方法不变,故采用电阻分压式给定方法,如图 8.42 所示。图中,各挡电阻值的大小应使各挡的转速与改造前相同。

(3) 配合 PLC 的分段调速频率给定。如果车床还需要进行较为复杂的程序控制,可应用可编程序控制器(PLC)结合变频器的多挡转速功能来实现,如图 8.43 所示。图中,转速挡由按钮开关(或触摸开关)来选择,通过 PLC 控制变频器的外接输入端子 X_1、X_2、X_3 的不同组合,得到 8 挡转速。图中电动机的正转、反转和停止分别由按钮开关 SF、SR、ST 来进行控制。

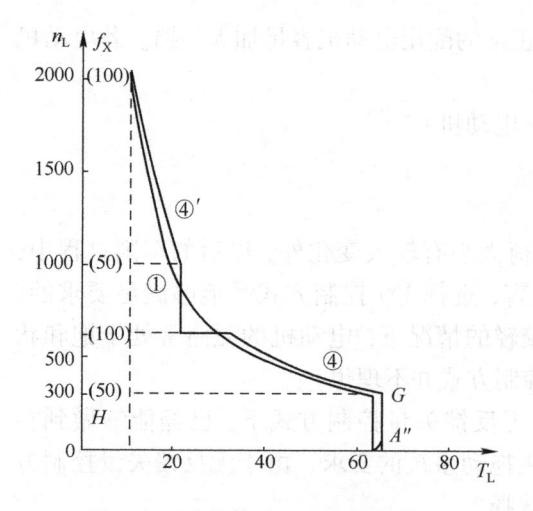

图 8.41　两挡传动比车床机械特性

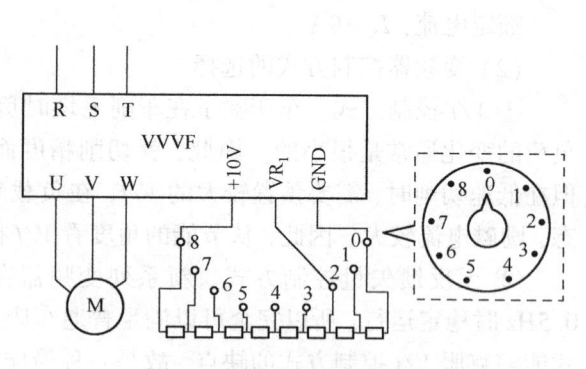

图 8.42　分段调速频率给定

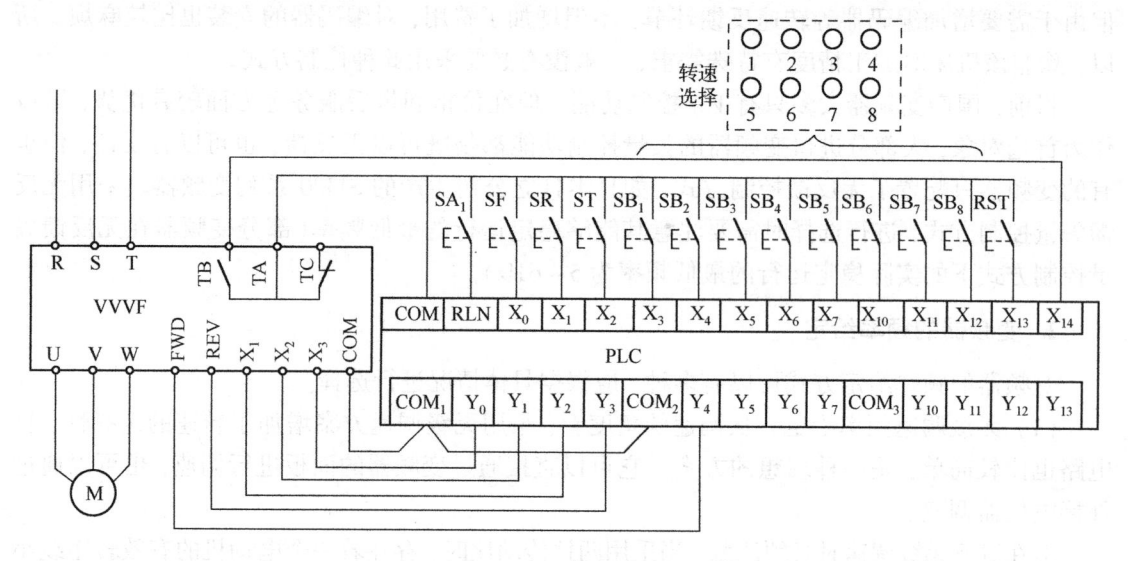

图 8.43　通过 PLC 进行分段调速频率给定

3. 变频调速系统的控制电路

（1）控制电路。以采用外接电位器调速为例，控制电路如图 8.44 所示。图中，接触器 KM 用于接通变频器的电源，由 SB_1 和 SB_2 控制。继电器 KA_1 用于正转，由 SF 和 ST 控制；KA_2 用于反转，由 SR 和 ST 控制。

正转和反转只有在变频器接通电源后才能进行；变频器只有在正、反转都不工作时才能切断电源。由于车床需要有点动环节，故在电路中增加了点动控制按钮 SJ 和继电器 KA_3。

（2）主要电器的选择。由于变频器的额定电流为 9A，根据电气控制的相关知识可得。

① 空气断路器 Q 的额定电流 I_{QN}：

$$I_{QN} \geqslant (1.3 \sim 1.4) \times 9 = 11.7 \sim 12.6(A)$$

选 $I_{QN} = 20A$（空气断路器中的最小者）。

② 接触器 KM 的额定电流 I_{KN}，由式可得：

· 212 ·

(a) 变频器电路　　　　　　　　(b) 控制电路

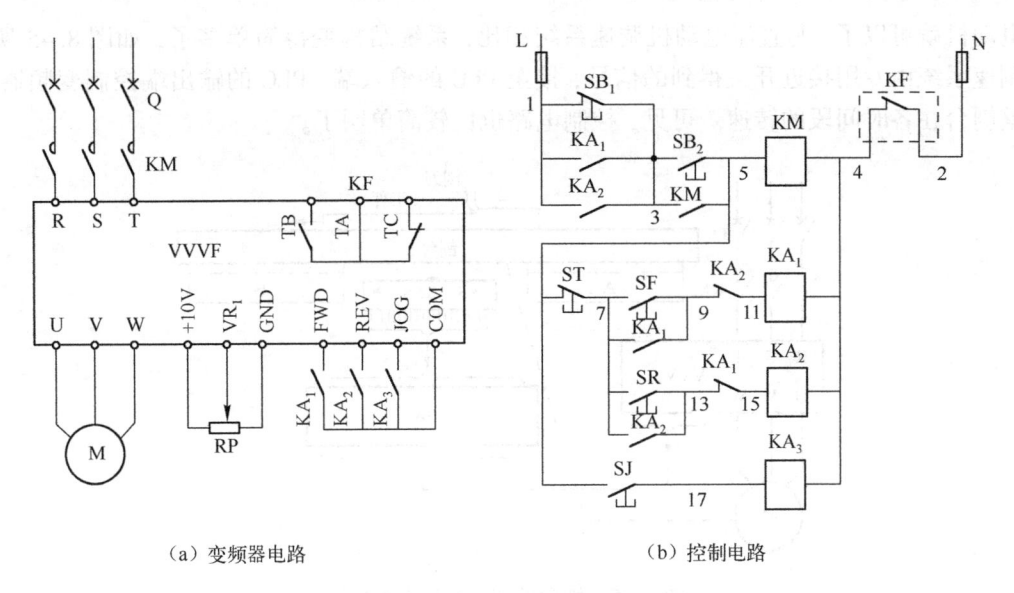

图 8.44　车床变频调速的控制电路

$$I_{KN} \geq 9A$$

选 $I_{KN} = 10A$。

③ 调速电位器。选 2kΩ/2W 电位器或 10kΩ/1W 的多圈电位器。

(3) 变频器的功能预置。

① 基本频率与最高频率。

a. 基本频率。在额定电压下，基本频率预置为 50Hz。

b. 最高频率。当给定信号达到最大时，对应的最高频率预置为 100Hz。

② V/f 调节。预置方法：使车床运行在最低速挡，按最大切削量切削最大直径的工件，逐渐加大 V/f，直至能够正常切削，然后退刀，观察空载时是否因过电流而跳闸。如不跳闸，则预置完毕。

③ 升、降速时间。考虑到车削螺纹的需要，将升、降速时间预置为 1s。由于变频器容量已经加大了一挡，升速时不会跳闸。为了避免降速过程中跳闸，将降速时的直流电压限值预置为 680V（过电压跳闸值通常大于 700V）。经过试验，能够满足工作需要。

④ 电动机的过载保护。由于所选变频器容量加大一挡，故必须准确预置电子热保护功能。在正常情况下，变频器的电流取用比为

$$I\% = \frac{I_{MN}}{I_N} \times 100\% = \frac{4.8}{9.0} \times 100\% = 53\%$$

所以，将保护电流的百分数预置为 55% 是适宜的。

⑤ 点动频率。根据用户要求，将点动频率预置为 5Hz。

8.6.2　刨台运动的变频调速改造

1. 变频调速系统及设计要点

(1) 变频调速系统的构成。刨台的拖动系统采用变频调速后，主拖动系统只需要一台异

步电动机就可以了,与直流电动机调速系统相比,系统结构变得简单多了,如图 8.45 所示。该调速系统由专用接近开关得到的信号,接至 PLC 的输入端,PLC 的输出端控制变频器,以调整刨台在各时间段的转速。可见,控制电路也比较简单明了。

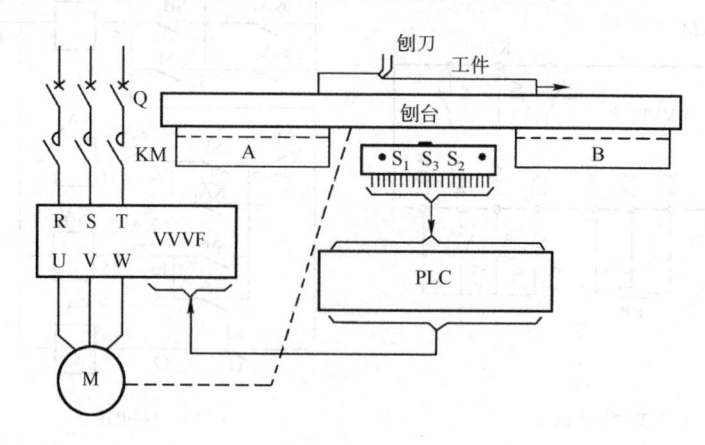

图 8.45 刨台的变频调速系统框图

(2) 采用变频调速的主要优点。

① 减小了静差度。由于采用了有反馈的矢量控制,电动机调速后的机械特性很"硬",静差度可小于 3%。

② 具有转矩限制功能。下垂特性是指在电动机严重过载时,能自动地将电流限制在一定范围内,即使堵转也能将电流限制住。新系列的变频器都具有"转矩限制"功能,十分方便。

③ "爬行"距离容易控制。各种变频器在采用有反馈矢量控制的情况下,一般都具有"零速转矩",即使工作频率为 0Hz,也有足够大的转矩,使负载的转速为 0r/min,从而可有效地控制刨台的爬行距离,使刨台不越位。

④ 节能效果可观。拖动系统的简化使附加损失大为减少,采用变频调速后,电动机的有效转矩线十分贴近负载的机械特性,进一步提高了电动机的效率,故节能效果是十分可观的。

2. 刨台往复运动的控制

(1) 对刨台控制的要求。

① 控制程序。刨台的往复运动必须能够满足刨台的转速变化和控制要求。

② 转速的调节。刨台的刨削率和高速返回的速率都必须能够十分方便地进行调节。

③ 点动功能。刨台必须能够点动,常称为"刨台步进"和"刨台步退",以利于切削前的调整。

④ 连锁功能。

a. 与横梁、刀架的连锁。刨台的往复运动与横梁的移动、刀架的运行之间,必须有可靠的连锁。

b. 与油泵电动机的连锁。一方面,只有在油泵正常供油的情况下,才允许进行刨台的往复运动;另一方面,如果在刨台往复运动过程中,油泵电动机因发生故障而停机,刨台将不允许在刨削中间停止运行,而必须等刨台返回至起始位置时再停止。

(2) 变频调速系统的控制电路。控制电路如图 8.46 所示,其控制特点如下:

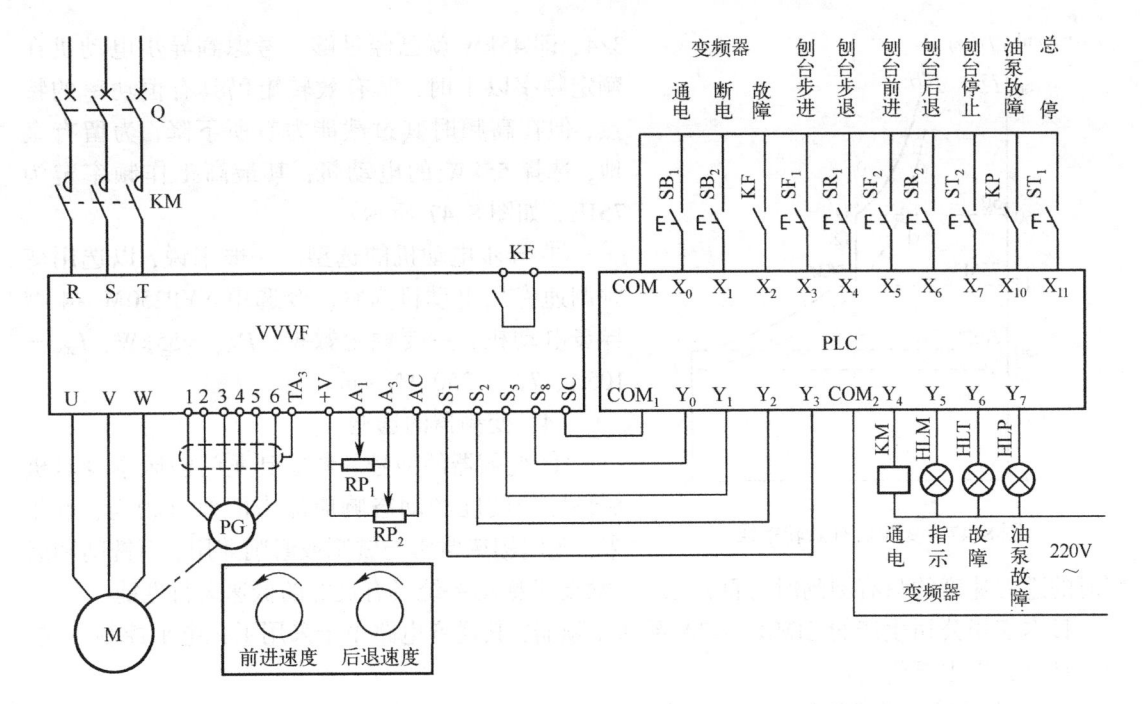

图 8.46　刨台的变频调速系统

① 变频器的通电。当空气断路器合闸后，由按钮 SB$_1$ 和 SB$_2$ 控制接触器 KM，进而控制变频器的通电与断电，并由指示灯 HLM 进行指示。

② 速度调节。

a. 刨台的刨削速度和返回速度分别通过电位器 RP$_1$ 和 RP$_2$ 来调节。

b. 刨台步进和步退的转速由变频器预置的点动频率决定。

③ 往复运动的启动。通过按钮 SF$_2$ 和 SR$_2$ 来控制，具体按哪个按钮，须根据刨台的初始位置来决定。

④ 故障处理。一旦变频器发生故障，触点 KF 闭合，一方面切断变频器的电源，同时指示灯 HLT 亮，进行报警。

⑤ 油泵故障处理。一旦变频器发生故障，继电器 KP 闭合，PLC 将使刨台在往复周期结束之后，停止刨台的继续运行。同时指示灯 HLP 亮，进行报警。

⑥ 停机处理。正常情况下按 ST$_2$，刨台应在一个往复周期结束之后才切断变频器的电源。如遇紧急情况，则按 ST$_1$，使整台刨床停止运行。

（3）电动机的选择。

① 原刨台电动机的数据为：

$$P_{MN} = 60 \text{kW}$$
$$n_{MN} = 1800 \text{r/min}$$

② 异步电动机容量的确定。由于负载的高速段具有恒功率特性，而电动机在额定频率以上也具有恒功率特性，因此，为了充分发挥电动机的潜力，电动机的工作频率应适当提高至额定频率以上，使其有效转矩线如图 8.47 中的曲线②所示。图中，曲线①是负载的机械特性。由图可以看出，所需电动机的容量与面积 $OLKK'$ 成正比，和负载实际所需功率十分接近。上述 A 系列龙门刨床的主运动在采用变频调速后，电动机的容量可减小为原用直流电动机的

3/4，即 45kW 就已经足够。考虑到异步电动机在额定频率以上时，其有效转矩仍具有恒功率的特点，但在高频时其过载能力有所下降，为留有余地，选择 55kW 的电动机，其最高工作频率定为 75Hz，如图 8.47 所示。

③ 异步电动机的选型。一般来说，以选用变频调速专用电动机为宜。今选用 YVP250M-4 型异步电动机，主要额定数据：$P_{MN}=55$kW，$I_{MN}=105$A，$T_{MN}=350.1$N·m。

(4) 变频器的选型。

① 变频器的型号。考虑到龙门刨床本身对机械特性的硬度和动态响应能力的要求较高，近年来，龙门刨床常常与铣削或磨削兼用，而铣削和磨削时的进刀速度约只有刨削时的百分之一，故要求拖动系统具有良好的低速运行性能。

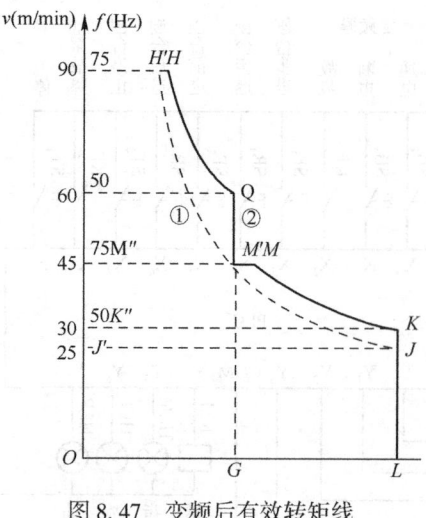

图 8.47　变频后有效转矩线

日本安川公司生产的 CIMR-G7A 系列变频器，其逆变电路由于采用了三电平控制方式，因而具有如下主要优点：

a. 减小了对电动机绝缘材料的冲击。

b. 减小了由载波频率引起的干扰。

c. 减小了漏电流。

除此以外，即使在无反馈矢量控制的情况下，也能在 0.3Hz 时，输出转矩达到额定转矩的 150%。所以选用"无反馈矢量控制"的控制方式也已经足够。当然，如选择"有反馈矢量控制"的控制方式，将更加完美。

② 变频器的容量。变频器的容量只需和配用电动机容量相符即可。如电动机为 55kW，则变频器选 88kVA，额定电流为 128A。

(5) 变频器的功能预置。变频器的功能预置方法可参照 CIMR-G7A 系列变频器的使用手册，具体说明如下。

① 频率给定功能。

b1-01=1——控制输入端 A_1 和 A_3 均输入电压给定信号。

H3-05=2——当 S_5 断开时，由输入端 A_1 的给定信号决定变频器的输出频率；当 S_5 闭合时，由输入端 A_3 的给定信号决定变频器的输出频率。

H1-03=3——使 S_5 成为多挡速 1 的输入端，并实现上述功能。

H1-06=6——使 S_8 成为点动信号输入端。

d1-17=10Hz——点动频率预置为 10Hz。

② 运行指令。

b1-02=1——由控制端子输入运行指令。

b1-03=0——按预置的降速时间减速并停止。

b2-1=0.5Hz——电动机转速降至 0.5Hz 起开始"零速控制"(无速度反馈时，则开始直流制动)。

b2-2=100%——直流制动电流等于电动机的额定电流(无速度反馈时)。

E2-03=30A——直流励磁电流(有速度反馈时)。

b2-04=0.5s——直流制动时间为0.5s。

L3-05=1——运行中的自处理功能有效。

L3-06=160%——运行中自处理的电流限值为电动机额定电流的160%。

③ 升降速特性。

a. 升降速时间。

C1-01=0.5s——升速时间预置为5s。

C1-02=0.5s——降速时间预置为5s。

b. 升降速方式。

C2-01=0.5s——升速开始时的时间。

C2-02=0.5s——升速结束时的时间。

C2-03=0.5s——降速开始时的时间。

C2-04=0.5s——降速结束时的时间。

c. 升降速自处理。

L3-01=1——升速中的自处理功能有效。

L3-04=1——降速中的自处理功能有效。

④ 转矩限制功能。

L7-01=200%——正转时转矩限制为电动机额定转矩的200%。

L7-02=200%——反转时转矩限制为电动机额定转矩的200%。

L7-03=200%——正转再生状态时的转矩限制为电动机额定转矩的200%。

L7-04=200%——反转再生状态时的转矩限制为电动机额定转矩的200%。

⑤ 过载保护功能。

E2-01=105A——电动机的额定电流为105A。

L1-01=2——适用于变频专用电动机。

(6) 主电路其他电器的选择。

① 由变频器的额定电流 I_N 为128A,可得空气开关的额定电流 I_{QN}。

$$I_{QN} \geqslant (1.3 \sim 1.4) \times 128 = 166.4 \sim 179.2(\text{A})$$

选 $I_{QN}=170\text{A}$。

② 接触器的额定电流 I_{KN}。

$$I_{KN} \geqslant 128\text{A}$$

选 $I_{KN}=160\text{A}$。

③ 制动电阻与制动单元。如前述,刨台在工作过程中,处于频繁地往复运行的状态。为了提高工作效率、缩短辅助时间,刨台的升、降速时间应尽量短。因此,直流回路中的制动电阻与制动单元是必不可少的。

a. 制动电阻的值应根据说明书选取: $R_B=10\Omega$。

b. 制动电阻的容量。说明书提供的参考容量是12kW,但考虑到刨台的往复运动十分频繁,故制动电阻的容量应比一般情况下的容量加大1~2挡。选 $P_B=30\text{kW}$。

8.6.3 数控机床的变频调速

数控机床是由数字控制技术操纵的一切工作母机的总称,是集现代机械制造技术、微电子技术、功率电子技术、通信技术、控制技术、传感技术、光电技术、液压气动技术等为一体的机电一体化产品,是兼有高精度、高效率、高柔性的高度自动化生产制造设备。

数控机床一般由机、电两大部分构成。其中电气电子部分主要是由数控系统(CNC)、进给伺服驱动系统组成的。根据数控系统发出的命令要求伺服系统准确快速地完成各坐标轴的进给运动,且与主轴驱动相配合,实现对工件快速的高精度加工。因此,伺服驱动和主轴驱动是数控机床的一个重要组成部分,它的性能好坏对零件的加工精度、加工效率与成本都有重要的影响。而且在整个数控机床成本的构成中也是不可忽视的。由于机床的加工特点,运动系统经常处于四象限运行状态。因此,如何将机械能及时回馈到电网,提高运行效率也是一个极其重要的问题。伺服驱动功率一般在10kW以下,主轴驱动功率在60kW以下。

1. 数控机床的电力驱动

这里从节电的角度考虑数控机床的电气拖动问题。数控机床的电力驱动主要分为3种类型。

(1)进给伺服驱动系统。以数控车床为例,伺服系统驱动滚珠丝杠带动刀架运动,实现刀具对工件的加工。当前交流伺服系统已基本上取代了直流伺服装置,这主要是考虑其维护简单和使用性能优良,而很少考虑到效率问题。因为进给伺服系统的功率一般不大,大都采用能耗制动,实现交流化之后,节电效果并不明显。对于高速大功率的进给伺服系统,采用交流变频矢量控制技术,并能实现再生制动,对于经常处于起制动工况的伺服系统来说,采用再生制动方案对节电是有价值的。这对同步型和异步型交流伺服系统来说都是可行的,因为功率电子器件的价格在总成本中的比例不断下降。

(2)主轴驱动系统。高速度高精度主轴驱动技术是数控机床的关键技术之一,主轴驱动的功率一般在5~7kW之间,速度高达(15000~20000)r/min。采用感应电动机变频矢量控制或直接力矩自调技术和再生方案,可节约大量的电能。现在基本上采用IGBT功率器件,组成双边对等的整流逆变桥,在任何工况下,都可实现四象限运动,这是保证性能和节电的最好方案。

(3)电动机内装式高速交流主轴驱动系统。此系统是主轴驱动的发展方向,应用较广泛。其特点是将机床主轴与交流电动机的转子合二为一,中间没有其他传动部件,从而降低了噪声,减小了体积,简化了结构,节省了材料,降低了成本,消除了传动链的连接误差和磨损,提高了主轴的转速和精度。但对交流电动机及其驱动装置的设计要求很高,既要有很宽的恒功率范围(1:16以上),还要保持足够的输出转矩,并要求有多条转矩——速度曲线,以适应不同的加工要求。

总而言之,数控机床的主轴驱动已实现了交流变频调速矢量控制。在保证工艺要求的前提下,从节材、节能的观点看,数控机床主轴交流电动机要实现内装式(即电主轴),电动机的基本转速尽量降低,恒转矩调速范围下移,尽量扩大恒功率范围,提高最高速度,使调速策略尽可能与负载特性相一致,减小电动机驱动系统的体积与成本,提高效率,改善散热条件。

2. 主轴变频交流调速

以前齿轮变速式的主轴速度最多只有30段可供选择,无法进行精细的恒线速度控制,而且还必须定期维修离合器;另一方面,直流型主轴虽然可以无级调速,但存在必须维护电刷和最高转速受限制等问题。而主轴采用变频器驱动就可以消除这些缺点。另外,使用通用型变频器可以对标准电动机直接变速传动,所以除去离合器很容易实现主轴的无级调速。

图8.48所示为通用型变频器应用于数控车床主轴的设备组成。以往的数控车床一般是

用时间控制器确认电动机达到指令速度后才进刀,而变频器由于备有速度一致信号(SU),所以可以按指令信号进刀,从而提高效率。

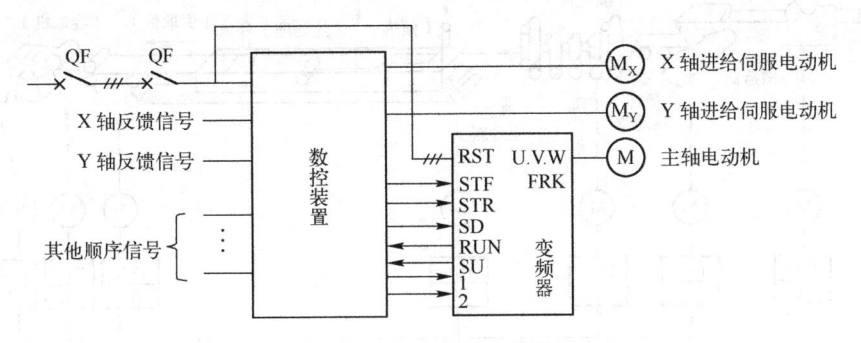

图8.48 变频器应用于数控机床

图8.49所示为运行模式的一个例子。当工件的直径按锥形变化时(图中②的部分),主轴速度也要连续平滑地变化,从而实现线速度恒定的高效率、高精度切削。

对于通常采用主轴直流调速的高级机种,引入主轴专用变频器进行交流调速后,可以得到以下的效果:

(1) 由于有更高的主轴速度,可以实现对铝等软工件的高效率切削以及更高精度的最终切削。

(2) 由于不需要维护电刷,主轴电动机的安装位置可更自由地选择。

(3) 由于采用全封闭式电动机,适应环境性更好。

(4) 由于不需要励磁线圈,更节省电能。

另外,对于通常采用离合器变速的车床,引入通用变频器后,可取得如下的效果:

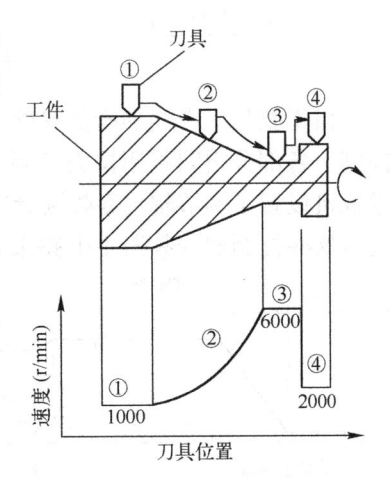

图8.49 工件形状与运行模式

(1) 简化了动力传递机构。

(2) 能实现精细的恒线速控制。

(3) 不用对离合器进行维护。

(4) 容易实现高速恒功率运转。

8.7 生产线的变频调速

8.7.1 胶片生产线

胶片生产线要对被加工物进行连续处理,所以要联合控制多台电动机,而且由于环境恶劣需要性能良好、维护简单的传动装置。目前,笼型电动机配上变频器能获得与直流电动机同等以上的控制性能,而且维护性能也大大改善。

胶片生产线传动系统的组成如图8.50所示。挤出机挤出的原料由铸造筒制成板状,再由纵向延伸部分沿传送方向延展,由横向延伸部分一边加热以便横向延展。这样沿两个方向延展后的胶片由引取机牵引出来,最后用卷取机收卷。

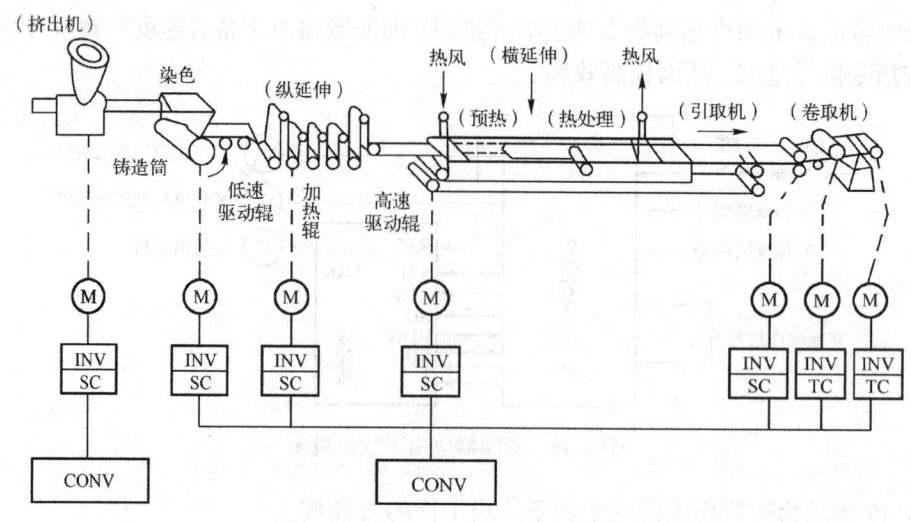

图 8.50 胶片生产线调速系统图

由于胶片生产线的产品又薄又弱，为防止破断，应有高精度的延展，进行高精度的速度控制。各部分之间采用拉力控制，使胶片生产线分别按纵横方向所定的伸展率进行延展。对卷取机设置了调节辊、负载测量装置等位置或张力传感器，实行张力控制以提高张力精度。进行这些控制的变频器主电路采用直流配电方式的晶体管变频器。

胶片生产线变频调速运行方式如图 8.51 所示。它要求高精度的同步性和很小的加减速度。胶片生产线在达到加料速度前只是工作辊单独启动，加料并且稳定后再同步加速，达到运行速度后需要长时间稳定运行。

由于采用笼型电动机，使传动系统的维护性大幅度改善。除此之外，采用直流配电方式晶体管变频器还带来以下效果：

（1）由于各传动电动机都分别配置了变频器，使同步性及负载分配的控制高性能化。

（2）变频器部分采用了 PWM 控制，变频器部分只要电压一定就可以了，从而能不依靠电动机速度而保持电源高功率因数。

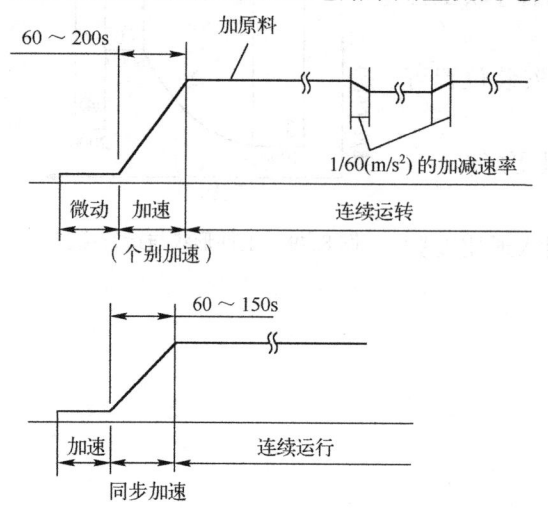

图 8.51 胶片生产线变频调速运行方式

（3）使用交流电动机不需要维护电动机及电刷，使维护工作简化。

（4）可以采用共用整流器直流配电方式，整流器容量减小 30%~40%，变频器部分用多段累积方式以节省空间。

8.7.2 喷涂生产线的吸排气装置

为了提高喷涂质量，对喷涂室的空气流动应当加以控制。以往是利用吸排气扇的入口风门来加以控制的，现在采用变频器对转速加以控制，这样可以降低喷涂表面粗糙度，也可以大幅度削减电能的损耗，达到节能的目的。

如图 8.52 所示为小汽车车体喷涂生产线吸排气装置用变频器控制的运行系统示意图，

由内压传感器检测出喷涂室内压力,达到合适内压后利用变频器程序控制的输出信号(4~20mA)进行排气和吸气的运转。调速范围 20~60Hz,负载特性为恒转矩。

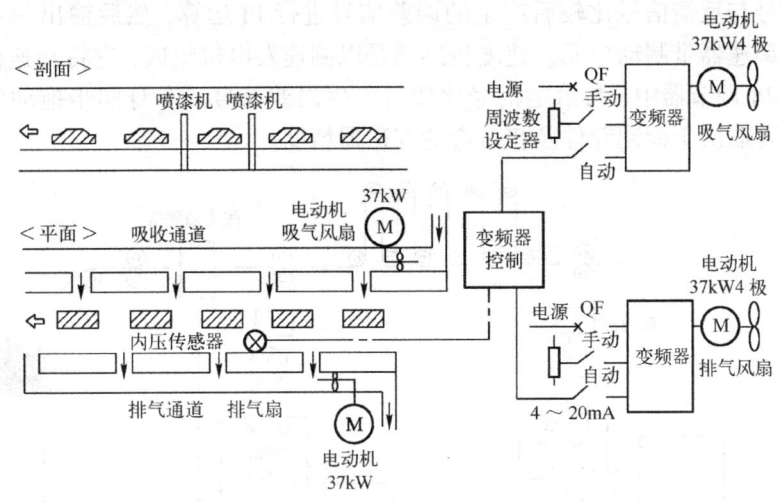

图 8.52 汽车喷涂生产线吸排气变频器控制系统图

使用时应注意:排气风扇单独工作时,吸气风扇受环境影响也会旋转,对于这种情况,设置气流挡板,采用关闭气流挡板的方法来使得吸气风扇停止工作,再利用变频器加以启动。另外,吸气风扇转动后,排气风扇受到排气风的影响也会旋转,因此同样需要按上述方法进行启动。

8.8 通用变频器在浆染联合机上的应用

1. 系统概述

浆染联合机是牛仔布生产中的关键设备之一,其机身长 80 多米,主要分车身和车头两大部分。车身由上浆、染色、水洗和烘干 4 个部分组成,在给定的工艺条件下,要求同步拖动电动机的转速恒定在 $(2000±20)$r/min 范围内,才能达到稳定经线生产的产品质量。在进行正常经线操作处理时,电动机的转速要求在 $(50±4)$r/min 左右,因此对电动机有较宽的调速范围要求。在原系统中,与该同步拖动配套的电机是滑差电动机,滑差电动机在结构上存在机械特性软、控制精度低、传动效率低和电能损耗大等致命弱点。因此,用结构简单、体积小、成本低、可靠性高的交流鼠笼异步电机取代滑差电动机,用交流变频调速技术控制异步电机转速,以保持浆染联合机车身同步拖动电动机的转速恒定,是设计浆染联合机自动控制系统的关键之一。由于收卷卷径的不断变化,或车身低速运行处理跳线、车头仍在高速工作时,被控对象的动、静态参数或控制系统结构参数发生了较大范围的变化,这一被控对象的特点增加了控制的难度,用普通的线性控制技术和非线性控制技术已不能满足生产工艺的要求。为此我们采用单片机系统,配以特定的数学模型解决这一难题。而特定的数学模型如何选择,是设计浆染联合机控制系统的又一个关键。

2. 控制系统组成

浆染联合机自动控制原理框图如图 8.53 所示。本系统主要由经线导辊群、鼠笼型异步电机、变频器、PI调节器、速度传感器5部分组成。采用转速闭环的目的是保证经线速度基本上不随负载变化或受外界的干扰而变化。PI调节器由集成电路组成，它将可编程序控制器送来的给定信号与反馈信号比较后产生的误差信号进行PI运算，然后输出一个控制变频器的信号。变频调速器带制动单元。速度传感器是以测速发电机组成，它将转速信号转变成电压信号输入到PI调节器中，与给定信号比较后产生误差信号。车身同步拖动变频调速系统的控制精度主要取决于检测元件及相对应的变送器精度。

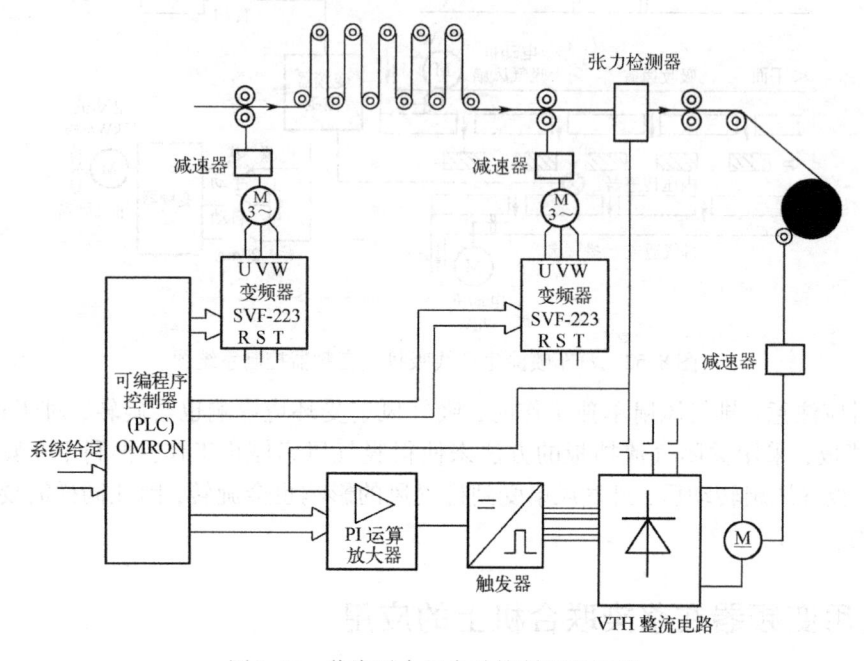

图8.53 浆染联合机自动控制原理框图

为了协调车身与车头集中又分散的情况，控制系统引入可编程序控制器，使车身与车头之间实现了协调控制。工作原理如下：

可编程序控制器将来自车身和车头操作台的信号进行协调处理后，分别给出车身恒转矩变频调速系统和车头自适应恒张力控制系统的给定信号。当车头换轴时，可编程序控制器将发出命令，停止车头自适应恒张力控制系统的工作，降低车身恒转矩变频调速系统的转速。如果在规定的时间内车头换轴不能结束，就发出命令停止车身恒转矩变频调速系统工作。当车身需要低速运行处理跳线时，可编程序控制器又将发出命令降低车身恒转矩变频调速系统的转速，同时降低车头自适应控制系统的经线轴卷绕速度。根据闭环抑制定理，经线轴卷绕速度变化不会影响经线轴卷绕张力。

在车身恒转矩变频调速系统内，PI调节器将来自速度传感器的信号与可编程序控制器给定值进行比较后，输入到变频器，控制变频器的输出频率，调节电机转速，改变经线的线速度，使经线速度稳定在期望值内。改变给定信号即可调节经线的线速度。

在车头微机恒张力控制系统内，微机将来自张力传感器、速度传感器的信号和可编程序控制器给定值，按照保持张力恒定的特定数学模型计算出一个双闭环控制系统的给定信号，再用双闭环控制系统控制调节电机。

3. 可编程序控制器部分

当车头或车身进行经线处理时，车头和车身同时处于低速运行状态。在车头换轴时，车头停止工作，车身处于低速运行状态。如果换轴在规定的时间内没有结束或者储纱箱浮棍到达下限位时，车身自动停止工作。在车头和车身同时处于正常工作状态时，如果储纱箱浮棍到达上限位，车身处于正常运行状态，车头处于低速运行状态；如果储纱箱浮棍到达下限位，车身处于低速运行状态，车头处于正常运行状态。完成上述工作原理的程序梯形图如图8.54所示。

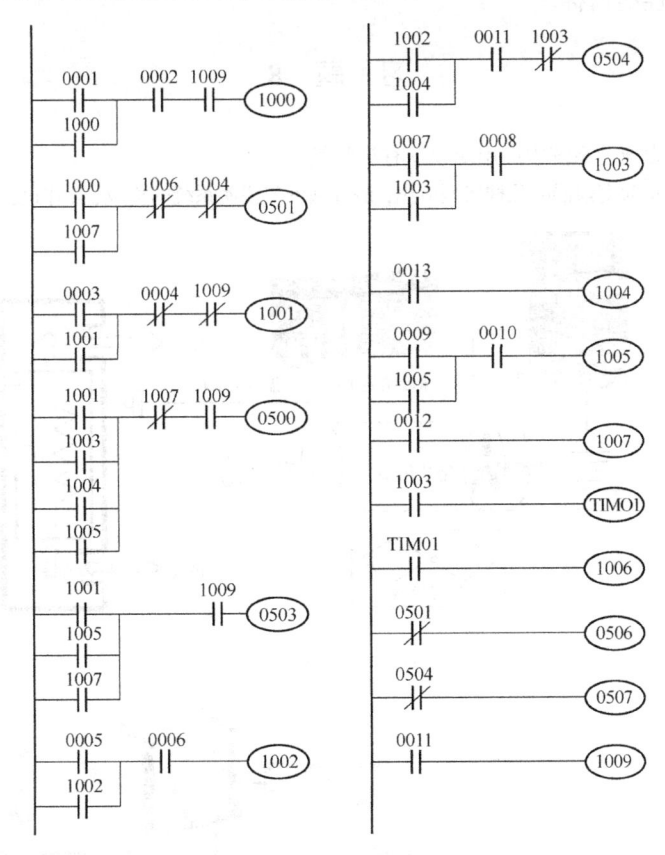

图8.54 程序梯形图

4. 该控制系统设计的缺陷及注意事项

（1）车头直流调速系统没有更换。由于当时的情况不允许更换车头直流调速系统，造成系统工作几年之后经常出现车头控制不稳定的现象。

（2）车身变频器的启动转矩余量太小，使经线轴卷绕的张力稳定在期望值。系统设计之初对于启动转矩的大小经过反复计算和实验，选择了一种当时启动转矩比较合适的变频器，但是经过数年的运行之后，由于机械磨损等原因，启动转矩的余量已经没有了，导致有时开车困难。

（3）生产工艺没有反转要求也要使用四象限运行变频器。对于动态指标要求高的生产工艺系统，没有反转要求也要使用四象限运行的变频器，是因为所有的非四象限运行变频器通过合理地选择调节器都可以实现转速由低变高时的最优控制，而当变频器由高变低时却无法实现制动时的最优控制,只有使用四象限运行变频器再通过合理地选择调节器才能实现。故使用四象限运行变频器是满足高动态指标要求的必要条件,只要动态指标要求高,即使生产工艺系统没有反转要求,也要使用四象限运行变频器。

总之,要设计满足工艺要求比较高的电力拖动控制系统,就需要有一个高品质的变频调速系统。对设计者来说,应考虑的关键问题不完全在于如何选择适当的变频调速装置,而在于从调速控制系统结构上充分考虑和利用闭环调节规律,合理地计算和调整各环节的参数,才能实现高品质的性能指标。

习 题 8

8.1 举例说明电力拖动系统中应用变频器有哪些优点。

8.2 如图 8.55 所示为变频器的几种典型应用,请查阅资料说明系统的构成、工作过程及变频调速原理。

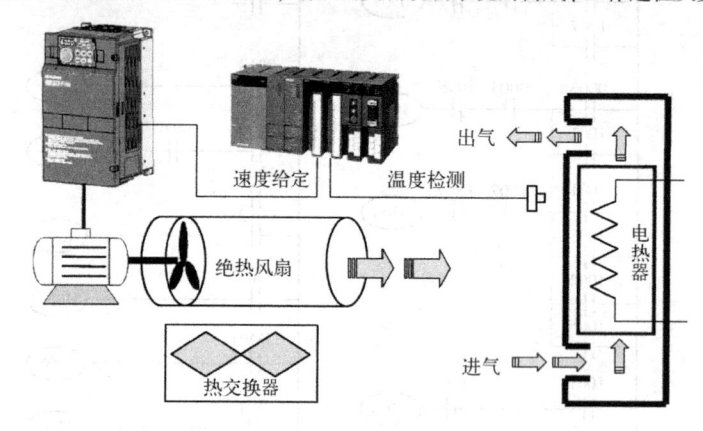

(a) 小型空调装置

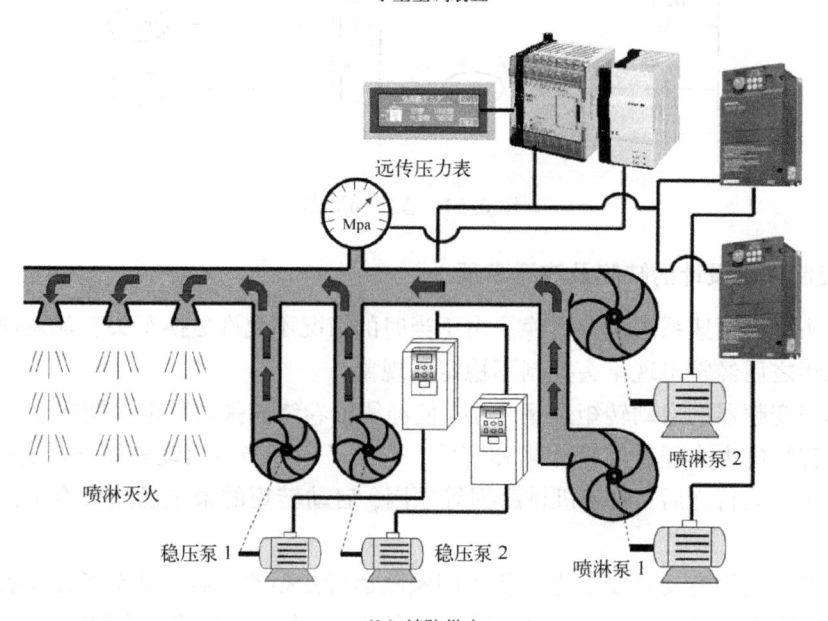

(b) 消防供水

图 8.55

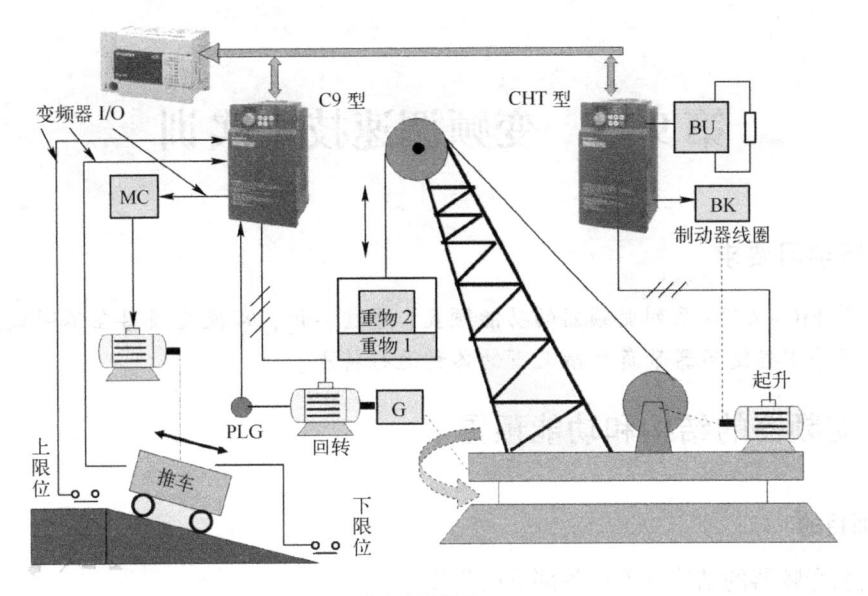

(c）起重设备

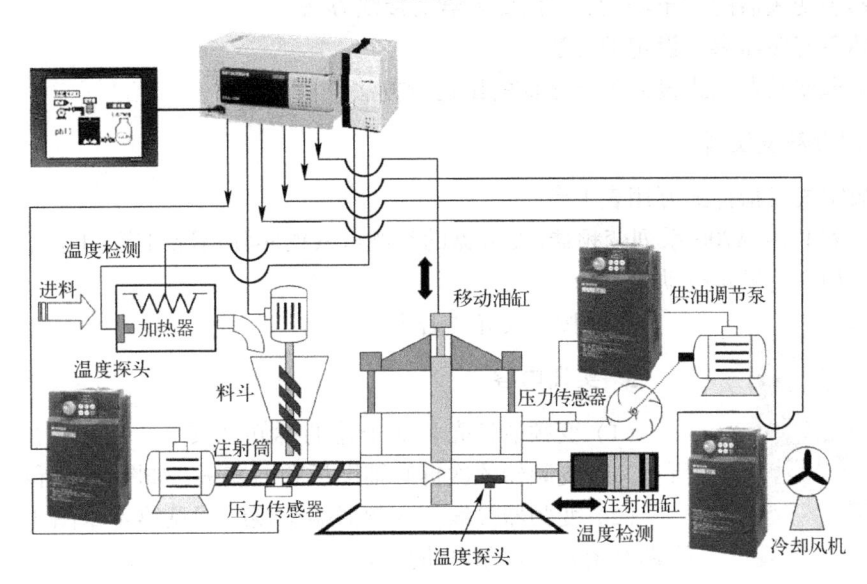

(d）注塑成型硫化机

图 8.55(续)

8.3 参照本章图 8.7 的控制电路,编写该调速系统的 PLC 控制程序,并用 PLC 实现 PID 调节,如果没有 PID 调节,会对该系统产生哪些影响? 并设置变频器的相关参数。

· 225 ·

第9章 变频调速技术实训

内容提要与学习要求

掌握三菱 FR – A700 系列变频器的功能预置;通过实训,掌握变频器在不同模式下的运行特点;了解并掌握变频器带负载情况下的各种运行特点。

实训1 变频器的结构和功能预置

1. 实训目的

(1) 熟悉变频器的结构,了解各部分的作用。
(2) 熟悉变频器的端子功能,掌握变频器的接线方法。
(3) 熟悉变频器参数设定的方法。
(4) 掌握变频器正式投入生产之前的试运行方法。

2. 实训设备及仪器

(1) 数字式或指针式万用表1台。
(2) 三菱 FR – A700 系列变频器(变频器的类型可根据实际情况自定) 1台。
(3) 三相交流异步电动机1台。
(4) 按钮及导线若干。

3. 实训内容

(1) 变频器外壳和端子盖的拆卸和安装。变频器外观如图9.1所示。将变频器依次拆卸辅助板和前盖板,如图9.2所示。
(2) 变频器接线。变频器端子接线图见第4章图4.2主电路接线端及图4.3控制电路接线端。
(3) 变频器的运行频率设置。
① 面板设置:见第4章图4.23基本操作。
② 外接设置:把2、5端子间接频率设定器,见第4章图4.5电位器给定。
(4) 功能预置流程。见第4章4.1.3节的2. 小节。

图9.1 变频器外观图

4. 实训步骤

(1) 熟悉变频器的面板操作。
① 熟悉面板。仔细阅读变频器的面板介绍。掌握在监视模式下(MON 灯亮)显示 Hz、A、V 的方法;变频器的运行方式、PU 运行(PU 灯亮)、外部运行(EXT 灯亮)、组合运行(PU、EXT 灯同时亮)之间的切换方法;FWD 电机正转状态(FWD 灯亮)及 REV 电机反转状

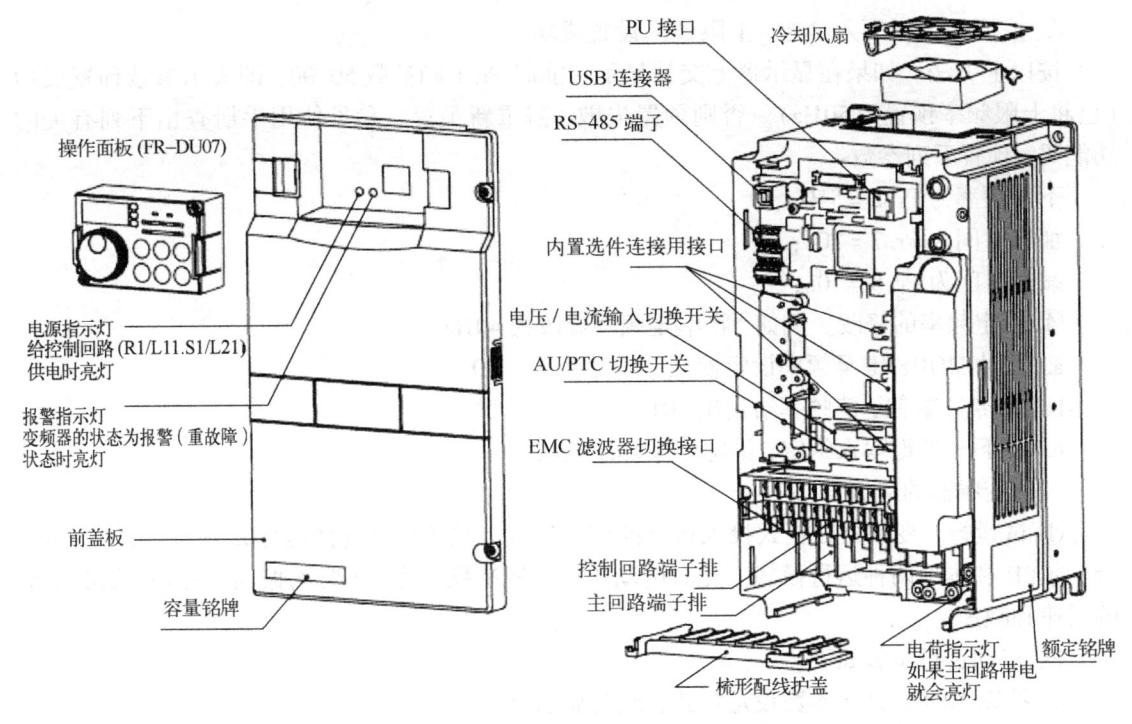

图 9.2 变频器拆卸辅助板和前盖板后外观图

态(REV 灯亮)。

② 全部清除操作。为了实训能顺利进行,在每次实训前要进行一次"全部清除"的操作,设置步骤如下:

a. 按动 MODE 键至参数给定模式,此时显示 P.. 。

b. 旋转 M 旋钮,使功能码为 ALLC。

c. 按下 SET 键,读出原数据。

d. 按动旋转 M 旋钮更改,使数据改为 1。

e. 按下 SET 键写入给定。

此时 ALLC 和 1 之间交替闪烁,说明参数清除成功。

按 SET 键再次显示设定值。

按 2 次 SET 显示下一个参数。

f. 参数清除成功,即恢复出厂设置。

③ 参数预置。变频器在运行前,通常要根据负载和用户的要求,给变频器预置一些参数,如:上、下限频率及加、减速时间等。

例如,将频率指令上限预置为 50Hz。

查使用手册得:上限频率的功能码为 Pr.1 设置步骤如下:

a. 按动 MODE 键至参数给定模式,此时显示 P.. 。

b. 旋转 M 旋钮,使功能码为 Pr.1。

c. 按下 SET 键,读出原数据。

d. 旋转 M 旋钮,使数据改为 50.00。

e. 按下 SET 键写入给定，上限频率设置成功。

按以上方法。如果在显示器上交替显示功能码 Pr.1 和参数 50.00，即表示参数预置成功（已将上限频率预置为 50Hz）。否则预置失败，需重新预置。参见使用手册查出下列有关的功能码，预置下列参数：

下限频率为 Pr.2 = 5Hz；

加速时间为 Pr.7 = 10s；

减速时间为 Pr.8 = 10s；

④ 给定频率的修改。例如，将给定频率修改为 40Hz。

a. 按动 MODE 键至频率设定模式，此时显示 0.00。

b. 旋转 M 旋钮，使频率给定出 40Hz。

c. 按下 SET 键写入给定，给定频率修改成功。

（2）变频器的运行。

① 试运行。变频器在正式投入运行前应试运行。试运行可选择运行频率为 25Hz 点动运行，有 PU 和本地两种运行模式。此时电动机应旋转平稳，无不正常的振动和噪声，能够平滑的增速和减速。

PU 点动运行步骤如下：

a. 按动 MODE 键至参数设定模式，此时显示 P..。

b. 旋转 M 旋钮，使功能码为 Pr.15（点动频率的设置）。

c. 按 SET 键读出原数据，旋转 M 旋钮至 25.00。注意：Pr.15（点动频率）的设定值一定要在 Pr.13（启动频率）的设定值之上。

d. 按 SET 键写入给定。

e. 按动两次 SET 键显示下一个参数 Pr.16（点动运动时的加减速时间设定），也可以按动 MODE 键至参数设定模式，然后旋转 M 旋钮至功能码 Pr.16。

f. 按动 SET 键读出原数据。

g. 旋转 M 旋钮，设定点动运动时的加减时间（时间设定值根据工业控制中实际需要设定；设定值偏大有利于电机的平稳启动和停止，便于观察、及时发现存在的问题和不足）。

h. 按 SET 键写入给定。

i. 按动 PU/EXT 键至 PU 点动运行模式，此时 PU 灯亮，显示 JOG。

j. 按住 REV 或 FWD 键电动机旋转，松开则电机停转。PU 点动试运行成功。

② 外部点动运行。外部点动接线图如图 9.3 所示。

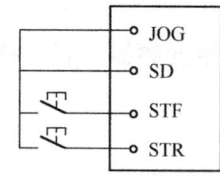

图 9.3 外部点动接线图

a. 按 MODE 键设置为参数的设定模式 P..。

b. 预置点动频率 Pr.15 为 10.00。

c. 预置点动加减时间 Pr.16 为 6s（注意：点动运行的加速时间和减速时间不能分别设定）。

d. 旋转 M 旋钮至 Pr.79 设定值为 2，选择外部运行模式。

e. 保持启动信号（变频器正、反转的控制端子 STF 或 STR）为 ON，即：STF 或 STR 与公共点 SD 接通，点动运行。

③ 变频器的 PU 运行。PU 运行就是利用变频器的面板直接输入给定频率和启动信号。

a. 按 MODE 键设置为参数设定模式 P..。

b. 旋转 M 旋钮预置基准频率 Pr.3 为 50Hz,按 SET 键确定。

c. 旋转 M 旋钮至 Pr.79 设定值为 0,选择 PU 或 PU/外部切换模式。

d. 按 MODE 键返回频率设定或监控界面 0.00,在 PU 模式下旋转 M 旋钮调节需要设定的频率,如:30Hz,按下 SET 键写入给定。

e. 按下 FWD(或 REV)键,电动机启动。用测速器测出相关数值,并将数值填入表 9-1 中。

f. 调节 M 旋钮按表中的值改变频率。测出各相应转速及电压值并将结果填入表 9-1 中。

g. 作出 V/f 曲线。

表 9-1 各相应转速及电压值

频率(Hz)	50	40	30	20	10	5
转速(r/min)						
输出电压(V)						

5. 注意事项

(1) 观察变频器的结构时,切勿用手触摸线路板,以防高压静电损坏线路中的 CMOS 芯片。

(2) 变频器接线时,要严格按端子功能说明或相关资料进行,以防接错线而烧坏变频器。

(3) 预置完成后,必须在老师的监护下通电进行实训,以确保人身和设备的安全。

6. 实训报告

(1) 记录变频器的端子功能和变频器的正确接线方法。

(2) 记录变频器运行频率的预置过程和方法。

(3) 完成表 9-1 各相应转速及电压值。

7. 思考题

(1) 在什么运行模式下进行点动频率 Pr.15 的参数设置?在外部运行模式下(EXT 灯亮时)能输入参数值吗?

(2) 输出频率小于变频器预置的基准频率时,输出电压变化和 f 有何关系?若输出频率大于变频器预置的基准频率呢?为什么?

实训 2 变频器外部控制模式

1. 实训目的

(1) 掌握外部运行的方法,会通过外部控制端子来控制电机的运转、调速。

(2) 了解外部运行与 PU 运行的区别。

2. 实训设备及仪器

(1) 数字式或指针式万用表 1 台。

(2) 三菱 FR-A700 系列变频器(变频器的类型可根据实际情况自定) 1 台。

(3) 三相交流异步电动机 1 台。

(4) 电位器 1 个。

(5) 按钮及导线若干。

3. 实训内容

实现变频器的外部运行。

4. 实训步骤

电位器接线图如图 9.4 所示。

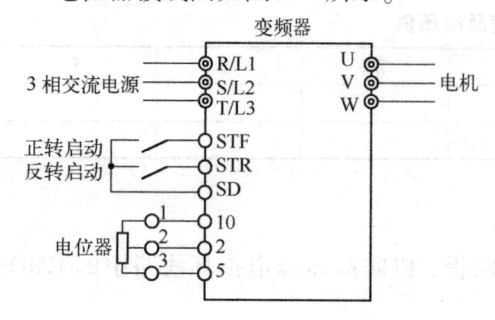

图 9.4 电位器外部接线图

(1) 按动 MODE 键至参数设定模式,旋转 M 旋钮至 Pr.79。

(2) 按动 SET 键使参数设为 2,选择外部运行固定模式,EXT 灯亮。

(3) 将启动开关 STF(或 STR)处于 ON,电机运转(如果 STF 和 STR 同时都处于 ON,电动机将停止运转)。

(4) 加速→恒速。将频率给定电位器慢慢旋大,显示频率数值从 0 慢慢增加至 50Hz。

(5) 减速。将频率给定电位器慢慢旋小,显示频率数值回至 0Hz,电动机停止运行。

(6) 反复重复(4)、(5)步。观察调节电位器的速度与加、减速时间有无关系。

(7) 使变频器停止输出,只需将启动开关 STF(或 STR)置于 OFF。

5. 实训报告

(1) 记录变频器外部运行时的外部器件连接端口及连接方式。

(2) 记录变频器外部运行时的参数设置、起、停方式及加减速方式。

6. 思考题

(1) 如果 5V 时的电位器最大频率为 50Hz,如何修改电位器的最大值或最小值?

(2) 如果 20mA 时电位器最大频率为 50Hz,如何修改电位器的最大值或最小值?

实训 3 变频器的组合控制模式

1. 实训目的

(1) 掌握由控制端子和操作面板分别给出频率和启动信号,来控制电机的运转和调速。

(2) 通过组合运行模式的学习,举一反三掌握其他控制端子的作用。

2. 实训设备及仪器

(1) 数字式或指针式万用表 1 台。

(2) 三菱 FR - A700 系列变频器(变频器的类型可根据实际情况自定) 1 台。

(3) 三相交流异步电动机 1 台。

(4) 电位器 1 个。

(5) 按钮及导线若干。

3. 实训内容

(1) 实现变频器组合运行模式 1 运行。

(2) 实现变频器组合运行模式 2 运行。

(3) 实现变频器各种运行模式运行的混合使用。

4. 实训步骤

预置 Pr.79 = 3 选择组合运行模式 1

　　Pr.79 = 4 选择组合运行模式 2

(1) 组合运行模式 1。当预置参数 Pr.79 = 3 时，选择组合运行模式 1，其含义为：启动信号由外部接线给定，给定频率由操作面板给出。

① 按动 MODE 键至参数设定模式，预置 Pr.79 = 3，PU、EXT 同时灯亮。

② 将启动开关 STF(或 STR)处于 ON，电机运转。

③ 给定频率由 M 旋钮来预置，预置值为 50Hz。

④ 按表 9-2 给定的频率值来改变给定频率，并且记录 V 的值填入表 9-2 中。

⑤ 作出 V/f 曲线。

⑥ 比较此次的 V/f 与实训 1 中的 V/f 曲线的差别。

⑦ 拨动启动开关 STF(或 STR)处于 OFF，电机停止运转。

表 9-2　各相应频率及电压值

频率(Hz)	50	40	30	20	10	5
输出电压 V(V)						

(2) 组合运行模式 2。当 Pr.79 = 4 时，选择组合运行模式 2，其含义为：启动信号由操作面板的 FWD(或 REV)给出，而给定频率由外接电位器给出(电位器接线如图 9.4 所示)。

① 预置 Pr.79 = 4，选择组合运行模式 2。

② 预置 Pr.125 = 50(电位器旋至最大时，对应的给定频率为 50Hz)。

③ 按动面板上的 FWD(或 REV)，电机运转。

④ 加、减速：将电位器旋动从小→大，观察变频器的变化。

⑤ 将频率顺序调至 45Hz、35Hz、25Hz、15Hz、5Hz，记录相对应的电压值。

⑥ 做出 V/f 曲线。

⑦ 按下 STOP/RESET 键，电机停止运转。

(3) 各种运行模式的混合使用。

① 预置上限频率为 Pr.1 = 30Hz。

② 预置加、减速时间 Pr.7 = 10s、Pr.8 = 10s。

③ 分别用 PU、外部、组合等三种运行模式，使变频器运行在 30Hz 的频率下。

④ 记录使用以上三种运行模式的操作步骤。

5. 实训报告

(1) 记录变频器组合运行模式 1 的外部器件连接端口及连接方式。

(2) 记录变频器组合运行模式 2 的外部器件连接端口及连接方式。

(3) 完成表 9-2 中各相应频率及电压值。

6. 思考题

(1) 为什么本次测得的 V/f 曲线和实训 1 测得的 V/f 曲线不同。

(2) 试总结 PU、外部、组合运行的共同点与不同点。

实训 4　变频器常用参数的功能验证

1. 实训目的

(1) 验证变频器各种常用的功能。掌握各种参数之间的配合和使用技巧。

(2) 了解多功能端子的含义和使用。

(3) 了解多挡转速的操作步骤，掌握多档转速的控制方法。

2. 实训设备及仪器

(1) 数字式或指针式万用表 1 台。

(2) 三菱 FR - A700 系列变频器(变频器的类型可根据实际情况自定) 1 台。

(3) 三相交流异步电动机 1 台。

(4) 按钮及导线若干。

3. 实训内容

(1) 验证常用频率参数的功能。

(2) 多挡转速运行

4. 实训步骤

(1) 常用频率参数的功能验证。

① 启动频率。只有给定频率达到启动频率时，变频器才有输出电压。

预置启动频率为：Pr. 10 = 10Hz

在 PU 运行模式下分别预置给定频率为 20Hz 和 8Hz。参考实训 1 中，PU 运行的步骤，观察变频器有何现象？

② 点动频率。出厂时点动频率的给定值是 5Hz，如果想改变此值可通过预置 Pr. 15(点动频率)、Pr. 16(点动频率加、减速时间)两参数完成。如：设置 Pr. 15 = 20Hz、Pr. 16 = 10s。

在 PU 运行模式下观察频率和电压值。(参考实训 1 中，PU 点动运行的步骤)。

③ 跳跃频率。三菱变频器通过 Pr. 31 ~ Pr. 32、Pr. 33 ~ Pr. 34、Pr. 35 ~ Pr. 36 给定了三个跳变区域，如果预置 Pr. 31 = 15Hz、Pr. 32 = 20Hz，当给定频率在 15Hz 和 20Hz 之间时，变频器的输出频率固定在 15Hz 运行，操作步骤如下：

a. 在 PU 运行模式下，按动 MODE 键至参数设定模式 P.。

b. 旋转 M 旋钮预置 Pr. 31 = 15Hz，Pr. 32 = 20Hz。

c. 按动 REV(或 FWD)使电动机运行，按动 MODE 键显示变频器的输出频率。

d. 改变给定频率。观察显示频率的变化规律。

e. 预置 Pr. 33 = 25Hz、Pr. 34 = 30Hz、Pr. 35 = 35Hz、Pr. 36 = 40Hz，按照 b~e 的步骤操作，观察频率的变化。

（2）多挡转速运行。用参数(Pr. 4~Pr. 6、Pr. 24~Pr. 27、Pr. 232~Pr. 239)预置多挡运行速度，利用变频器控制端子进行切换。多挡速度控制只在外部运行模式或组合运行模式(Pr. 79 = 3 或 4)时有效。

三菱变频器可通过接通、关断控制端子 RH、RM、RL、REX 选择多段速度，各开关状态与各速度的关系如图 9.5、图 9.6 所示。其中 REX 在三菱变频器的控制端子中并不存在，根据三菱多功能端子的选择方法，可用 Pr. 178~Pr. 189 来定义任一控制端子为 REX。

① 多功能端子的定义。由使用手册中可查得端子功能选择方法。如果将 RT 端子定义为 REX 端子，可设 Pr. 183 = 8。

② 如果不使用 REX，通过 RH、RM、RL 的通断最多可选择 7 段速度。

速度 1：Pr. 4 = 50Hz

速度 2：Pr. 5 = 30Hz

速度 3：Pr. 6 = 10Hz

速度 4：Pr. 24 = 15Hz

速度 5：Pr. 25 = 40Hz

速度 6：Pr. 26 = 35Hz

速度 7：Pr. 27 = 8Hz

在外部运行模式或组合运行模式下，合上 RH 开关，电动机按速度 1 运行。按图 9.5 的曲线，同时合上 RH、RL 开关，电动机按速度 5 运行等。

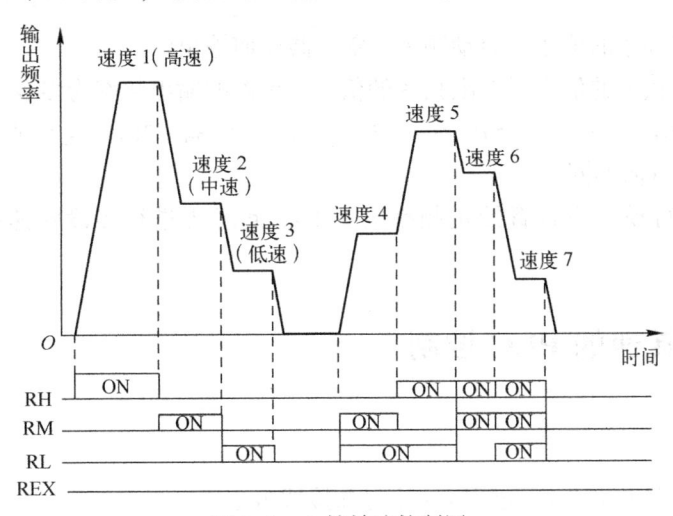

图 9.5 七挡转速控制图

③ 如果选用 REX，配合 RH、RM、RL 的通断，最多可选择 15 段速度(参见 4.2.2 节)。

a. 预置速度 8~15 的各段速度参数，设 Pr. 232~Pr. 239 的参数分别为 20、28、16、32、22、45、12、42。

b. 按图 9.6 的曲线合上相应的开关，则电机即可按相应的速度运行。

④ 变参数的运行。

a. 如果选 JOG 端子作为 REX，预置 Pr. 185 = 8，重做上述实训。

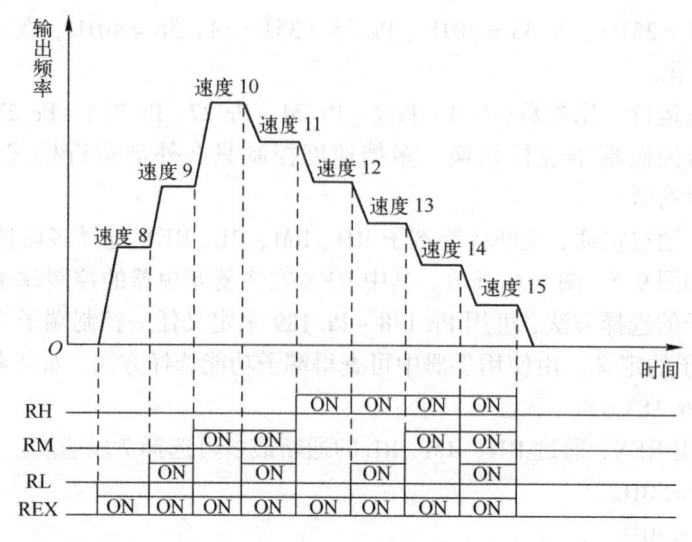

图 9.6 十五挡转速控制图

b. 自行重新设置速度 1～速度 15 的数值,重做上述实训。

5. 实训报告

(1) 记录常用频率参数的功能设置步骤及参数号。

(2) 记录多挡转速运行步骤及相关参数号。

6. 思考题

(1) 如果给定频率的值小于启动频率,变频器如何输出?

(2) 如果给定频率的值大于上限频率的值,变频器的输出频率为多少?

(3) Pr.33 = 30Hz、Pr.34 = 35Hz 和 Pr.33 = 35Hz、Pr.34 = 30Hz 这两种预置跳跃频率的方法,在运行结果上有何不同?

(4) 在 PU 运行模式下预置给定频率为 50Hz,此时再进行多段转速控制该如何操作? 50Hz 是否起作用?

实训 5　多段转速的 PLC 控制

1. 实训目的

(1) 了解并掌握 PLC 控制变频器的编程和接线方法。

(2) 了解多段转速控制时,由一个接点控制若干个接点的接线方法。

2. 实训设备及仪器

(1) 数字式或指针式万用表 1 台。

(2) 三菱 FR – A700 系列变频器(变频器的类型可根据实际情况自定) 1 台。

(3) 三菱 FX 系列 PLC 1 台。

(4) 三菱 GOT – 1000 系列触摸屏 1 个。

(5) 计算机及其他配套软件及数据通信线 1 个。

(6) 三相交流异步电动机 1 台。

(7) 多挡转换开关 1 个。

(8) 按钮及导线若干。

3. 实训内容

(1) 用 PLC 输出控制多段转速端子。

(2) 用 PLC 解决一个接点控制若干接点的多段转速。

4. 实训步骤

(1) 用 PLC 输出控制多段转速端子。

① 在实训 4 中已知多段转速的控制端子是 RH、RM、RL、REX。用手动选择它们的接通或关断，就可以选择不同的转速。现在用 PLC 的输出来控制上述端子的通断，参考实训 4 的设置，接线如图 9.7 所示。

在此运行模式下，Pr. 4 = 10Hz(1 速)，Pr. 5 = 20Hz(2 速)，Pr. 6 = 30Hz(3 速)。

② 将图 9.8 的梯形图程序输入三菱的 PLC。

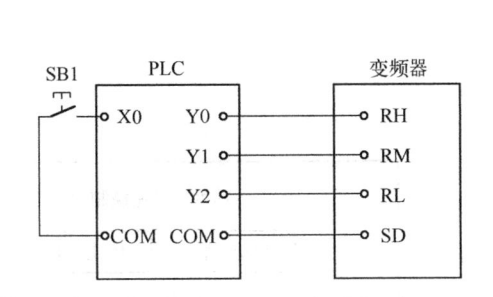

图 9.7　多段转速控制时 PLC 与变频器的连接

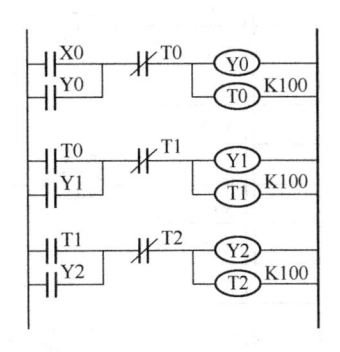

图 9.8　多段转速控制图

③ 在 EXT 状态下，按下启动按钮 SB1，X0 闭合。

④ 记录变频器输出频率的变化。

⑤ 若 X0 是拨动开关，将 Y0 的自锁点去除，记录变频器频率输出的规律。

⑥ 希望变频器的输出频率在 10Hz、20Hz、30Hz 之间循环，梯形图该如何修改？

(2) 用 PLC 解决一个接点控制若干接点的多段转速。

① 将图 9.7 改画成图 9.9，并按此图接线。

② 对图 9.8 的梯形图进行修改后，如图 9.10 所示，并按该图输入程序。

③ 变频器在 PU 运行状态下，输入参数 Pr. 24 = 40Hz(4 速)、Pr. 25 = 50Hz(5 速)、Pr. 26 = 45Hz(6 速)、Pr. 27 = 25Hz(7 速)。

④ 变频器在 EXT 运行状态下，转动多段开关的挡位，观察输出频率的变化。

5. 拓展训练

(1) 应用触摸屏实现变频器三段速控制。

(2) 实现触摸屏画面如图 9.11 所示。

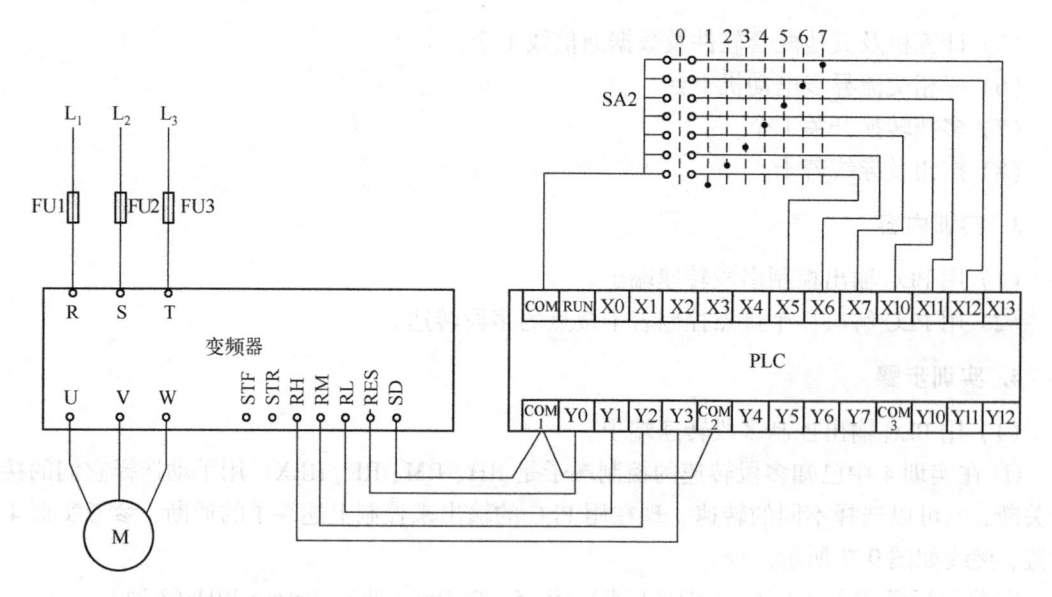

图 9.9　一点控制若干接点的多段转速 PLC 线图

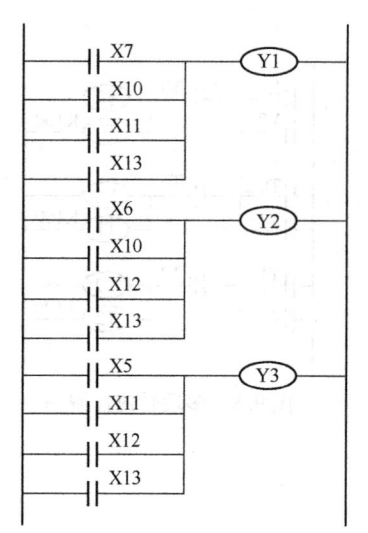

图 9.10　一点控制若干接点的
多挡转速 PLC 梯形图

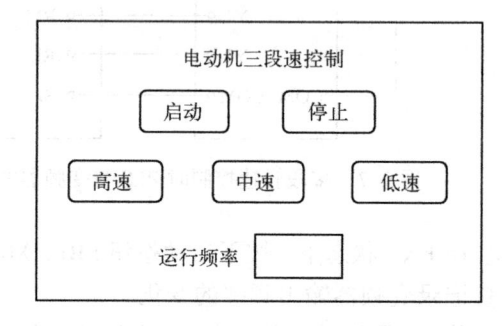

图 9.11　电动机三段速触摸屏画面

（3）变频器参数设置。

高速：Pr. 4 = 50Hz。

中速：Pr. 5 = 30Hz。

低速：Pr. 6 = 10Hz。

6. 实训报告

（1）在用 PLC 输出控制多段转速情况下，记录变频器输出频率的变化。

（2）在用 PLC 进行一点控制若干接点的多挡转速情况下，转动多段开关的挡位，记录变频器输出频率的变化。

7. 思考题

(1) 按实训 4 中 RH、RM、RL 控制的 7 段转速方式用 PLC 编程实现。

(2) 按图 9.7 接线，用 PLC 编程实现变频器的 15 段速度工作方式。

实训 6　变频控制电动机带负载运行

1. 实训目的

(1) 了解电动机带负载启动时的频率和启动转矩。

(2) 了解给定信号较大时，启动电流情况及升速时间。

(3) 了解停机过程中降速时间及制动情况。

2. 实训设备及仪器

(1) 数字式或指针式万用表 1 台。

(2) 三菱 FR – A700 系列变频器(变频器的类型可根据实际情况自定) 1 台。

(3) 三菱 FX 系列 PLC 1 台。

(4) 计算机及其他配套软件及数据通信线 1 个。

(5) 三相交流异步电动机 1 台。

(6) 实训板 1 套。

(7) 直流并励发电机 1 台。

(8) 励磁电源 1 个。

(9) 滑线变阻器 1 个。

(10) 导线若干。

3. 实训内容

(1) 启转实训。

(2) 启动实训。

(3) 停机实训。

4. 实训步骤

(1) 电气原理图如图 9.12 所示，按图连接实训线路。

(2) 将 PLC 程序运行开关拨至"STOP"位置(PLC 程序略)，合上空气开关 QF，接通电源。

(3) 将 PLC 程序运行开关拨向"RUN"，转换开关 SA_1 拨向"变频"，按下电源通电按钮 SB_1，变频器通电。将 Pr. 79 设为 1，显示屏处于监视模式。

① 启转实训。先将频率设定电位器 R_p 调至最小，按下正转启动按钮 SB_2，再调节频率设定电位器 R_p 改变变频器输出的频率，从 0Hz 开始缓慢增加，观察电动机能否启转，启转时的频率是多大。如启转困难，应加大启动转矩。按下变频制动按钮 SB_5 后，电动机停转。

② 启动实训。先将频率设定电位器 R_p 调至最大，按下正转启动按钮 SB_2，观察启动电流的变化及整个拖动系统在升速过程中是否平稳，如因启动电流过大而跳闸，应延长升速时

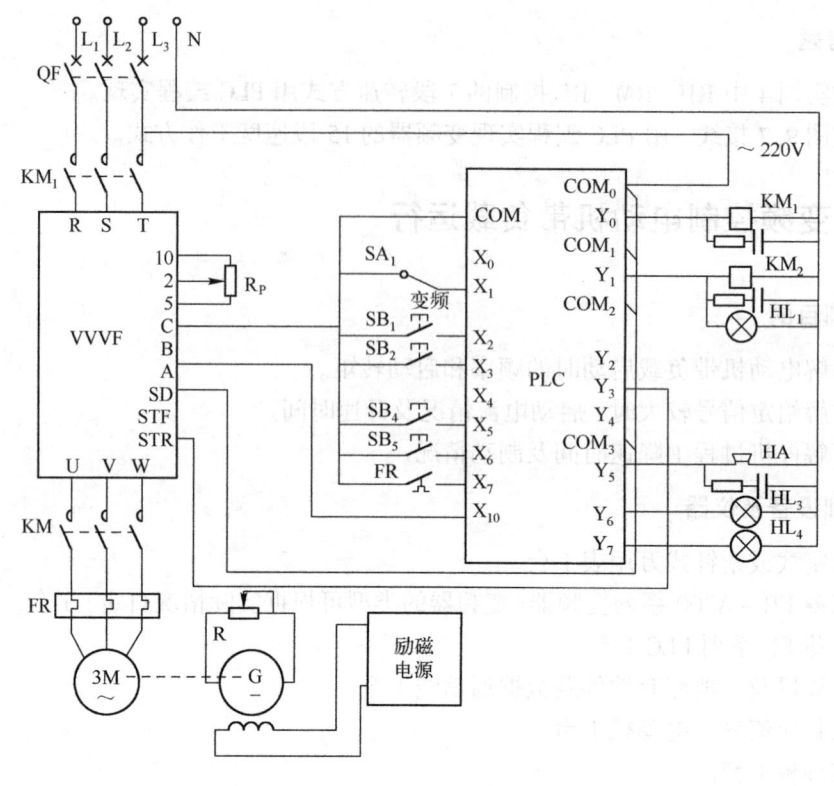

图 9.12 电动机带负载实训图

间参数 Pr.7。

③ 停机实训。将运行频率调至最大,按下变频制动按钮 SB₅ 后,观察系统停机过程中是否有因过压或过流而跳闸。如有,应延长降速时间参数 Pr.8。当输出频率为 0Hz 时观察系统是否有爬行现象。如有,应改变制动参数 Pr.10 ~ Pr.12,加强制动。

(4) 按下电源断电按钮 SB₄,变频器断电,将 PLC 程序运行开关拨至"STOP",断开空气开关 QF,实训完毕。

5. 实训报告

(1) 记录电动机启转情况。
(2) 记录电动机启动情况。
(3) 记录电动机停机情况。

实训 7 变频器与触摸屏综合应用

1. 实训目的

(1) 进一步熟悉变频器的使用。
(2) 进一步熟悉触摸屏及其编辑软件的使用。
(3) 掌握变频器、触摸屏与 PLC 的组合应用。

2. 实训设备及仪器

(1) 三菱 FR – A700 系列变频器 1 台。

(2) 三菱 GOT – 1000 系列触摸屏 1 个。

(3) 三菱 FX 系列 PLC 1 台。

(4) 交流电动机、低压断路器、光电传感器各 1 个。

(5) 计算机及其他配套软件及数据通信线 1 个。

(6) 电工工具 1 套。

(7) 导线若干。

3. 实训内容

(1) 模拟啤酒生产线生产瓶装啤酒，并能在触摸屏上显示工作状态；同时可以对产量进行计数并能在触摸屏上显示。

(2) 实现通过触摸屏进行启停和速度控制，显示生产线的工作状态和生产数量。

(3) 实现生产线以 25Hz 的速度运行。

4. 实训步骤

(1) 确定 PLC 的 I/O 分配表和触摸屏画面规划。触摸屏画面参考规划图如图 9.13 所示。

(2) 绘制硬件接线图。参考硬件接线图如图 9.14 所示。

(3) 按硬件接线图完成接线。

(4) 编写软件并调试。含 PLC 程序及触摸屏组态工作画面。PLC 参考程序如图 9.15 所示。

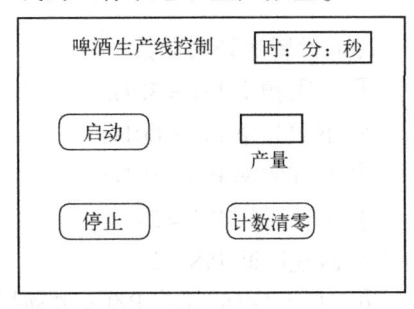

图 9.13 触摸屏画面参考规划图

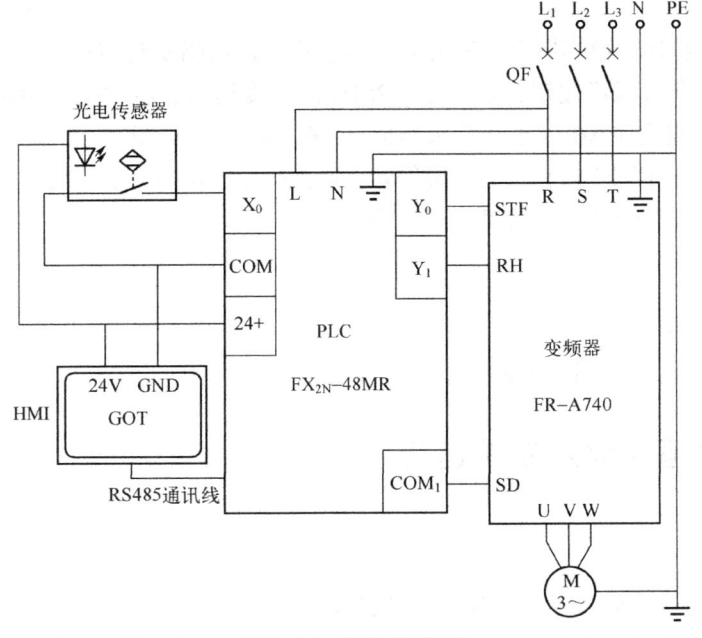

图 9.14 硬件接线图

图 9.15 PLC 参考程序

(5) 设置变频器参数。
① 上限频率 Pr1 = 30Hz。
② 下限频率 Pr2 = 00Hz。
③ 基准频率 Pr3 = 50Hz。
④ 加速时间 Pr7 = 2s。
⑤ 减速时间 Pr8 = 2s。
⑥ 电子过电流保护 Pr9 = 电动机额定电流。
⑦ 操作模式选择 Pr79 = 3。
⑧ 多段速度设定 Pr4 = 25Hz。
(6) 系统调试。
① 运行 PLC 程序，触摸屏上时间开始显示，停止按钮指示灯点亮。
② 按触摸屏的"启动"按钮，电动机以 25Hz 的速度运行，启动按钮指示灯点亮，用物品扫过光电传感器（或拨动 X0 外接开关来模拟），触摸屏显示产量。
③ 按触摸屏的"停止"按钮，电动机停转，停止按钮指示灯点亮，启动按钮指示灯熄灭。
④ 按触摸屏的"计数清零"按钮，产量清零。

5. 实训报告

(1) 观察触摸屏工作状态是否正常？
(2) 总结调试过程中出现的问题。

实训 8 变频恒压供水系统运行

1. 实训目的

(1) 熟悉变频恒压供水系统控制柜内部结构。
(2) 掌握用触摸屏、PLC 及变频器联合实现管道压力的控制系统设计。

(3) 调试并检验变频恒压供水系统工作状态。

(4) 了解变频器在恒压供水系统的应用,变频器与其他设备的连接,变频器的参数设置。

2. 实训设备及仪器

(1) 变频恒压供水系统实训装置 1 套。

(2) 变频恒压供水系统控制对象装置 1 套。

(3) 计算机及其他配套软件及数据通信线 1 个。

(4) 电工工具 1 套。

(5) 导线若干。

3. 实训装置介绍

(1) 系统结构。变频恒压供水系统实训装置采用"PLC + 变频器 + 触摸屏"的控制模式。控制结构如图 9.16 所示。

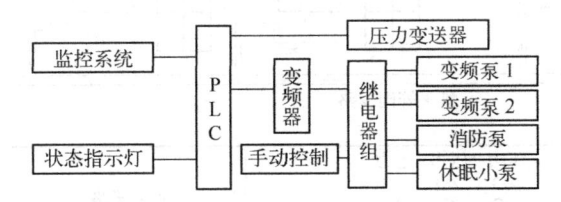

图 9.16 变频恒压供水系统控制结构

变频恒压供水系统控制对象主要由 4 台不同功能的水泵、1 只压力变送器和输水系统组成。该系统的工作原理是:PLC 控制器实时检测恒压供水控制压力值,然后经过一系列的数据处理和 PID 运算,控制变频器输出,实现压力的回路控制和状态切换,同时 PLC 通过检测外部的火灾信号,完成对消防水泵的启停控制。PLC 和触摸屏实时通信,由触摸屏提供直观、形象的人机界面,监视和控制系统的运行状态,"手动控制"可以完成对水泵的紧急启停,也可以用于对系统的调试、检修。

(2) 对象模型。对象模型如图 9.17 所示。对象模型系统主要有 4 台水泵构成,其中两台常规变频循环泵,1 台休眠小泵,1 台消防泵,该系统能够模拟供水现场的各种复杂状况,使实训设备更加贴近工程应用。其可实现功能有:

① 生活供水管网的恒压供水。

② 特定时日供水压力控制。每日可设定 4 段压力运行,以适应供水压力变化的需求。

③ 夜间可启动休眠小泵运行,实现最大限度节能。

④ 火警状态,可自动启动消防泵。

⑤ 可实现触摸屏控制。

对象主要设备的技术指标如下:

① 对象高度:1.7m。

② 输水管道口径:25mm。

③ 生活水系统。

a. 生活水系统支路出水口(水龙头)数量 8 个(每层 2 个),口径 12mm。

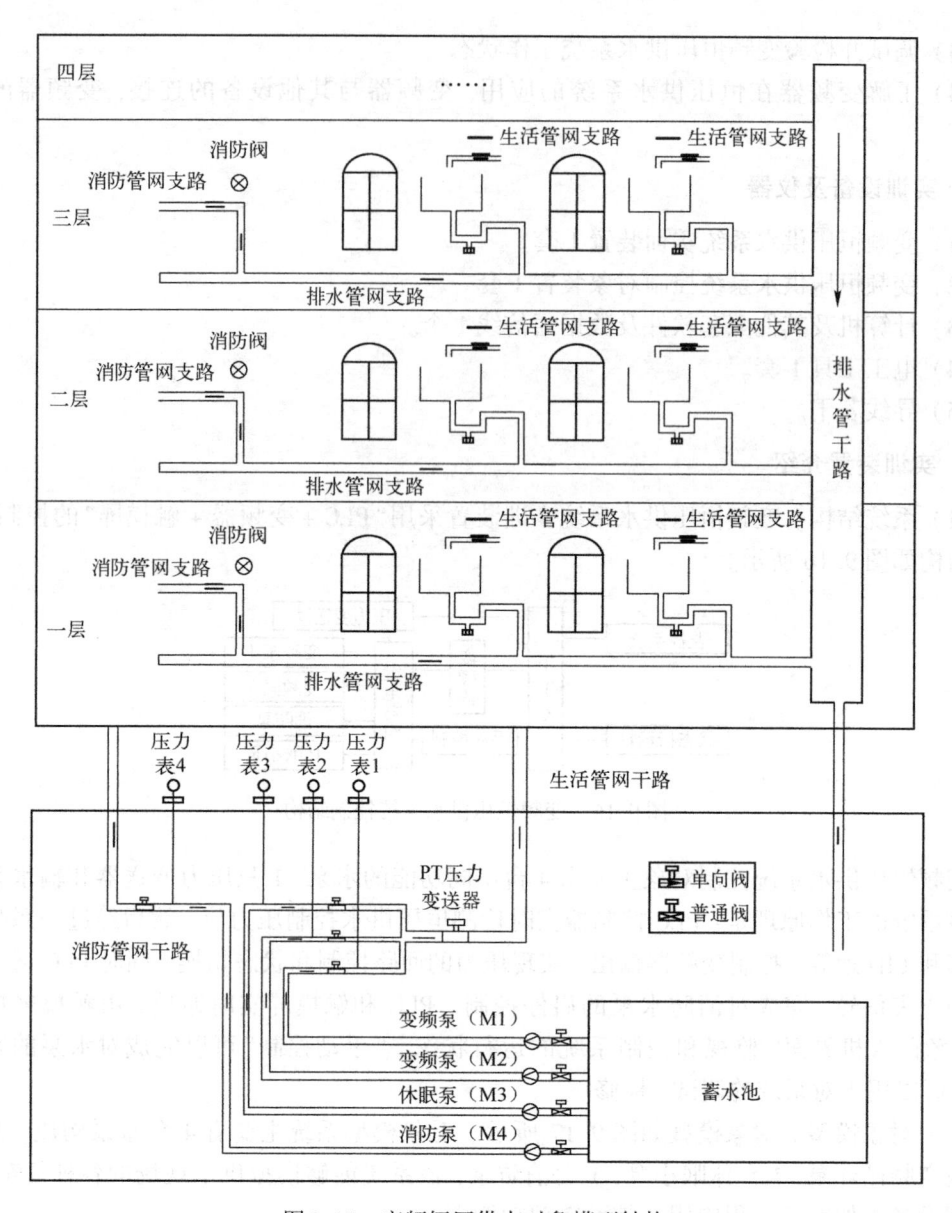

图9.17 变频恒压供水对象模型结构

　　b. 按照每个水龙头出水100ml/s＝6L/分＝6kg/s计算，需求工作流量1000ml/s＝60L/分，额定工作扬程>3m。

　　c. 生活水动力系统由2台水泵(变频运行)构成，每台功率90W，扬程7m，流量25L/分，进水口径20mm，出水口径12mm(另有1台小功率工频水泵功率180W，扬程8m，流量30L/分，进水口径16mm，出水口径12mm，用于在夜间小流量时对生活管网供水)。

　　④ 消防水系统。

　　a. 消防供水支路出水口数量4个(每层1个)，口径12mm。

　　b. 按照每个消防栓出水100ml/s＝6L/分＝6kg/s计算，额定工作流量600ml/s＝36L/分，需求工作扬程>3m。

c. 消防供水支路水泵功率 90W，扬程 7m，流量 25L/分，进水口径 20mm，出水口径 12mm（技术参数与恒压供水支路的 2 台变频水泵一样）。

4. 实训内容

（1）控制方案设计。
（2）控制系统设备选型。
（3）恒压供水电气控制图设计。
（4）恒压供水 PLC 程序设计。
（5）恒压供水触摸屏画面设计。
（6）恒压供水电气控制柜安装。
（7）恒压供水控制系统调试。

5. 实训报告

（1）实训报告书，其内容应包括以下几项：
① 实训题目。
② 实训任务及目标。
③ 实训项目设计方案分析。
④ PLC 选型及 I/O 分配表。
⑤ 硬件接线图。
⑥ 梯形图。
⑦ 调试结果及运行状态。
⑧ 实训小结及体会。
（2）画出电气控制系统原理图、接线图及安装图。

6. 思考题

根据压力变化曲线，分析用水量的变化对频率调节有何影响？

附录 A 塑料绝缘铜线安全载流量(见附表 A)

附表 A

截面积 (mm²)	明线(A)	钢管布线(A) 2根	钢管布线(A) 3根	钢管布线(A) 4根	塑料管布线(A) 2根	塑料管布线(A) 3根	塑料管布线(A) 4根	护套线(A) 2芯	护套线(A) 3或4芯
1	17	12	11	10	10	10	9	13	9.6
1.5	21	17	15	14	14	13	11	17	10
2.5	28	17	21	19	21	18	17	17	17
4	37	30	27	24	26	24	22	30	17
6	48	41	36	32	36	31	28	37	28
10	65	56	49	43	49	42	38	57	45
16	91	71	64	56	62	56	49		
25	120	93	82	74	82	74	65		
35	147	115	100	91	104	91	81		
50	187	143	127	113	130	114	102		
70	170	177	159	143	160	145	128		
95	282	216	195	173	199	178	160		

注:上述数据是按照芯线最高允许工作温度为70℃,周围空气温度35℃计算的。

附录 B 根据电动机容量选配电器与导线(见附表 B)

附表 B

功率 (kW)	额定电 流参考 (A)	熔断器 RTO-	熔断器 RL1-	交流接触器 B系列	交流接触器 CJ10-	空气开关 型号	空气开关 脱扣 电流(A)	热继电器 JR16-	热继电器 热元件 额定电 流(A)	热继电器 整定电流(A)	主导线 截面积 (mm²)	控制电路 导线截面积 (mm²)
0.8	1.85		15/6	9	10	DZ5- 20/330	3	20/3	2.4	1.85	2.5	1
1.1	2.45		15/10				4.5		3.5	2.45		
1.5	3.18		15/15				4.5		3.5	3.18		
2.2	4.6		15/15				6.5		7.2	4.6		
3	6.2		60/20				10		7.2	6.2		
4	8.2		60/20	12			15		11	8.2		
5.5	11	100/30	60/30	16	20		20		16	11		
7.5	14.8	100/40	60/40	25			25		22	14.8	4	
10	19.3	100/50	60/50	25			30		22	19.3	4	
13	25.1	100/80	100/70	37	40	DZ10- 100/330	40	60/3	32	25.1	6	
17	32.5	100/100	100/90	37			40		45	32.5	10	
22	42	200/100	200/100	45	60		50		63	42	16	
30	56	200/150	200/125	65	100		80		85	56	16	
40	74.3	200/200	200/150	85	100		100	150/3	85	74.3	25	
55	101	400/250	200/200	105	150	DZ10- 250/330	150		120	101	50	
75	136.2	400/300		170	150		200		160	136.2	70	

参 考 文 献

1. 莫正康. 电力电子应用技术. 北京：机械工业出版社，2000
2. 吕汀，石红梅. 变频技术原理与应用. 北京：机械工业出版社，2003
3. 张燕宾. 电动机变频调速图解. 北京：中国电力出版社，2003
4. 黄俊，王兆安. 电力电子变流技术. 北京：机械工业出版社，1993
5. 曾毅. 变频调速控制系统设计与维护. 济南：山东科学技术出版社，1999
6. 苏开才，毛宗源. 现代功率电子技术. 北京：国防工业出版社，1995
7. 吴忠智，吴加林. 变频器应用手册. 北京：机械工业出版社，2001
8. 冯垛生，张淼. 变频器应用与维护. 广州：华南理工大学出版社，2001
9. 三菱 FR-A700 系列变频器使用手册.
10. 岳庆来. 变频器、可编程序控制器及触摸屏综合应用技术. 北京：机械工业出版社，2007
11. 肖鹏生，张文，王建辉. 变频器及其控制技术. 北京：机械工业出版社，2008
12. 梁昊. 最新变频器国家强制性标准实施与设计选型使用技术手册. 天津：天津电子出版社，2005
13. 三菱 GOT-1000 系列触摸屏使用手册.